福建省矽卡岩型萤石矿成矿模式研究

戴定贤　王少怀　范育敏　郑　飞　黄宏祥
陈素余　郭新强　胡彩春　戴海亮　朱启象　著
黄德理　徐　净　刘文敢

地质出版社
·北　京·

内 容 提 要

萤石是我国重要的战略资源，广泛应用于冶金、建材、化学和国防工业，在我国经济建设中扮演重要的角色。福建武夷山成矿带内深部栖霞组—船山组等地层灰岩与底部晚侏罗—早白垩时期的似斑状二长花岗岩作用形成的矽卡岩中富含萤石矿，规模达大型及以上，是罕见的矿产聚集区和珍贵的成矿理论研究区。本书以风山-赤坂场矿区为研究区，采用现代矿床学研究方法，结合多学科知识，应用先进的测试方法和技术，对成矿地质背景、矿床地质特征、矿床成因、成矿模式和找矿标志等方面进行了系统研究，取得一系列创新性和实用性成果，达到国内先进水平。

本书可供从事矿产勘查、科学研究及教学等方面相关人员参考。

图书在版编目（CIP）数据

福建省矽卡岩型萤石矿成矿模式研究 / 戴定贤等著.
北京：地质出版社，2025. 3. -- ISBN 978-7-116
-14483-5

Ⅰ. P619. 210. 1

中国国家版本馆 CIP 数据核字第 2025PT5455 号

FUJIAN SHENG XIKAYANXING YINGSHIKUANG CHENGKUANG MOSHI YANJIU

责任编辑：吕　静　白　铁
责任校对：张　冬
出版发行：地质出版社
社址邮编：北京市海淀区学院路 31 号，100083
电　　话：（010）66554528（邮购部）；（010）66554590（编辑室）
网　　址：https://www.gph.clmpg.com
传　　真：（010）66554686
印　　刷：北京地大彩印有限公司
开　　本：889 mm×1194 mm　1/16
印　　张：9.75
字　　数：300 千字
版　　次：2025 年 3 月北京第 1 版
印　　次：2025 年 3 月北京第 1 次印刷
定　　价：100.00 元
书　　号：ISBN 978-7-116-14483-5

序

为保障国家经济安全、国防安全和战略性新兴产业发展需求，《全国矿产资源规划（2016—2020年）》已将萤石列入战略性矿产目录，作为矿产资源宏观调控和管理的重点对象。矽卡岩型萤石矿具有分布广、规模大、品位低特点，近年来在我国东南沿海地区取得了较为重要的找矿突破，因此，有必要开展矽卡岩型萤石矿床成因分析，掌握找矿标志，建立成矿模式，明确找矿方向，以期实现更大、更快的找矿突破。

作者单位之一——福建省197地质大队在漳平凤山-赤坂场矿区矽卡岩型萤石矿勘查过程中，共施工272孔/81000余米，发现多层矽卡岩萤石矿，经评审获矿石资源量达2000万吨以上，矿物资源量达600万吨以上。本研究体现产教深度融合，勘查单位主动与福州大学联合开展科技创新活动，以漳平凤山-赤坂场矿区为重点，结合区域上新近发现的若干同类型矿床，进行了矿产勘查学、地球化学、矿物学、岩石学和矿床学等多学科综合研究，在总结成矿规律基础上建立成矿模型；结合找矿标志，制定适合于区域找矿的矽卡岩型萤石矿床评价准则，期望指导新一轮找矿勘查工作。

研究认为：①研究区矽卡岩主要为渗透交代型矽卡岩，其次为扩散交代型矽卡岩，以石榴子石、辉石、硅灰石、绿帘石、绿泥石、角闪石等为主；矿石类型划分为花岗岩型、矽卡岩型、铁多金属型和石英-方解石-萤石脉型；成矿过程可以划分为4个阶段。②成矿岩体为晚侏罗世二长花岗岩，具备富硅、富碱、过铝质特征，且稀土元素四分组效应明显，是壳源高分异的中酸性岩浆岩。③与成矿密切相关的矿物组合从早到晚依次为：钙铁榴石-钙铝榴石+透辉石-钙铁辉石+硅灰石、铁闪石+斜黝帘石+富铁绿泥石、磁铁矿+磁黄铁矿+黄铁矿，成矿流体主要为低温、低盐度、低密度、富液相 $NaCl-H_2O$ 体系，来源于岩浆水与大气降水的混合。④成矿年龄为159.0~161.5 Ma，与成矿岩体的年龄基本一致，表明岩浆期后热液活动阶段富氟热液流体在迁移过程中与碳酸盐岩围岩发生了水-岩反应，从围岩中萃取钙质成分，钙与氟结合促进萤石沉淀成矿。⑤该萤石矿床控矿因素为低渗透性盖层+缓倾角断裂+富氟壳源花岗岩+碳酸盐岩，总结了找矿标志，建立了矽卡岩型萤石矿成矿模式。⑥应用上述研究成果，对典型矿床研究区周边的福建省内除矽卡岩型萤石矿外的大理岩矿、硅灰石矿、石墨矿开展了找矿预测，展示出良好的找矿前景。

本书将矽卡岩型萤石矿成矿作用与成矿地球动力学环境有机地结合起来，不仅在理论上具有重要的创新性，而且在实践中也具有重要的经济意义。相信随着成矿模式的建立和成矿系统的识别，可以为有效地指导地质勘查工作的部署，推动深部地质找矿工作的开展提供理论依据，为地方乃至国家的经济建设服务。

愿本书的出版能够进一步推动全方位认识矽卡岩型萤石矿成矿作用和成矿过程研究，丰富找矿学研究内容。

前 言

本书是在“福建省矽卡岩型萤石矿成矿模式研究”项目成果的基础上完成的。该项目为福建省自然资源科技创新项目之一，项目编号：KY-060000-04-2023-004，由福建省197地质大队、福州大学紫金地质与矿业学院共同实施，主要目标是以矽卡岩型萤石矿为研究对象，以矿床学为基础，开展成矿地质背景、矿床地质特征、矿床成因及成矿模式研究。任务有4个方面：①系统收集分析前人研究成果和区域资料，以凤山-赤坂场矿区为研究区，分析研究区地质背景；②对研究区的矿床地质特征进行研究；③开展矿化分带、成矿专属性、成矿物质来源、成矿期次等分析，还原成矿地质过程，精确厘定成矿时代和梳理成岩与成矿的时间规律，揭示成矿作用方式，掌握矿产成因；④开展找矿标志信息分析，建立矽卡岩型萤石矿矿床成矿模式，为新一轮找矿突破战略行动指明方向。

通过研究工作，全面完成了上述目标和任务，取得的主要成果有以下几方面：

1）凤山-赤坂场萤石矿床是受盖层、断裂构造条件、侵入岩、灰岩共同控制的矽卡岩型矿床。

2）矽卡岩主要为渗透交代型矽卡岩，其次为扩散交代型矽卡岩；按照矿物成分特征分类，矿区矽卡岩主要为钙质矽卡岩，其次为钙锰质矽卡岩，局部出现镁质矽卡岩。矽卡岩矿物主要有石榴子石、辉石，其次是符山石、铁角闪石、绿泥石、斜黝帘石（绿帘石族矿物）、硅灰石、黑柱石等。成矿过程可以划分为4个阶段：干矽卡岩阶段、湿矽卡岩阶段、萤石-石英-硫化物阶段以及萤石-碳酸盐-石英阶段，根据赋矿岩石特征，矿石类型划分为岩浆岩型、矽卡岩型、金属矿化型和围岩型萤石矿。

3）地球化学特征分析表明，凤山-赤坂场矿区在岩浆期后热液活动阶段，聚集的富氟等挥发分热液流体在迁移过程中与碳酸盐岩围岩发生了水-岩反应，从围岩中萃取钙质成分，钙与氟结合促进萤石沉淀成矿。

4）与晚侏罗世（古）太平洋板块俯冲作用有关的成矿岩体具有明显的岩石学特征：①岩浆岩的物质来源主要为壳源；②具有高度或者较高程度分异的中酸性岩浆岩，其岩性主要包括二长花岗岩、钾长花岗岩等；③具备富硅、富碱、过铝质特征，且稀土元素四分组效应明显。

5）最有利的围岩是碳酸盐类岩石，如中二叠统栖霞组海相晶粒灰岩等。尤其是栖霞组厚度在20~60 m时，萤石矿的厚度及品位最佳，而质地纯的碳酸盐类岩石则不利于形成萤石矿工业矿体。

6）流体包裹体分析研究表明，矿床包裹体类型均主要为富液相两相包裹体，成分

均以 H_2O 为主，属于 $NaCl-H_2O$ 体系。流体包裹体氢氧同位素组成显示成矿流体来源于岩浆水与大气降水的混合。

7）综上研究区内矿床学特征认识，在区域成矿学指导下，本研究认为碳酸盐岩地层+碱性（碱长）花岗岩是成矿物质的来源；成矿期圈闭构造如闭合式的断裂构造等制约着成矿作用在一定范围内集中，以至于有效形成矿质的大量堆积和富化；矿体上覆极低渗透性岩层具有屏蔽作用，在成矿时保全了矿质，不致逃逸；浅成乃至超浅成埋深和以低温为主兼有少量中温、低盐度，高氧化度等是研究区内萤石矿形成的又一物化条件。

8）据以上述控矿因素和成矿客观条件为准则，建立成矿模式，对重点研究区以外的漳平市凤山北矿区、大田县张地矿区、德化县前厝坑矿区、将乐县何坑-际下矿区和漳平市尾仑山矿区进行了全面的成矿学对比研究，展示出良好的找矿前景。

总之，上述研究成果，为福建省乃至我国东南沿海地区矽卡岩型萤石矿矿产资源的保证程度、合理开发利用提供了科学依据，也可为地质生产部门、科研、教学等单位作为有益的参考。

研究成果经福建省自然资源厅组织有关专家进行了评审，认为该研究报告资料翔实，论述有据，成果显著，达到了预期目标，完成了任务书下达的各项任务，经费使用符合相关规定。该研究报告为原创性的科研成果，具有创新性和实用性，在找矿勘查领域具有指导意义，达到国内先进水平。

为了把这项研究成果深化，在专家组评审结束后，即着手组织力量撰写《福建省矽卡岩型萤石矿成矿模式研究》专著，目的是将工作中的一些新发现、新认识、新进展，从理论上进行总结和提高。本书由戴定贤、王少怀担任主笔。各章执笔分工如下：第一章为郑飞、范育敏。第二章为黄德理、王少怀。第三章第一、二、三节为陈素余、戴定贤。第三章第四节为黄宏祥、王少怀。第四章第一、三、四、五节为戴海亮、王少怀。第四章第二节为郭新强、王少怀。第五章为徐净、戴定贤。第六章为戴定贤。第七章为王少怀。此外，胡彩春、朱启象、刘文敢参加了项目的部分研究工作；陈素余、郑飞承担了成果出版、编辑的具体工作；戴定贤和王少怀对书稿重点章节和陈素余对外文参考文献进行了审阅。

项目组在开展研究过程中，得到福建省煤田地质局科技处、地勘处，福建省煤田地质局陈泉霖教授级高工、王仁山教授级高工、郭韶华高工、罗大富高工，以及相关的生产、科研和教学单位的帮助和支持，在此深表谢意。感谢福建省自然资源厅对研究工作的关心和指导，感谢国家杰青，中国地质科学院谢桂青研究员、福建省矿产勘查开发局原总工程师陶建华教授级高工、福建省建材地质总队戴天凤教授级高工、中国冶金地质总局二局吴志山高级工程师等专家在项目评审中提出的具体指导和宝贵意见。同时，由于研究工作面广、量大、时间仓促，书中不足之处及错误，敬请读者指正。

目　　录

1 绪　　言

1.1 研究目的

我国是世界上萤石资源丰富的国家之一，其开发利用前景十分广阔，广泛应用于冶金、建材、化学工业。为保障国家经济安全、国防安全，满足战略性新兴产业发展需求，《全国矿产资源规划（2016—2020 年）》已经将萤石列入战略性矿产目录，作为矿产资源宏观调控和管理的重点对象。萤石是福建省的优势矿产，探明萤石资源量居全国前五名。福建省高度重视，从严守资源安全底线，对接产业发展需求出发，立足矿产资源省情，在勘查开发利用方面对萤石作出系统性的顶层制度设计，有序投放萤石探矿权，进一步探明萤石等重要战略性矿产资源储量，促进找好矿、找大矿，为氟化工产业提供矿产资源保障。

1.2 研究意义

本书研究工作是在新发现的矿产地的基础上开展的基础研究和应用实践，具有重大理论和实践意义。

1）科学意义：矽卡岩型萤石矿床成因分析和成矿模型的建立将进一步丰富萤石矿成矿理论，对基础矿床学研究具有一定的指导价值。

2）找矿意义：凤山-赤坂场矿区矽卡岩型萤石矿床地质特征系统归纳和成因分析将为福建省乃至全国寻找该类型矿床找矿工作指明新方向。

3）开发利用意义：本研究成果为矿山后续开发利用和氟化工产业建设提供强有力的保障，具有指引福建省在萤石矿勘探开发和增储上取得实质性突破。

1.3 研究现状及存在问题

1.3.1 研究现状

1.3.1.1 萤石相关的研究

萤石又称氟石，是 CaF_2 的结晶体，纯净的萤石为无色，常见颜色有浅绿色至深绿色、蓝色、黄色、紫色、灰色、褐色等（赵一鸣，1990）。我国是世界上萤石资源丰富的国家之一，其开发利用前景十分广阔，广泛应用于冶金、建材、化学工业。为保障国家经济安全、国防安全，满足战略性新兴产业发展需求，《全国矿产资源规划（2016—2020 年）》已经将萤石列入战略性矿产目录，作为矿产资源宏观调控和管理的重点对象。目前，国内外对萤石矿床研究主要有以下几个方面。

（1）萤石矿床类型的研究

随着对萤石矿认识及研究程度的逐步加深，基于围岩特征、矿体的产出状态、矿床成因和工业意义等，很多学者对中国萤石矿的类型也进行了总结。曹俊臣等（1988）根据矿床成因和赋矿岩石类型将层控萤石矿床分为沉积改造矿床和后成矿床。徐少康等（2001）认为我国单一萤石矿床，成矿大地造单元主要为华南造山带和北山内蒙古-吉林造山系，根据矿物组合的不同，将成因类型划分为热液充填型和热水沉积型两种。德国学者 Dill（2010）提出了一种较为新颖的“棋盘式”分类方法，主要依据矿体的产出状态，同时参考经济价值和成矿作用特征，将萤石矿床划分为沉积型矿床、与构造相关的矿床和热液型矿床三类。王吉平等（2015）在综合考虑萤石矿床的成因类型和工业类型后，将中国萤石矿床划分为沉积改造型、热液充填型和伴生型 3 种矿床类型，并且认为大型、特大型萤石矿床的形成多与灰岩有关。

（2）萤石矿床成矿时代及成矿温度

萤石矿成矿温度变化规律是萤石矿研究的重要内容，目前大部分萤石矿床均依靠野外宏观及镜下微观观察来确定成矿时代，仅有少部分矿床通过萤石 Sm-Nd 同位素等时线法、石英裂变径迹法、石英电子自旋共振（ESR）法、Rb-Sr 法等方法对萤石矿床定年。从萤石矿床成矿年龄数据来看，中国萤石矿床自兴凯期至燕山期均有分布，集中于燕山期，其次为华力西期，加里东期和印支期则成矿较少。一般认为萤石矿床可划分为：50~200℃，属于低温矿床类型；200~300℃，属于中温矿床类型；300~500℃，属于高温矿床类型（裴秋明，2018）。研究表明，我国大多数萤石矿的成矿温度都低于 300℃，属于中低温-低温矿床（表 1.1）。

表 1.1　部分萤石矿床成矿年龄及均一温度数据表

萤石矿床名称	成矿年龄/Ma	分析方法	包裹体均一温度/℃
内蒙古林西地区萤石矿	157~126	ESR 法	140~270
内蒙古苏莫查干敖包萤石矿	141.5±1.2	K-Ar 法	152~217
内蒙古四子王旗北部萤石矿	91±12	Rb-Sr 法	/
内蒙古水头萤石矿	132±11	Sm-Nd 等时线法	132~350
浙江八面山萤石矿	115.7±10	石英裂变径迹法	120~240
浙江黄双岭萤石矿床	107	Rb-Sr 法	118~191
辽宁义县地区萤石矿	154	Sm-Nd 等时线法	130~150
黔东北大竹园萤石矿床	436~430	Sm-Nd 等时线法	/
川东南彭水地区萤石矿	104±14	Sm-Nd 等时线法	55~260
赣南隆坪萤石矿床	158±3	Sm-Nd 等时线法	140~374
赣南同达萤石矿床	94±3、43±3	Sm-Nd 等时线法	124~294

（3）萤石成矿物质来源研究

矿床形成时的物质来源是研究萤石矿床研究的关键问题，萤石主要化学成分为 CaF_2，讨论其物质来源就是追溯 F 和 Ca 的来源问题。通常认为，Sr、Nd 同位素可作为萤石主要物质来源的示踪剂，一般 Sr 同位素指示 Ca 来源（同族），而 Nd 可指示 F 来源（许成等，2001）。但由于萤石产出地质背景的复杂性，讨论其物质来源应针对具体矿床或具有成因联系的萤石成矿系列，并采用多种手段进行验证。Ruiz（1985）、Barbieri et al.（1987）和 Kesler（1977）分别对墨西哥马德雷山脉萤石矿、意大利西西里岛西北部萤石矿、墨西哥科阿韦拉北部曼托萤石矿和印度 Amba Dongar 萤石矿床进行了 Sr-Nd 同位素研究，结果显示碳酸盐围岩是 Ca 的主要供给源、F 主要来自富 F 碳酸盐岩分异产生的流体。国内学者研究表明 Ca 主要来源于赋矿围岩（碳酸盐岩、富 Ca 火山沉积岩或钙质变质岩），而 F 主要来源于火成岩（章永加，1996；赵省民等，2002；孙祥等，2008；古立峰，2013；张寿庭等，2014；Pei et al.，2019）。根据曹俊臣等（1987）的研究，我国萤石矿床与燕山期的构造-岩浆活动密切相关，燕山中-晚期高度分异演化的富挥发分岩浆一方面形成了花岗质侵入体，另一方面含 F 配合物随岩浆-流体演化不断迁移、富集，在适当的物理化学条件和构造背景下沉淀形成单一萤石矿床或金属、非金属、萤石综合性矿床，这些矿产的形成与高分异花岗质侵入体有密切成因联系。但也有学者提出了沉积源或变质源观点，李长江等（1988）对浙江武义-东阳地区 9 处萤石矿床展开了系统的Sr同位素研究，结果表明区内变质岩为萤石成矿的主要F供给源，同时也提供了相当一部分的Ca。随后，王玉荣等（1990）对矿区出露的不同岩石进行了淋滤浸取F实验，并对萤石在不同体系和介质下的溶解度进行了分析；韩文彬等（1992）对武义萤石矿田中不同矿物分别进行了S、C、Pb、H、O、Sr、Nd多同位素研究，他们的测试分析结果均表明陈蔡群变质岩尤其是黑云斜长片麻岩为武义矿区萤石成矿的主要F供给源。邹灏等（2013）对川东南地区重晶石-萤石矿进行了详细地球化学分析，认为Ca和F均来自古老沉积地层。

综合表明，成矿Ca的来源可以解释为：主要来源于碳酸盐类围岩、富Ca火山-沉积岩或钙质变质岩。而关于成矿F的来源主要由中、酸性岩浆将深源F带出并向上部运移，富F熔体（流体）或其形成的富F地质体提供了成矿所需的F，以及很少部分来自沉积岩或变质岩地层。

（4）萤石矿床成因研究

当前，国内外众多学者都在一定程度上对萤石矿床的形成过程（成矿流体的时-空演化轨迹）、形成机理进行了研究，并总结了不同的成矿机制和成矿模式，韦绍裔（2017）和裴秋明（2018）总结了萤石矿的沉淀机制，主要包括：富F流体与富Ca围岩发生水-岩反应；减压导致CaF_2溶解度下降；两种或多种物理化学性质存在差异的含矿流体相混合；pH低而盐度高的含矿流体的温度降低；赋矿碳酸盐岩遇热分解释放CO_2进入流体并与Mg、F配合物产生反应生成CaF_2。邹灏等（2013）统计的数据显示，中国境内21个典型萤石矿床所测得的成矿流体温度多分布于300℃以下，因此提出国内大部分萤石矿床应归类于低温热液型。李长江等（1991）对我国东南部产于中生代火山岩区和燕山期花岗岩区的两类萤石矿床进行了对比研究，提出了新的成矿模式：地热水环流汲取，并进一步细分为深循环和浅循环两类淋滤汲取的成矿机制。两类萤石矿床成因在本质上相同，属于形成于晚白垩世的低温热液萤石矿床，但在成矿机制上有以下两点区别：流体作用深度不同（深部和浅部）、成矿物质来源不同（变质基底和赋矿围岩）。聂凤军等（2008）从S、Nd、Pb同位素角度探讨了苏莫查干萤石矿床的成因，认为该矿床为中温岩浆热液矿床，成矿物质并非单一来源，而显示出壳幔混源的特征，主要经历了两期成矿作用，早期（华力西晚期）火山活动显著，喷溢出大量F、HF、CO_2等气体，也生成了富含金属阳离子的热液，热液不断循环萃取围岩地层有用组分，热液中气体主要呈配合物方式（F^-、HF^-、HCO_3^-、CO_3^{2-}等）运移，其在有利部位与Ca结合，形成碳酸盐岩和早期萤石，晚期（燕山中期）中酸性岩浆活动则供给了充足的物质、动力以及热量，使成矿过程不断推进，晚阶段经历了流体混合和水-岩反应，为矿质沉淀提供了良好条件，是成矿作用发生的主期次。许东青（2009）从稀土元素地球化学角度阐述了该矿床的成因，根据稀土配分模式，认为存在三类萤石，其中A类和C类萤石稀土配分特征显著，分别代表了不同阶段流体的特征，其中，A类萤石，为早期萤石，稀土元素以吸附形式存在于热液中，流体特征为高温、高盐度，矿质沉淀机制主要为水-岩反应；C类萤石，为晚期萤石，稀土元素以配合物形式存在于混合流体中，流体特征为低温、低盐度，矿质沉淀机制主要为岩浆流体与大气降水的混合。古立峰（2013）对浙江常山高坞山萤石进行了研究，认为该萤石矿床成矿与锡钨多金属成矿关系密切，萤石成矿流体演化主要历经4个期次：①岩浆期；②碱质交代或云英岩化成矿期；③高中温热液成矿期；④中低温热液成矿期。

1.3.1.2 研究区地质矿产工作情况

（1）基础地质工作

研究区内地质矿产调查工作早在20世纪30年代，就有一些学者在部分地区进行路线调查。50、60年代有众多地质单位、科研院校在不同时期视不同工作侧重点，对测区局部或整体进行不同程度工作，积累了一些地质矿产资料。

大规模系统的区域地质矿产调查工作始于20世纪60年代初至70年代，福建省区域地质调查队先后完成了1∶20万永安、德化、龙岩、泉州幅区域地质矿产报告，对测区地层、火山岩、侵入岩、构造和矿产进行了系统调研，建立地层层序，划分侵入岩的期次，对火山岩进行初步探讨和研究，基本上查明了区域地质构造特征及矿产资源概况，积累了丰富的地质矿产资料，为测区地质研究奠定了基础。

20世纪80年代以来，区内又相继完成了大田、龙岩等16幅1：5万区调及部分专题研究，对测区地层、侵入岩、火山岩、构造的研究得到了进一步深化，极大地提高了测区地质研究程度。

2001年初至2003年底，福建省地质调查研究院开展龙岩市幅（G50C003003）1：25万区域地质调查，首次建立起了古生代地层格架，查明了二叠纪—三叠纪地层界线类型及界面特征，查明了区域性断裂空间分布特征、断裂性质及相互交切关系，以及对岩浆矿产的控制作用；系统总结调研了测区不同时代、不同类型侵入岩，测制了岩体剖面分区建立起了侵入岩岩石谱系单位；对火山岩进行系统调研和总结，恢复了古火山构造面貌和发展历程，与此同时还进行了1：25万火山岩区、沉积岩区计算机填图试验，区内开展的各项基础地质调查工作为本次研究打下了坚实基础。

（2）矿产地质工作

1992年10月至1993年5月，福建省197煤田地质勘探队在凤山-赤坂场开展1：5万地质填图，划定了找煤预测区。

1996—1998年，福建省闽西地质大队在凤山、赤坂场先后开展1：1万和1：5000地质填图，提交地表找煤报告。

2000年，福建省闽西地质大队在赤坂场先后开展1：5000地质填图和沟谷地质剖面编录等，提交赤坂场Ⅱ号沟找煤报告。

2011年3月至2015年12月，福建省197地质大队在福建省漳平市赤坂场西矿区开展了煤矿预查工作（2010年度福建省地质勘查专项资金项目），进行了地质填图、钻探、测井、化验测试等工作。提交了《福建省漳平市赤坂场西矿区煤矿预查报告》，并通过了福建省地质勘查专项资金项目管理办公室组织的评审，提交了334类煤炭资源量700多万吨。

2012年4月至2022年3月，福建省197地质大队在凤山矿区（本区南侧）开展详查及勘探工作，进行了地质填图、钻探、测井、化验测试等工作，在矿区深部揭露了石墨矿、水泥用大理岩矿、硅灰石矿、萤石矿，提交了《福建省漳平市吾祠-灵地矿区凤山矿段水泥用大理岩矿、硅灰石矿、萤石矿勘探暨石墨矿资源储量地质报告》，提交石墨矿矿石总资源量（控制+推断）250多万吨；萤石矿（探明+控制+推断）矿石资源量750多万吨，萤石矿物量220多万吨，矿床 CaF_2 平均品位约为30%；硅灰石矿（探明+控制+推断）矿石资源量1400多万吨，硅灰石矿物量700多万吨，矿床平均品位为硅灰石含矿率约51%，硅灰石矿中伴生有萤石矿，CaF_2 平均品位约为12%，伴生萤石矿物量150多万吨；硫铁矿：推断资源量（矿石）130多万吨，平均品位S约27%；磁铁矿：推断资源量（矿石）10多万吨，平均品位TFe约40%，mFe约24%。

2002年4月至今，福建省197地质大队在赤坂场矿区（本区东侧）开展地质找煤工作，进行了地质填图、钻探、测井、化验测试等工作，在矿区深部揭露了石墨矿、水泥用大理岩矿、硅灰石矿、萤石矿，目前已完成全部的野外工作，预测可提交萤石矿（探明+控制+推断）矿石资源量1000多万吨，萤石矿物量300多万吨，矿床平均品位约为31%。

1.3.1.3 福建省萤石资源勘查研究工作

萤石矿是福建省的主要优势矿种，主要分布于福建省西部地区，尤其集中于闽西北南平地区的光泽、建阳、邵武、浦城等县（市），近年来在三明地区的将乐、清流等县也发现了较多的萤石矿床。据矿产储量表统计，全省共有各类上储表萤石矿区80余处，其中大型矿床5处，中型矿床4处，小型矿床71处。全省累计查明萤石矿（CaF_2）资源储量1000多万吨，其中保有萤石矿（CaF_2）资源储量600多万吨。

2007—2012年，福建省地质调查研究院开展了福建省萤石矿资源潜力评价工作，按矿产预测类型的划分方法，确定了南山下式萤石矿矿产预测方法类型为复合内生型。研究了典型矿床的成矿特征并提取了相关的预测要素，编制完成了邵武市南山下、建阳市回潭、将乐县常口3个典型矿床的预测要素图和预测模型图；研究了区域萤石矿的成矿特征并提取了相应的区域预测要素，编制完成了5处预测工作区的区域预测要素图和预测模型图；在预测工作区预测类型划分的基础上进行了最小预测区的圈定、优选及资源量的定量估算工作，同时完成了各预测区矿产预测类型预测成果图的编制；预测了 CaF_2 资源量，指导了萤石矿勘查工作。

1.3.2 存在问题

前人对研究区萤石矿床的研究较少，主要是以普查工作为主，以前萤石矿等非金属矿产经济价值相对较低，人们的重视程度不够，受勘查程度低以及其他客观条件的限制，使之对本区萤石矿资源潜力认识不足，主要表现在以下几个方面：

1）对区域地质背景与成矿的关系研究不深入，特别是区域控矿构造和赋矿构造与成矿的关系。

2）研究区萤石矿的基础资料比较缺乏，只有为生产服务的零星萤石矿地质报告。对成矿流体来源及成矿物质来源等方面的研究较少，成矿时间更是从未涉及。

3）前人对研究区相关资料系统整合程度低，未系统地总结出符合或接近成矿实践的成矿模式、分带特征和演化规律。

4）前人未对研究区萤石矿的找矿信息进行系统的研究，对地、物、化、遥等的找矿信息提取与综合不深入，未做过资源潜力评价、成矿预测和找矿方向等方面的工作。

因此，本书对该地区的萤石矿的成矿地质特征、成矿物质来源和成矿规律进行系统的研究，具有非常重要的理论意义和实践价值。

1.4 研究思路和方法

1.4.1 研究思路

研究采取野外调研与室内综合测试相结合，在充分熟悉前人勘查及研究成果的基础上，针对矿床具有多阶段成矿过程的特点，采集相应样品进行化验测试，开展基础地质学、矿床学分析，总结成矿规律，建立的成矿模式见图 1.1。

1）以凤山-赤坂场矿区矽卡岩型萤石矿作为本次研究的重点，同时收集类似矿区漳平尾仑山、将乐何坑-际下、德化前厝坑、安溪棠棣、大田张地的相关资料，并对上述矿区开展野外调查及矿物样品采集。

2）通过对矿床中代表性钻孔矿层及其顶底板进行系统采集矿物样品，手标本鉴定，送样，制样。

3）利用显微镜像鉴定、电子探针分析、X 射线衍射分析等手段，较全面地查清矿床的矿物种类、矿物间的接触关系及其生成顺序，总结主要矿物的生成世代，划分成矿期次，揭示成矿作用方式，为进一步开展矿床学研究指明方向。

4）针对与成矿作用关系密切的侵入岩和主要矿层开展成矿学研究。

a）精确厘定成岩及成矿年龄。

b）成矿温压等物理化学条件测定。

c）对花岗岩进行源区判别。

d）拟根据福建省区域成矿特征，对闪锌矿开展微量元素及稀有元素含矿性分析。

5）总结成矿规律建立成矿模式，凤山式矽卡岩型萤石矿成矿模式：盖层（童子岩组或文笔山组泥页岩）+钙源（灰岩地层）+氟源（碱性花岗岩或碱长花岗岩），并列举不同矿区的成矿条件及成矿规律进一步佐证这一成矿模式中 3 个成矿条件缺一不可。

a）通过对凤山矿区、赤坂场矿区、德化前厝坑矿区的灰岩赋存规律，证实凤山成矿模式中 3 个成矿条件中灰岩与萤石矿的分布、厚度、品位的关系。

b）通过对漳平尾仑山矿区、将乐何坑-际下矿区、大田张地矿区的灰岩与岩浆岩的分布赋存规

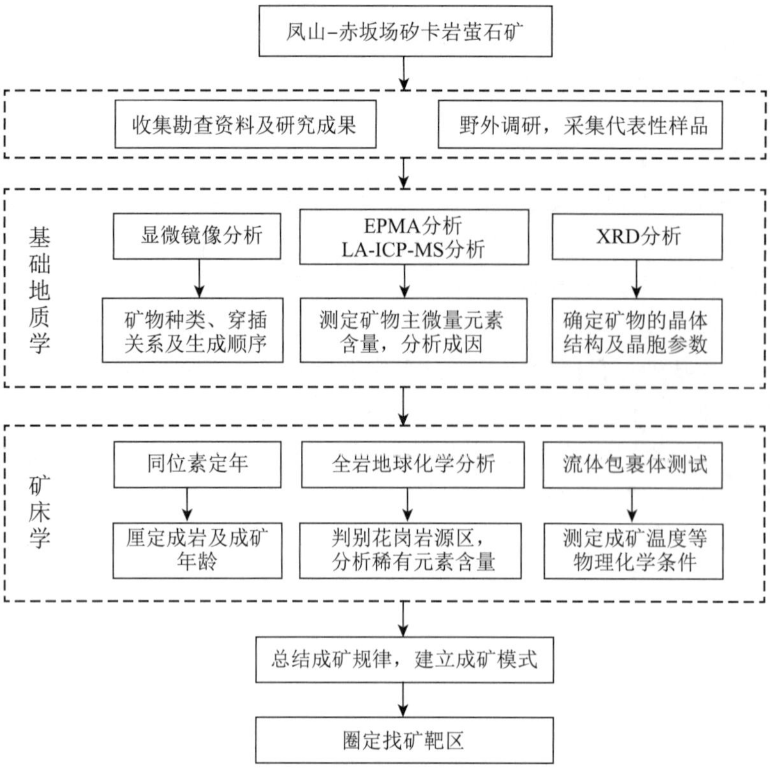

图 1.1　技术路线图

律，证实凤山成矿模式中 3 个成矿条件中岩浆岩的分布及赋存部位对矽卡岩型萤石矿的成矿规律的影响。

c）通过对将乐何坑-际下矿区、大田张地矿区中无盖层且裸露的灰岩分布区和灰岩隐伏区的矽卡岩型萤矿的赋存规律、厚度、品位的分析，证实凤山成矿模式中 3 个成矿条件中泥质页岩盖层的存在可以延长岩浆热液交代作用时热液的挥发。

6）根据建立的成矿模式，并结合矿床找矿标志制定该类型矿床勘查模型，建立矽卡岩型萤石矿成矿模式，以指导区域找矿预测。

1.4.2　研究方法

（1）基础资料收集及分析

1）系统收集国内外有关萤石矿研究论文成果。

2）全面收集区域基础地质调查工作资料。

3）全面收集凤山、赤坂场等矿区勘查开发资料。

（2）野外调查与样品采集分析

1）对凤山-赤坂场矿区开展详实的野外地质工作，在平面上选择能反映矽卡岩化渐变的钻孔进行系统观察描述及采样测试方式，重点针对岩浆岩与地层接触带及其附近的矽卡岩萤石矿体进行观察描述；在垂直上也选择具有矽卡岩化渐变的部分钻孔行系统观察描述及采样测试方式；理清矽卡岩蚀变、岩浆岩与矿化分带的类型、规模与成因联系。

2）针对凤山-赤坂场矿区不同类型的萤石进行系统采集，尤其是与不同矽卡岩矿物共生的萤石矿及不同粒度的萤石矿进行取样分析，对样品进行手标本鉴定，确定矿石构造，拍照，圈定制样位置。

3）对凤山-赤坂场矿区萤石矿共伴生矿产赋存、分布规律及品位进行分析，根据不同成矿温度矿物的分布规律，了解岩浆的侵入方向。

4）通过其他矽卡岩型矿区的资料收集及矿石矿物分析，进一步佐证矽卡岩型萤石矿的成矿模式。

（3）样品测试分析

1）显微镜像学工作：对代表性样品进行探针片制作，利用偏光显微镜对磨制的薄片进行详细观察，查明萤石的类型、形态、大小以及与其他矽卡岩矿物和金属矿物结构之间的相互关系。根据矿物共生组合、矿石结构、矿脉穿插关系以及围岩蚀变等，判断生成顺序，划分成矿期次，同时查明萤石、石英中微细包裹物的成分及发育情况。

2）电子探针（EPMA）分析：基于结构观察，利用电子探针精确测定代表性样品主量元素含量，不同类型萤石的阴极发光（CL）照片，结合相图探讨不同类型矿物组合形成的物理化学条件（如温度、压力、氧逸度、CO_2 含量等），重点获得不同类型萤石的主成分特征，为后续的微量元素的精确测定提供内标。

3）X 射线衍射（XRD）分析：挑选不同类型的萤石组合矿物，用玛瑙研钵研磨成粉末（200 目以下），进行 XRD 分析，获得衍射图谱，确定萤石及相关矿物的对称型及晶胞参数。

4）激光剥蚀电感耦合等离子质谱（LA-ICP-MS）分析：重点对不同类型萤石、相关矿物组合以及花岗岩进行微量元素分析，查明稀土元素、矿化元素如 Fe、Sn、W、Cu、Pb、Zn，讨论矿物组合对微量元素配分的影响；进行石榴子石 U-Pb 年代学分析，结合岩体年龄，分析花岗岩和成矿年龄关系。

5）流体包裹体测温：在显微镜像学工作的基础上，区分不同类型的包裹体，选取不同期次的萤石、石英等含原生包裹体的样品，测定均一温度和盐度，绘制流体包裹体均一温度-盐度演化图，结合相图进一步探讨其形成的物理化学条件。

（4）综合研究分析

1）针对与成矿作用关系密切的侵入岩和主要矿层，精确厘定成岩及成矿年龄、成矿温压等物理化学条件分析、花岗岩源区判别、微量元素及稀有元素含矿性分析等成矿学研究。

2）探讨灰岩与萤石矿的分布、厚度、品位的关系，岩浆岩的分布及赋存部位对矽卡岩型萤石矿的成矿规律的影响，岩浆岩必须是富 F 的碱性花岗岩或碱长花岗岩，泥质页岩盖层的作用，总结萤石矿成矿规律。

3）根据成矿规律，建立成矿模式，并结合矿床找矿标志制定该类型矿床勘查模型，以指导区域找矿预测。

1.5 研究内容

1.5.1 主要内容

1）系统收集分析前人研究成果和区域资料；以凤山-赤坂场矿区为研究区，分析研究区地质背景。

2）对研究区的矿床地质特征进行研究；全面掌握矿体、矿石、矿物特征等。

3）开展矿化分带、成矿专属性、成矿物质来源、成矿期次等分析，还原成矿地质过程，精确厘定成矿时代和成矿时间规律，揭示成矿作用方式，掌握矿产成因。

4）开展找矿标志信息分析；建立矽卡岩型萤石矿矿床成矿模式，为新一轮找矿突破战略行动指明方向。

1.5.2 研究分工

本书以矿床学为基础，跨多学科的应用，在人才合理配置上要求甚高。福建省 197 地质大队会同和合作单位福州大学在本研究提供大量研究人员，为研究周期内各环节提供技术保障，研究人员主要分工如下表 1.2。

表 1.2　课题研究人员主要分工情况

序号	内容分工	负责人员	职称	工作单位
1	课题组长，负责课题立项、实施、综合研究，成果第六章撰写及统稿等	戴定贤	教授级高工	福建省 197 地质大队
2	技术负责，负责课题技术指导，对接协调，成果第七章撰写等	王少怀	教授	福州大学
3	负责课题实施中野外调查、采样，对接协调，成果第一章撰写等	范育敏	高级工程师	福建省 197 地质大队
4	负责课题立项申报，资料收集分析、采样、综合研究，成果第一章撰写等	郑飞	高级工程师	福建省 197 地质大队
5	负责课题区域地质研究，成果第二章撰写等	黄德理	高级工程师	福建省 197 地质大队
6	负责课题质量检查、对接协调	胡彩春 刘文敢	高级工程师	福建省 197 地质大队
7	负责课题实施野外调查、采样、数据分析，成果第四章撰写等	郭新强	工程师	福建省 197 地质大队
8	负责流体包裹体特征研究，成果第三章撰写等	黄宏祥	工程师	福建省 197 地质大队
9	负责课题数据分析、成矿规律研究，成果第四章撰写等	戴海亮	工程师	福建省 197 地质大队
10	负责课题实施中野外调查、采样及化验测试，矿物学研究及成果第三章撰写等	陈素余	实验员	福州大学
11	负责课题实施中野外调查、采样及化验测试，成矿模式研究及成果第五章撰写等	徐净	副研究员	福州大学

1.6　本书研究创新点

本书以丰富的野外地质资料为基础，采用最新的测试技术和方法，对凤山-赤坂场矿区成矿岩浆岩岩石成因及构造背景、成矿时代、F 的来源、流体包裹体、矿床成因及成矿模式等几个方面进行了深入的研究。具体内容主要包括以下几个方面：

1）采用 LA-ICP-MS 锆石 U-Pb 测年、石榴子石 U-Pb 及 Hf 同位素分析，对凤山、赤坂场矿区岩体和矽卡岩进行了精准的测年，厘定了其成岩-成矿时代，取得了新的认识。

2）对凤山、赤坂场矿区岩体进行了岩石地球化学分析，讨论了花岗岩的岩石成因，结合前人资料，探讨了花岗岩的物源特征及形成构造背景。

3）对研究区萤石矿体的稀土元素进行了测试分析，查明了其稀土元素组成特征，并与成矿岩浆岩的稀土元素特征进行了对比研究，探讨了萤石中稀土元素的来源。

4）通过对德化前厝坑矿区野外地质勘查资料的收集分析，以及对矿体的综合采样分析，发现德化前厝坑矿区矽卡岩型萤石矿中富含具有工业价值的铍矿和瓷石矿。

5）根据野外地质特征与地球化学特征，结合矿床成因，探讨了萤石矿体的垂向分带规律，反演了热液成矿的过程，在此基础上，总结闽西南地区萤石矿的时空三维空间分带规律，有效地对闽西南地区萤石矿进行了成矿预测，提出了找矿方向。

2　地质背景

福建省区域地质构造分带十分显著，从时间上看，可分为3个构造层：加里东的地槽型构造层，以水平褶皱为主；加里东后华力西到印支期的准台型构造层，以垂直运动为主；燕山期的活化地台构造层，具强烈的褶皱、断裂。从空间上看，可划分3个单元：北武夷加里东隆起带、南武夷华力西—印支期坳陷带、闽东南沿海中生代火山变质带，后两者的划分以福安-南靖断裂带为界。

研究区位于闽西南坳陷带东南部，大地构造上处于华夏古陆东南缘，西太平洋板块东部。区域上位于福建省政和-大埔断裂带以西，南平-宁化构造带以南的晚古生代坳陷盆地内。该区为中国东南部环太平洋构造-岩浆活动带的重要组成部分，构造单元属闽东火山断坳带（Ⅳ-$5^{2(1)}$）之福鼎-平和断陷带（Ⅳ-$5^{2(1)b}$）中南部。

2.1　区域地质特征

2.1.1　区域地层

调查区位于闽西南坳陷带东南部，区域上出露的地层自下而上有前震旦系、石炭系、二叠系、三叠系、侏罗系、白垩系，其中二叠系、三叠系、侏罗系和白垩系分布较广泛，前震旦系、石炭系零星或小面积分布。但由于后期构造运动强烈破坏，地层呈断块分布，完整地层剖面难寻。其中中二叠统栖霞组、长兴组，上三叠统溪口组含有碳酸盐岩沉积（图2.1）。

研究区区域上演化特征为古元古代形成了大陆边缘广海盆地，在盆地接受陆源碎屑沉积过程中，早期还发生火山喷发，形成了沉积-火山建造及沉积建造；中元古代—新元古代早期华夏古陆发生裂陷，并在陆内裂陷槽中发生了沉积-火山喷发作用形成沉积火山建造；震旦纪—早古生代则发生大幅度沉陷而处于被动大陆边缘盆地环境，并接受形成巨厚的复理石建造；晚古生代—早中生代，调查区处于边缘海湾环境，形成海陆交互相、滨海相、浅海相及深海相沉积地层，区内的碳酸盐岩沉积就是在本期浅海陆相中形成的；中生代早期形成沉积为主的沉积-火山地层和晚期以酸性火山岩为主的沉积-火山岩建造；新生代处于整体隆升、剥失夷平状态，仅局部发生沉积作用。根据各地层的岩性、岩相、成岩环境差异及建造演化史、变质变形程度等特征，将该区地层分为3个大的断代岩系：前泥盆纪基底岩系、泥盆纪—中三叠世以海相沉积为主的盖层岩系和中新生代陆相碎屑及火山岩系，各断代地层均以明显的角度不整合为界。

2.1.1.1　前震旦系

大岭岩组（$Pt_{2-3}dl.$）：零星出露于桃舟一带，岩性为一套片岩或变粒岩类夹石英岩组合。

2.1.1.2　石炭系

林地组（C_1l）：零星出露于华溪、张地等地。为一套下粗上细碎屑岩建造。总厚度152.1～809.9 m。与下伏桃子坑组（D_3tz）呈平行不整合接触。

2.1.1.3　二叠系

栖霞组（P_2q）：零星出露于长塔等地。岩性为一套深灰、灰黑色中薄层含燧石灰岩夹灰岩，局

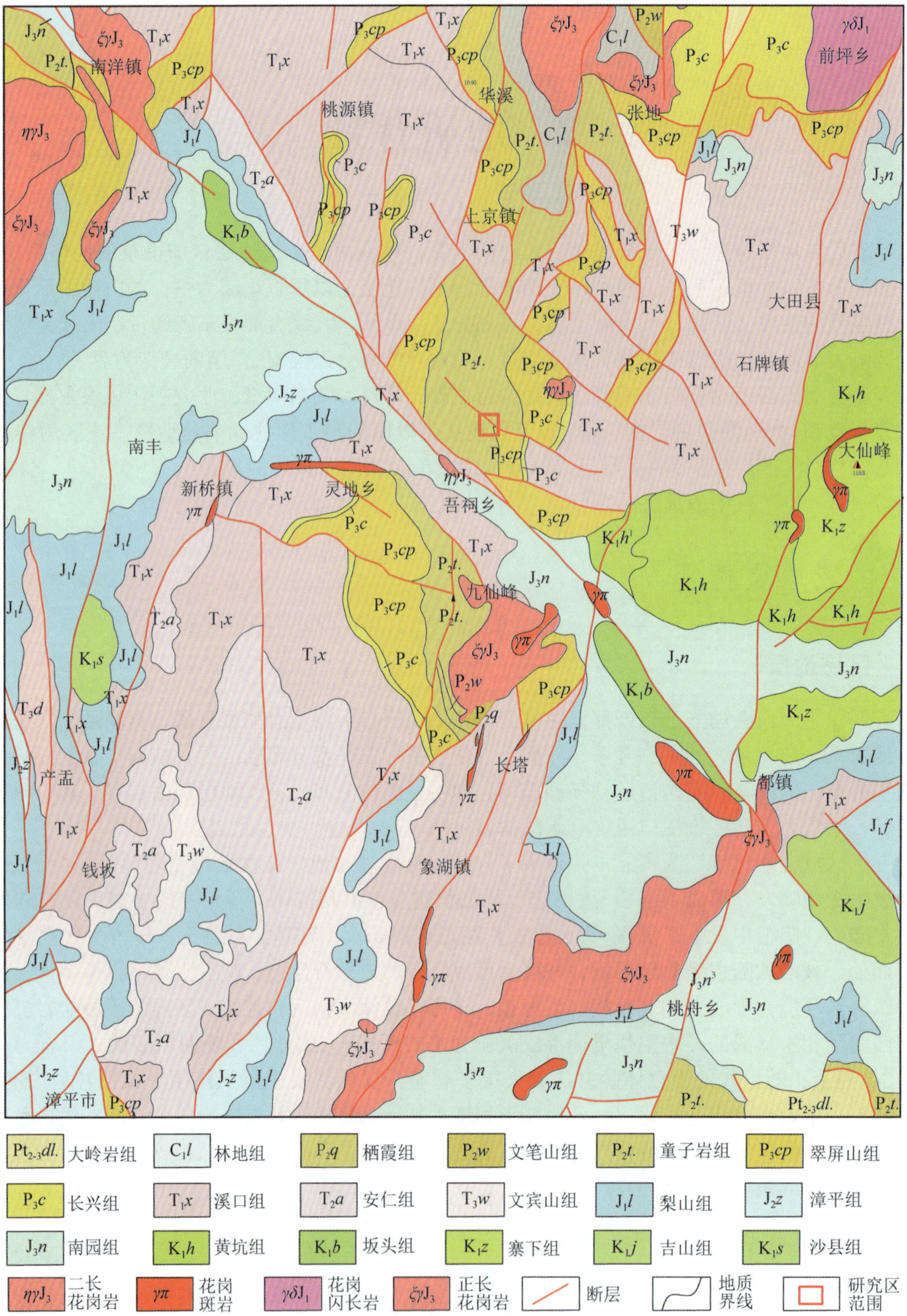

图 2.1　研究区区域地质简图

（据福建省地质调查研究院，2004，有修改）

部夹细碎屑岩或硅质岩的地层，为风山-赤坂场矿区萤石矿形成提供 Ca 源。厚度大于 156.9 m。与下伏船山组（P_1c）呈整合接触。

文笔山组（P_2w）：零星出露于吾祠、灵地一带，厚度大于 198.0 m，为一套细碎屑沉积岩。与下伏栖霞组（P_2q）呈整合接触。

童子岩组（$P_2t.$）：主要出露于吾祠、上京、张地一带，东南部桃舟有零星出露。为一套海陆交互相含煤细碎屑岩地层，分 3 个段，一、三段为含煤段，二段为泥岩段，常含磷铁质结核。下以厚层中细粒砂岩之底与文笔山组分界，上以翠屏山组底部细砾岩、含砾砂岩或粗砂岩之底为本组顶界。厚度 469. 56 m。与下伏栖霞组（P_2q）呈整合接触。

翠屏山组（P_3cp）：主要出露于吾祠、上京、张地、西洋一带，翠屏山组多与童子岩组形影相随，紧密共生。为一套细碎屑含煤沉积，岩性为砂岩、粉砂岩、泥岩夹煤层（线）、黏土岩的地层，底部为细砾岩、含砾砂岩或粗砂岩与童子岩组分界。厚度 636. 3 m。与下伏童子岩组（$P_2t.$）呈平行不整合接触。

长兴组（P_3c）：主要出露于吾祠、上京、张地、西洋一带，为一套产蜓类化石的不纯灰岩，岩性为青灰、灰黑色薄-厚层含生物不纯灰岩、生物屑灰岩，偶见微晶灰岩，底部含燧石团块及条带，顶部含泥硅质不纯灰岩。厚度 51. 0 m。与下伏翠屏山组（P_3cp）呈整合接触。

2. 1. 1. 4　三叠系

溪口组（T_1x）：分布较广泛，主要出露于大田石牌、上京，漳平新桥、象湖等地。总体呈北北东向展布。为一套海相细碎屑岩沉积。岩性由灰、青灰色条带状角岩化硅泥岩、角岩、灰岩、钙质粉砂岩、砂泥岩、粉砂岩等组成，菊石、腕足类、双壳类等化石较丰富，厚度 97. 4 ~ 2033. 1 m 。与下伏长兴组（P_3c）呈整合接触。

安仁组（T_2a）：出露于漳平安仁及大田桃源地区。呈不规则近南北向展布。为一套潮坪相细碎屑岩沉积。安仁地区厚度较大，达 1309. 0 m。厚度颇大的滨海-海陆交互相沉积的细碎屑岩，化石稀少，安仁组下部为灰、灰绿色中厚层钙质粉砂岩、钙质砂岩；上部以紫红色粉砂岩为主夹（长石）石英砂岩。整合于溪口组之上。

文宾山组（T_3w）：出露于漳平象湖、产盂等地，为内陆盆地含煤碎屑沉积岩。下部岩性为灰黑色细砂岩、粉砂岩，具水平层理含鲕状菱铁质结核，底部为厚层含砾砂岩、砂砾岩，含煤 1 ~ 8 层。厚度 327. 8 m 。

2. 1. 1. 5　侏罗系

梨山组（J_1l）：出露面积不大，但较分散。为内陆盆地含煤碎屑沉积岩。岩性坚硬，常呈高山陡壁地貌，其下部以黄白、灰白色巨厚层长石石英砂岩、长石石英细砂岩为主，夹（泥质）粉砂岩，底部为厚层石英砂砾岩；上部以灰白色巨厚层细粒长石石英砂岩、（泥质）粉砂岩为主，夹含碳质粉砂岩、粉砂岩、泥岩，偶见煤线，含植物或偶见双壳类化石。厚度 599. 4 m。与下伏文宾山组（T_3w）呈整合接触。

漳平组（J_2z）：出露于漳平城郊，为陆相盆地杂色碎屑沉积。下部以紫红色为主的杂色细砂岩、粉砂岩、泥页岩；上部为黄灰、紫红等杂色砂岩、粉砂岩夹含砾杂砂岩、凝灰质粉砂岩，局部地区出露中、酸性火山岩。厚度 1356. 6 m。与下伏梨山组（J_1l）呈整合接触。

南园组（J_3n）：出露于漳平南丰、永春一都等地，总体呈北西向分布。为一套中酸性-酸性火山岩，据岩性组分及接触关系可分 3 个岩性段。厚度 2258. 4 m。与下伏漳平组（J_2z）呈不整合接触。

2. 1. 1. 6　白垩系

黄坑组（K_1h）：出露于大田象山等地，呈盆地产出。依据岩性组合特征，划分上下两个岩性段，黄坑组下段岩性单一，均为灰色巨厚-块状沉凝灰岩，厚度 55. 7 m；上段以灰、紫灰色流纹质（含角砾）晶屑熔结凝灰岩为主，夹流纹质（含角砾）晶屑凝灰岩、英安质或流纹英安质晶屑熔结凝灰岩、流纹岩、凝灰岩及偶见凝灰质泥岩等，厚度 868. 9 m。与下伏南园组呈喷发不整合接触。

寨下组（K_1z）：出露于大田象山等地，主要分布于高山地带。岩性简单一，厚度小。其岩性下段为紫灰色凝灰质泥岩、凝灰质粉砂岩、含砾砂岩、粉砂岩、沉凝灰岩等，厚度 31. 6 m。与下伏黄坑组呈平行不整合接触。

坂头组（K_1b）：呈串珠状零星出露于大田桃源、谢洋等地，明显受永安-晋江北西向断裂带控制。为一套陆相沉积-火山岩系，其下部为细碎屑沉积岩，上部为火山岩。总厚度大于1699.01 m。与下伏寨下组呈不整合接触。

吉山组（K_1j）：零星出露于永春一都等地，岩性为灰、灰绿色复成分砂砾岩、砾岩为主，夹含砾中粗粒长石岩屑砂岩、细粒长石岩屑砂岩等，与下伏坂头组呈整合接触，厚度大于128.9 m。

沙县组（K_2s）：零星出露于漳平产盂等地，岩性以紫红色中-厚层钙质、泥质粉砂岩为主，属陆相红色细碎屑岩建造，底部为复成分砾岩，与下伏地层呈不整合接触。厚度241.6~455.1 m。

2.1.2 区域构造

区域主要构造有桂坑-溪南向斜、太华长塔背斜、前坪-一都断裂、华溪-灵地断裂、张地-象湖断裂、西洋-一都断裂、产盂断裂、南丰断裂（图2.1）。

2.1.2.1 褶皱

太华-长塔背斜：沿太华-长塔一线分布，呈NNE10°左右延展，枢纽向南倾伏，长约50 km，宽约10 km。核部为以林地组和童子岩组为主，局部见有桃子坑组、船山组、栖霞组、文笔山组等层位，两翼依次出露有翠屏山组、长兴组、溪口组等地层。该背斜受太华隆起-伸展构造及文江-华安北北东向断裂带控制、改造较为明显，中间为永安-安溪北西向断裂带切割，核部北端为侏罗纪岩体侵入。两翼地层倾角一般在20°~30°之间，次级褶皱较为发育。该背斜对煤、灰岩（大理石）及铁、铅锌矿等控制较为明显。

桂坑-溪南向斜：分布于桂坑-溪南一线，呈近南北向分布，长约75 km，宽约45 km。中段为永安-安溪北西向断裂带切断，南端与漳平-龙岩向斜交接。核部为大片出露的溪口组和安仁组，两翼为二叠纪—早石炭世的地层，因新地层的覆盖致使上古生代地层出露不全，两翼地层叠加有许多次级褶皱，呈舒缓波状起伏，岩层倾角一般在15°~50°之间，东翼与太华-长塔背斜相邻。

2.1.2.2 断裂

据其空间展布方向、组合及相互交接特征，可分为北北东向、北西向、南北向三组和发育于栖霞组灰岩与童子岩组煤系之间的F_0滑覆断层。

(1) 北东向断裂

前坪-一都断裂：位于研究区东部，分布于大田前坪、屏山、永春一都、安溪桃舟一带，为政和-大埔断裂带的次级断裂，两端延出区外，总体走向为NNE20°左右，长约120 km，宽为25~30 km，主要由一系列较为平直、近平行分布的断层组成，倾向NW、SE均有，倾角一般为45°~70°之间，构造破碎带较发育，两侧岩石硫铁矿化、铅锌矿化等蚀变较强。

华溪-灵地断裂：从研究区西侧经过，分布于大田太华、上京、漳平灵地、吾祠一带，为政和-大埔断裂带的次级断裂，总体走向为NNE10°左右，倾角一般在45°~70°之间，长约42 km，宽数十千米，断面呈舒缓波状，构造破碎带内见有构造透镜体、挤压片理化带及次级裂隙，两侧岩层发育牵引构造，岩石具硅化、褐铁矿化蚀变。

张地-象湖断裂：从研究区东侧经过，分布于大田太华、漳平吾祠、象湖一带，为政和-大埔断裂带的次级断裂，总体走向为NNE20~40°，倾角一般为45°，长约36 km，宽10 km，断面呈舒缓波状，局部较平直，见有构造透镜体及挤压片理化带，两侧岩层牵引构造、顺层劈理较发育，局部发育韧塑性（糜棱岩化）变形，岩石具硅化、叶蜡石化、钾长石化、褐铁矿化蚀变，局部为花岗斑岩脉充填。

(2) 北西向断裂

西洋-一都断裂带：该带斜贯研究区中部，分布于永安西洋、大田桃源、漳平吾祠、永春一都，北西及南东两端延出区外，属于永安-晋江断裂带，总体走向在NW320°左右，长约100 km，最宽处约 6 km。倾向北东向为主，倾角一般在 60°~80°之间，具有两端分散，中间收敛的特点，该组断裂构造破碎带一般较为发育，断面多呈舒缓波状，较光滑，发育擦痕，常见构造透镜体、碎粒岩、断层泥、断层角砾岩等角砾呈棱角状、次圆状及椭圆状，两侧岩石破碎，挤压、牵引现象较明显，伴生裂隙、劈理等较发育，局部为石英细脉充填，岩石具硅化、褐铁矿化、绿帘石化等蚀变，局部有花岗斑岩脉充填。

（3）南北向断裂

产盂断裂：分布于漳平南丰、产盂一带，总体走向为近南北向，倾角一般为 55°~80°，长约 22 km，宽 2~20 km，断面较平滑，发育断层硅化破碎带及构造透镜体，两侧岩层发育大型节理、伴生裂隙及牵引褶皱，局部为花岗斑岩脉充填。

南丰断裂：分布于漳平南丰一带，总体走向为近南北向，倾角一般为 30°~60°，长约 22 km，宽约 5 km，断面呈舒缓波状，发育构造破碎带，挤压片理化带、小揉皱及构造透镜体等现象较发育，局部发生脆韧性剪切，两侧岩石较破碎，具硅化、黄铁矿等蚀变，局部为流纹斑岩脉充填。

（4）F_0 滑覆断层

闽西南坳陷区内的滑脱构造可分为滑覆构造与推覆构造两类。滑覆构造在印支期形成，燕山早期发展强烈，并受到燕山中晚期逆冲推覆构造的改造和切割。由于童子岩组煤系底部有厚达 70~350 m 的文笔山组泥岩的存在，沿栖霞组灰岩与童子岩组煤系之间，在文笔山组软弱段形成一个区域性统一滑面，称作 F_0。在整个闽西南坳陷内，F_0 之上的童子岩组煤系几乎全部经过不同程度的滑动，构成区域性大规模的“无根”滑体，在不同地区内滑覆于栖霞灰岩-泥盆系石炭系砂砾岩-前泥盆系变质岩系（坳陷边部，泥盆石炭系变薄尖灭地段）之上（王文杰，1990）。F_0 滑覆断层的形成为后期萤石矿的形成提供了容矿空间。

2.1.3 岩浆岩特征

研究区地处闽西南坳陷带与闽东断坳带交接地带，构造岩浆活动强烈，自古生代以来，各主要地质时期均有岩浆活动。据 2004 年 6 月福建省地质调查研究院提交的 1：25 万龙岩幅区域地质调查报告，研究区区域上出露的岩浆岩有早侏罗世侵入的花岗闪长岩，晚侏罗世侵入的正长花岗岩、二长花岗岩及花岗岩脉。

2.1.3.1 花岗闪长岩（$\gamma\delta J_1$）

花岗闪长岩出露于大田县前坪一带，为早侏罗世花岗闪长岩，俗称“前坪岩体”，出露面积约 20 km^2，处于政和-大埔断裂带上。与上二叠统长兴组呈侵入接触。形成的侵入岩大部分呈岩基、岩株产出。岩石呈灰色、浅灰色，具块状构造或弱片麻状构造，细粒→似斑状中—中细粒花岗结构。二者矿物粒度分别为 1~2 mm、2~4 mm，矿物组成：石英 20%~30%，钾长石 20%~25%，斜长石 35%~45%，黑云母 5%~10%，普通角闪石 1%~2%。岩石中可见 1%~2%的褐帘石、磷灰石、榍石等副矿物。

2.1.3.2 二长花岗岩（$\eta\gamma J_3$）

二长花岗岩出露于漳平吾祠、灵地一带，为晚侏罗世二长花岗岩，出露面积约 5 km^2。中二叠统童子岩组、上二叠统翠屏山组、下三叠统溪口组和上侏罗统南园组呈侵入接触。呈不规则状岩基、岩株产出。岩石呈灰色、浅灰色，块状构造，细粒斑状结构。岩石呈灰色、浅灰色，块状构造，细粒斑状结构，斑晶（约 45%）成分为钾长石、中长石、石英及黑云母，基质（约 55%）由正长石、中长石、石英及少许黑云母组成。

2.1.3.3 正长花岗岩（$\zeta\gamma J_3$）

正长花岗岩出露于大田县太华、桂溪一带，为晚侏罗世正长花岗岩，出露面积约 100 km^2，沿北东向断裂带或太华-长塔背斜核部出露。与下石炭统林地组、中二叠统童子岩组、上二叠统翠屏山组、上二叠统长兴组、下三叠统溪口组和下侏罗统梨山组呈侵入接触。呈不规则状岩基、岩株产出。岩石呈肉红色，具似斑状细粒、中细粒、中粗粒结构。岩石由石英（25%~32%）、钾长石（42%~60%）、斜长石（15%~20%）、黑云母（2%~5%）及副矿物（1%~3%）磷灰石、锆石、榍石等矿物组成。

2.1.4 区域成矿特征

区域地质构造复杂，地层发育齐全，火山岩、侵入岩广布，成矿地质条件较优越，矿产资源十分丰富，主要矿产有铁、锰、金、银、铜、钼、稀土、煤、萤石、叶蜡石、灰岩、高岭土、钾长石、硅灰石、大理岩等。

2.2 矿区地质特征

2.2.1 地层

研究区地层层序由老至新为：中二叠统栖霞组（P_2q）、中二叠统文笔山组（P_2w）、中二叠统童子岩组（$P_2t.$）、上二叠统翠屏山组（P_3cp）、下三叠统溪口组（T_1x）、上侏罗统南园组（J_3n），其中中二叠统栖霞组（P_2q）隐伏于研究区深部矿区深部。因晚侏罗世岩浆岩侵入，吞蚀深部地层，区内未见比中二叠统栖霞组更老地层（图 2.2）。地层主要特征由新至老分述如下：

2.2.1.1 中二叠统栖霞组（P_2q）

本区栖霞组地层隐伏于矿区深部（图 2.2），因晚侏罗世二长花岗岩的侵入，熔蚀了部分栖霞组下部地层，破坏栖霞组连续性，使东部栖霞组形成两个不规则状的孤块（图 2.3，图 2.4）。栖霞组为一套浅海相碳酸盐岩沉积，岩性为浅灰、青灰、灰白色灰岩，见燧石条带，栖霞组中部有一层含碳泥岩，为 I_0 标志层，区内厚度 1.02~29.01 m，该标志层将栖霞组分为上段（P_2q^2）和下段（P_2q^1）两个段。

栖霞组上段（P_2q^2）岩性主要为硅质灰岩和灰岩，因 F_0 断层破坏，造成栖霞组上段全部或部分地层断失，同时在 F_0 断层带附近灰岩形成较多溶蚀孔及溶洞（为后期的石英-萤石型萤石矿提供容矿空间）(图 2.5)。

栖霞组下段（P_2q^1）岩性主要为硅质灰岩、硅质岩和灰岩，因 F_0 断层破坏，造成栖霞组下段部分上部地层断失。同时，因晚侏罗世二长花岗岩侵入，吞蚀部分栖霞组下段下部地层，并且造成栖霞组广泛发育的大理岩化、硅灰石化、萤石矿化和矽卡岩化等蚀变（图 2.6）。栖霞组与晚侏罗世二长花岗岩的接触带为本矿区矽卡岩型萤石矿的主要矿层位。研究区内较多钻孔揭露到栖霞组，地层厚度大于 139.11 m。与下伏二长花岗岩呈侵入接触。研究区内灰岩为萤石矿形成提供了丰富的钙源。

2.2.1.2 中二叠统文笔山组（P_2w）

文笔山组小面积出露于凤山矿区东部，大部分隐伏于研究区深部。为一套由细粉砂岩、砂质泥岩、粗粉砂岩组成的浅海-滨海相沉积，不含煤，研究区内钻孔揭露的地层最大厚度 198 m。岩层因花岗岩体热接触变质作用，岩石发生角岩化、空晶石化等变质作用（图 2.7）。

上部：细粉砂岩、粗粉砂岩为主，夹细砂岩薄层及其中一宽条带具清晰条带状构造，水平-缓波状层理，含少量黄铁矿结核和粉砂质结核。

下部：以细粉砂岩、砂质泥岩为主，中厚-厚层状，夹少量砂质细-中条带，具不清晰线状水平层理，含黄铁矿结核，菱铁矿结核。与下伏栖霞组呈断层接触。

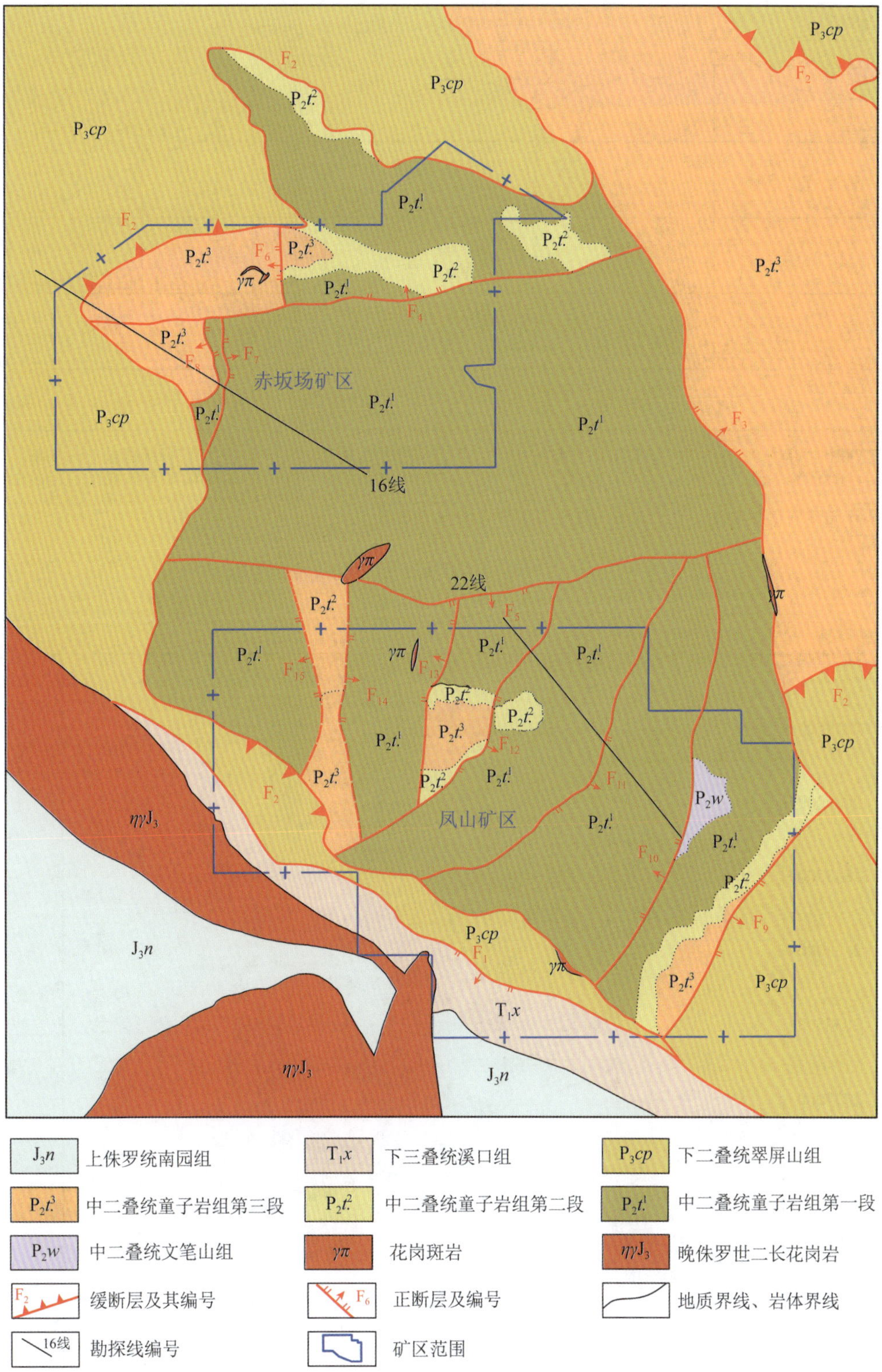

图 2.2　凤山-赤坂场矿区地质简图

2.2.1.3　中二叠统童子岩组（$P_2t.$）

中二叠统童子岩组（P_2t）大面积出露于研究区内（图 2.2），区内总出露面积大于 10.0 km^2，为一套海陆交互相沉积，地层厚度大于 500 m。根据岩性、岩相、含矿性和相旋回组合特征，结合龙永煤田区域地层特征，将童子岩组自上而下分为 3 个段：

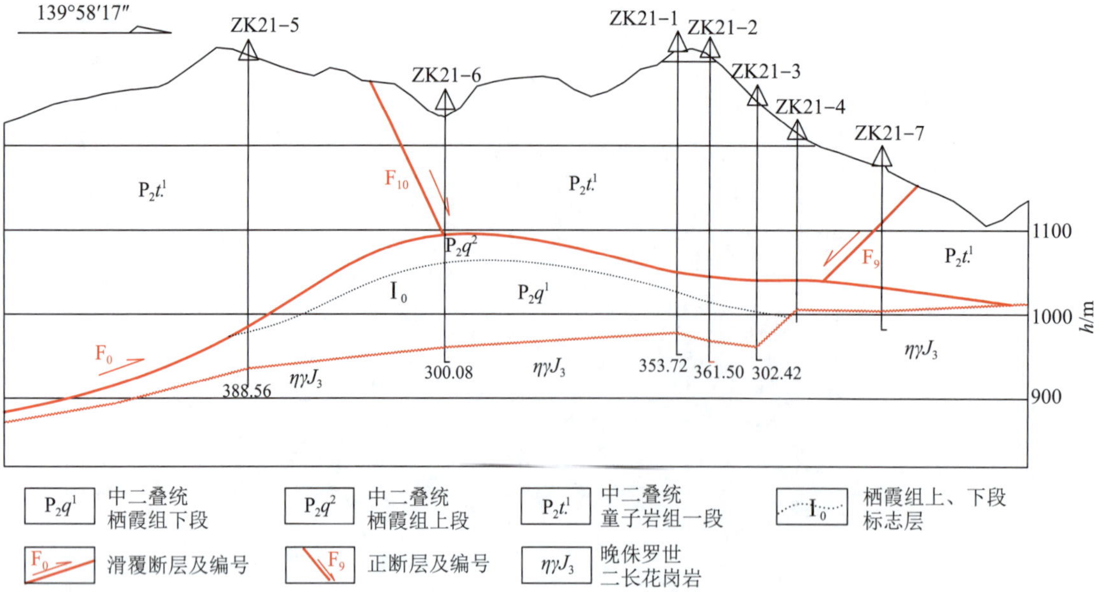

图 2.3　研究区内中二叠统栖霞组深部赋存情况简图

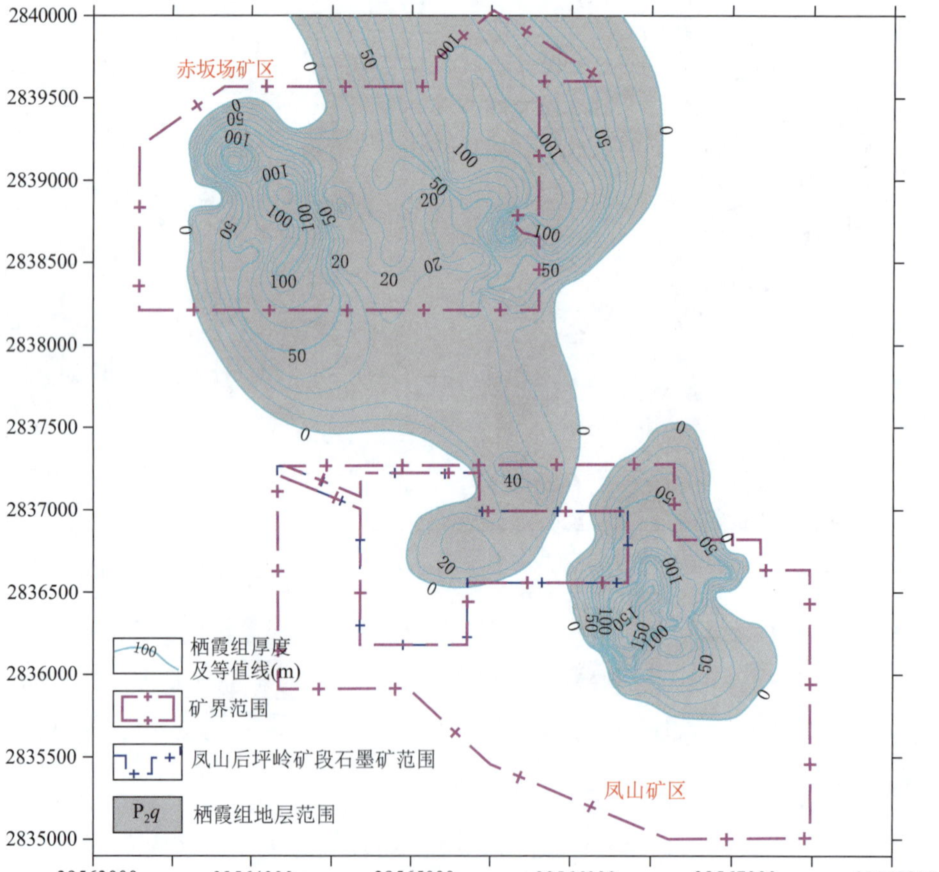

图 2.4　中二叠统栖霞组地层厚度等值线图

（1）童子岩组第一段（$P_2t.^1$）

大面积出露于研究区内，该段为滨海碎屑、远滨、障壁海岛、潟湖、泥炭沼泽相沉积，主要由细砂岩、细粉砂岩、砂质泥岩、泥岩、碳质泥岩和矿组成，含矿 20 层以上（编号 31～50），地层厚度

图 2.5　充填在裂隙中的萤石

图 2.6　栖霞组灰岩各类矿化特征

a—矽卡岩化；b—萤石矿化；c—硅灰石夹石英；d—大理岩化

大约 280.2 m。底以标 I_1 为界。根据地层特征本段分为上、下两个亚段：

童子岩组第一段第一亚段（$P_2t.^{1-1}$）：地层真厚度 188.2 m；该亚段为滨海碎屑、远滨、障壁海岛、潟湖、泥炭沼泽相沉积。根据研究区内钻孔和矿硐资料：岩性主要为细砂岩、细粉砂岩、砂质泥岩、泥岩和石墨矿，含厚、薄石墨矿层（煤）19 层以上，均变质成石墨矿，其中 B（37）、C（38）号石墨矿层为局部可采层（图 2.8）。岩性粒度组合主要表现为：细、粗的两大沉积旋回较明显特征。下部老底细砂岩至标 I_1：真厚度 37.8 m，以细砂岩、粗粉砂岩、细粉砂岩为主，薄-中厚层状，见较多油毛毡状白云母片。底以 I_1 为界。I_1 标志：层厚可达 9.0 m，由薄-中厚层状，以细砂岩为主，局部见薄层粗粉砂岩，具水平层理，层面含较的油毛毡状白云母片。全区稳定，为该童子岩组对比之

图 2.7　钻孔中岩石见空晶石化及角岩化现象

图 2.8　凤山井田 FZK24-7 见 1.03 m 厚石墨矿

良好标志。与下伏文笔山组呈整合接触。

童子岩组第一段第二亚段（$P_2t.^{1-2}$）：地层真厚度 92 m，该亚段为滨海碎屑、远滨、障壁海岛、潟湖、泥炭沼泽相沉积。主要由细砂岩、细粉砂岩、砂质泥岩、泥岩和矿组成，含矿 6~8 层（编号 31~36）。其中：A（33）号矿为可采层。岩性粒度组合主要表现为：中间细，上下粗。上部 25 m，粗细含量相当，岩性以细砂岩和细粉砂岩互层为主，单层厚度较大中厚层状、线状水平层理发育，见 3 层矿层，A（33）号矿为局部可采层。中部 50 m，上部以细粉砂岩、下部以砂质泥岩为主，含两层薄煤以上，局部见水平层理，含少量植物碎片、碎屑化石，见似层的粉砂质和扁平状、团块状泥铁质结核。下部 17 m，以细粉砂岩、细砂岩为主，单层厚度一般在 3 m 左右，中厚层状，局部见小型交错层理，沉积旋回较明显。含煤 3 层以上，均未见可采层，底以 Ⅰ2 标志层为界。$Ⅰ_2$ 标志：层厚 4.5 m，由薄-中厚层状，以细砂岩为主，局部见薄层粗粉砂岩，具水平层理，该层为 36 号矿层直接底板。全区稳定，为上、下亚段地层层序特征明显为分界标志。

（2）童子岩组第二段（$P_2t.^2$）

小面积出露于研究区内。地层厚度 102 m，为一套海相沉积地层，简称泥岩段。上部为砂质泥岩，下部为厚层状泥岩、含较多大小不一的黄铁矿结核、黄铁矿绿泥长英质结核。底以标Ⅱ为界。Ⅱ标志层：底部为一厚 0.50~1.20 m 钙质砂岩（有时为钙质砂质泥岩），层位稳定，是童子岩组第二段标志层。俗称Ⅱ标志层。与下伏童子岩组一段呈整合接触。

（3）童子岩组第三段（$P_2t.^3$）

小面积出露于研究区内。受断裂构造破坏作用，仅残存童子岩组第三段（$P_2t.^3$）下部地层，厚度120 m。为一套潟湖相、三角洲相构成的、以浅海相沉积为主的海陆交互相沉积。岩性为细粉砂岩、砂质泥岩、粗粉砂岩、细砂岩和薄矿层组成。底以标Ⅲ_1为界。Ⅲ_1标志层：厚度为6 m左右，为深灰-灰白色细砂岩，夹细粉砂岩及粗粉砂岩，层面含多量似油毛毡状白云母片，全区稳定，为该段地层对比之良好标志。与下伏童子岩组第二段呈整合接触。

2.2.1.4 上二叠统翠屏山组（P_3cp）

翠屏山组分布于研究区北部、西部、南部及其外围，区内总出露面积大于2.0 km^2，为一套陆源碎屑沉积地层，多属河床-河漫滩相沉积。厚度大于305 m。岩性以砂岩、粉砂岩、砂质泥岩为主，次为泥质砂岩、泥岩薄煤。根据岩性、化石及包裹体等特征，翠屏山组从下往上可分为3个部分：

上部：岩性以粗粉砂岩为主，夹薄层状细粉砂岩、砂质泥岩，往上渐变为砂岩、粗粉砂岩互层。砂岩呈灰白色，厚层状，细-中粒结构，有时可见楔形交错层理，碎屑成分主要为石英，硅质胶结中夹泥岩薄层。砂质泥岩中含少量菱铁质鲕粒，偶见蕉羊齿等植物化石。厚度大于50 m。

中部：为一套泥岩，细粉砂岩和粗粉砂岩，灰色、灰黑色，风化后常呈浅灰色、土黄色，块层状，含少量分散状菱铁质鲕粒，见少量菱铁质结核和植物茎化石，局部见2~3层薄煤层。厚度大于250 m。

底部：以中厚层状、中粗粒含砾石英砂岩和薄层状石英砂砾岩为主要特征，即所谓翠屏山组底砾岩，砾石成分主要为石英岩屑，燧石为主，砾径2 mm左右，次棱角至浑圆状，分选性中等-差，硅质胶结。厚度15 m。

与下伏童子岩组第三段呈断层接触。

2.2.1.5 下三叠统溪口组（T_1x）

溪口组小面积出露于研究区西南部，呈条带状分布。为一套浅海相沉积，岩性以灰黑色和灰白色条带相间，致密坚硬的条带状硅质岩、硅质灰岩为主，次为紫红色、薄层状钙质砂质泥岩、角岩化砂质泥岩、泥岩，局部夹有灰岩透镜体。厚度大于100 m。

与下伏翠屏山组呈断层接触。

2.2.1.6 上侏罗统南园组（J_3n）

南园组出露于研究区西南部及外围，为一套陆相火山碎屑岩沉积建造，岩性以凝灰质粉砂岩及晶屑凝灰岩为主，厚度大于150 m。

与下伏溪口组呈断层接触。

2.2.2 构造

研究区位于政和-大埔北东向断裂带西北侧、永安-晋江北西向断裂带东北侧、太华-长塔背斜西翼（近轴部），区内构造总体为一走向北东、倾向北西的单斜构造，产状较平缓。区内构造较复杂，构造以断裂为主，褶皱次之。

2.2.2.1 褶皱

研究区内褶皱为一组背向斜，即由①号背斜和②号向斜组成。该组背向斜位于凤山矿区中部，轴向呈北北东向。具体介绍如下：

①号背斜位于凤山矿区中北部，延伸长度大于1092 m，从18线到26线剖面均有钻孔控制，该背斜为一宽缓褶皱，背斜轴向30°，两翼地层倾角10°~25°，背斜核部为中二叠统栖霞组，两翼为中二叠统文笔山组和童子岩组（图2.9）。该背斜造成中二叠统栖霞组隆起免遭受晚侏罗世侵入的二长花岗岩的全部吞蚀而保留一定厚度栖霞组灰岩。同时也正是这些保存下来的灰岩与后期侵入的二长花岗岩发生热变质和接触交代变质作用形成本区的萤石矿、硅灰石矿和水泥用大理岩矿。

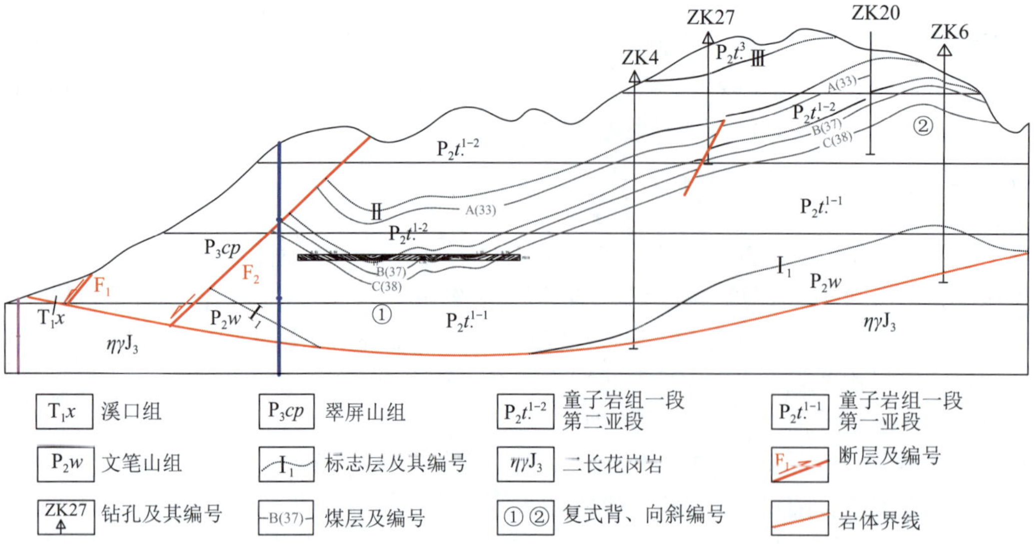

图 2.9　研究区褶皱构造形态简图

②号向斜位于凤山井田中北部，延伸长度大于 1086 m，从 18 线到 26 线剖面均有钻孔控制，该向斜为一宽缓褶皱，背斜轴向 30°，两翼地层倾角 10°~25°，背斜核部为中二叠统文笔山组和童子岩组，两翼为中二叠统栖霞组，因受后期侵入的二长花岗岩的吞蚀，保存不全（图 2.9）。

2.2.2.2　断裂

研究区内主要断裂有 16 条，编号分别为 F_0、F_1、F_2、F_3、F_4、F_5、F_6、F_7、F_8、F_9、F_{10}、F_{11}、F_{12}、F_{13}、F_{14}、F_{15}，各断层分布情况见图 2.3、图 2.10、图 2.11。

根据断层的性质、产状、延伸方向，可把断层分为：

（1）北西向断裂带

F_1 正断层：出露于研究区西南边，为一北西走向正断层，发育于上二叠统翠屏山组与下三叠统溪口组之间，为北西向永安-晋江断裂带次级断裂。断层带角砾明显，破碎带宽 2~5 m，呈碎裂状，小透镜状，断层产状：走向 308°~320°、倾向西南、倾角 58°~65°，延伸大于 3200 m，断距大于 500 m。断层上盘为下三叠统溪口组（T_1x），下盘为上二叠统翠屏山组（P_3cp）。该断层切断区内早期形成的 F_2 缓倾角断层等，破坏区内栖霞组连续性，从而影响本区萤石矿的赋存。

F_3 正断层：出露于研究区东北边，为一北西走向正断层，发育于童子岩组、翠屏山组与童子岩组、翠屏山组之间，为北西向永安-晋江断裂带次级断裂。断层带角砾明显，破碎带宽 2~4 m，呈碎裂状、棱角状，断层走向 330°~350°，倾向北东，倾角 60°~70°，断层延伸大于 2000 m，断距约 300 m。该断层切断早期形成的南北向 F_4、F_5 断层、北东向 F_9 断层和 F_2 缓倾角断层，破坏区内栖霞组连续性，从而影响本区萤石矿的赋存。

（2）北东向断裂带

F_6 正断层：出露于研究区北部赤坂场矿区中部，总体走向北北东向，地表延伸长度约 500 m，倾向北西，倾角约 60°，发育于童子岩组内部，上盘为中二叠统童子岩组三段，下盘为中二叠统童子岩组三段、二段、一段。该断层南部为 F_4 正断层所断、北部为 F_2 缓倾角断层所断，深部为 F_0 缓倾角断层所断。

F_7 正断层：出露于研究区北部赤坂场矿区中部，大致沿Ⅱ-6 叉沟发育，地表延伸长度约 700 m，倾向正南东，倾角 40°~55°，上盘为中二叠统童子岩组一段和文笔山组，下盘为中二叠统童子岩组一段和文笔山组。该断层北部为 F_4 正断层所断、南部为 F_2 缓倾角断层所断，深部为 F_0 缓倾角断层所断。对区内萤石矿、水泥用大理岩矿和硅灰石矿等矿体不具破坏作用。

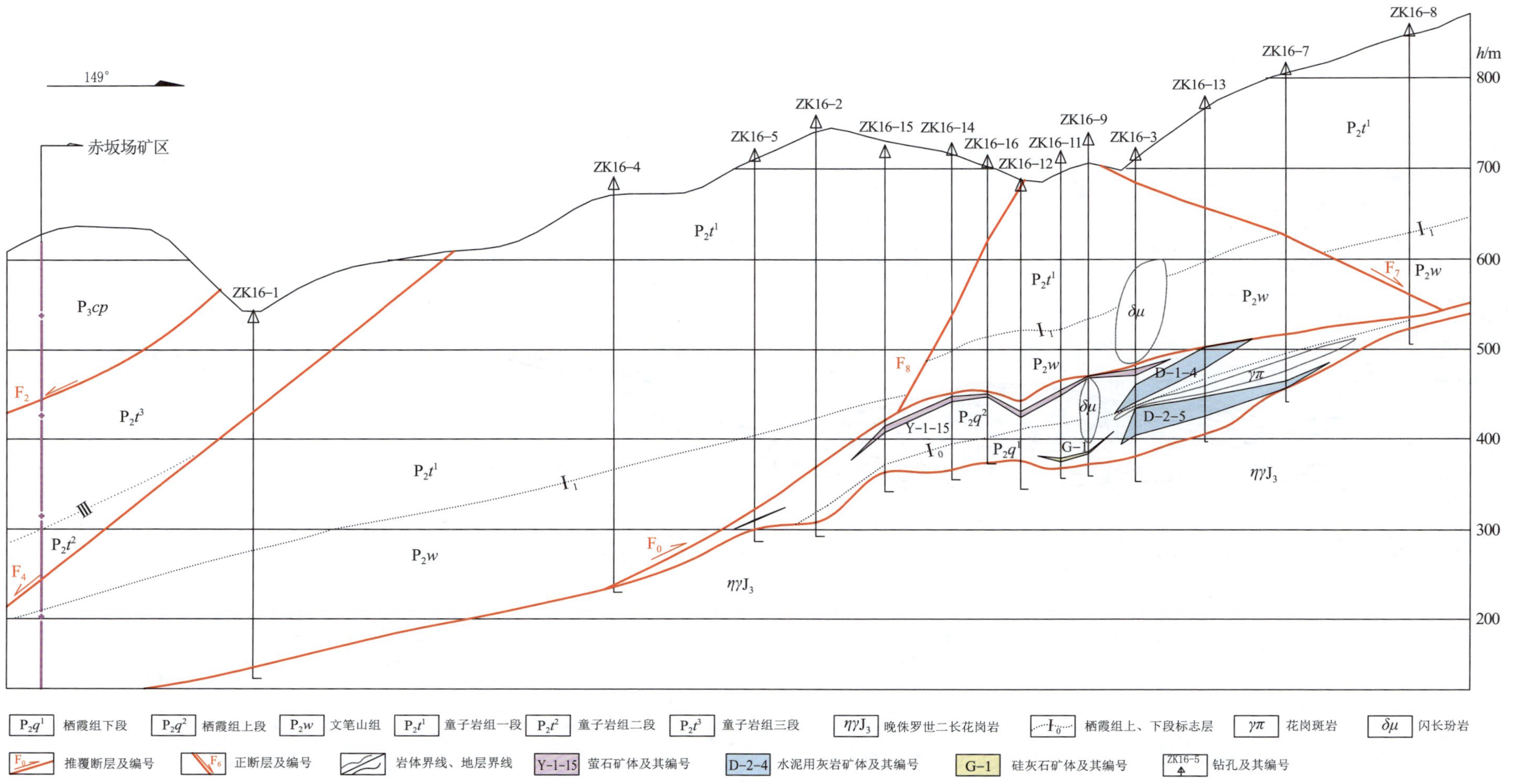

图2.10　赤坂场矿区断裂构造形态简图

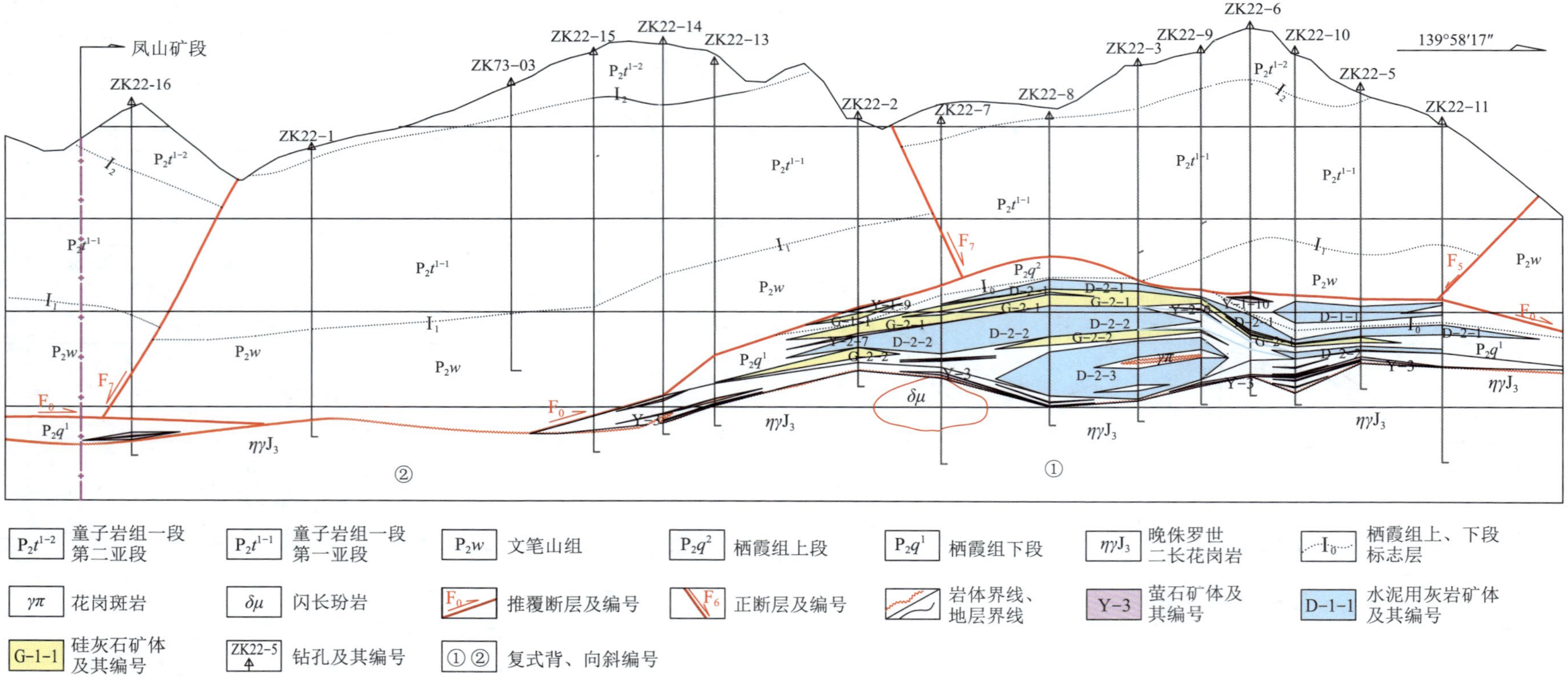

图2.11　凤山矿区断裂构造形态简图

F_8 正断层：出露于研究区北部赤坂场矿区中部，大致沿Ⅱ-6 叉沟发育，地表延伸长度约 450 m，断层总体走向为北东、倾向南西向，倾角 40°~50°。上盘为中二叠统童子岩组一段和文笔山组，下盘为中二叠统童子岩组一段和文笔山组。该断层北部为 F_4 正断层所断、南部为 F_2 缓倾角断层所断，深部为 F_0 缓倾角断层所断。对区内萤石矿、水泥用大理岩矿和硅灰石矿等矿体不具破坏作用。

F_9 正断层：出露于研究区南部、凤山矿区东南部迎佛仑-柯厝坑村东南角，延伸 2200 m，断距大于 120 m，断层往南交于 F_2 缓倾角断层，往北为 F_5 正断层所断。断层带角砾明显，成分复杂，破碎带宽 2~3 m，断层走向 15°~35°，倾向南西、倾角 50°~62°，断层上盘为童子岩组第一段（$P_2t.^1$），下盘为文笔山组，主要断缺童子岩组第一段中、下部和文笔山上部地层，主要造成童子岩组和文笔山地层不连续性。该断层发育于 F_0 滑覆断层的上盘，对本区萤石矿、水泥用大理岩矿和硅灰石矿等矿体不具破坏作用。

F_{10} 正断层：出露于研究区南部、凤山矿区东中部，往南交于 F_2 断层，往北为 F_5 正断层所断。断层带角砾明显，成分复杂，破碎带宽 1~3 m，断层走向与地层走向斜交，走向 35°~60°，倾向东、倾角 58°~65°，断层走向近于平行复式向斜的向斜轴，斜交复式背斜背斜轴。延伸约 2000 m，断距约 60 m，上、下盘地层均为童子岩组第一段（$P_2t.^1$），主要断失童子岩组第一段中部地层，造成石墨矿层不连续性。该断层发育于 F_0 滑覆断层的上盘，对本区萤石矿、水泥用大理岩矿和硅灰石矿等矿体不具破坏作用。

F_{11} 正断层：出露于研究区南部、凤山矿区中西部，往南交于 F_2 断层，往北为 F_5 正断层所断。断层带角砾明显，成分复杂，断层破碎带宽 2~5 m，断层走向 35°~45°，倾向北西、倾角 50°~55°，延伸约 1800 m，断距约 100 m。断层上盘地层为童子岩组，下盘地层为童子岩组或文笔山组，主要断失童子岩组第一段中部地层，造成主采煤层不连续性。该断层发育于 F_0 滑覆断层的上盘，对本区萤石矿、水泥用大理岩矿和硅灰石矿等矿体不具破坏作用。

F_{12} 正断层：出露于研究区中南部、凤山矿区中部，往南被 F_{11} 断层所断，往北为 F_5 正断层所断。断层走向 10°~25°，倾向东、倾角 50°~55°，延伸约 1200 m，断距约 90 m。断层上、下盘地层均为童子岩组第一段，主要断失第一段中部地层，造成石墨矿层不连续性。该断层发育于 F_0 滑覆断层的上盘，对本区萤石矿、水泥用大理岩矿和硅灰石矿等矿体不具破坏作用。

F_{13} 正断层：出露于研究区中南部、凤山矿区中部偏西部，往南被 F_{11} 断层所断，往北为 F_5 正断层所断。断层带角砾明显，成分复杂，断层破碎带宽 0.5 m，断层走向 340°~355°，倾向西、倾角 60°~75°，延伸约 1200 m，断距 50 m。断层上盘地层为童子岩组第二、三段、下盘地层为童子岩组第一、二、三段，该断层主要造成石墨矿层不连续性。该断层发育于 F_0 滑覆断层的上盘，对本区萤石矿、水泥用大理岩矿和硅灰石矿等矿体不具破坏作用。

F_{14} 正断层：出露于研究区中南部、凤山矿区中西部，往南交于 F_2 断层，往北为 F_5 正断层所断。断层带角砾明显，成分复杂，断层破碎带宽 0.5 m，断层走向 340°~20°，倾向西、倾角 50°~75°，延伸大约 900 m，断距 50 m。该断层主要造成石墨矿层不连续性。该断层发育于 F_0 滑覆断层的上盘，对本区萤石矿、水泥用大理岩矿和硅灰石矿等矿体不具破坏作用。

（3）缓倾角断层

F_0 缓倾角断层：隐伏于研究区深部，发育于中二叠统文笔山组、童子岩组与栖霞组之间（图 2.12）。凤山矿区中部北北东向②号向斜轴部因受晚侏罗世二长花岗岩侵入吞蚀破坏，保存不全，F_0 缓倾角断层在本区分布范围受岩浆岩控制，分布范围与栖霞组分布范围相同，主要分布于矿区北东部，呈两个孤岛出现。F_0 缓倾角断层面呈波状起伏，破碎带时而紧闭，时而宽松，断层破碎带宽 0~12.2 m，可见构造角砾岩（图 2.12），并可见较多溶蚀孔，为后期裂隙型萤石矿提供储矿空间（图 2.13）。断层倾角 0°~20°区内延伸大于 2000 m，主要断失文笔山下部地层及栖霞组上部地层，F_0 缓倾角断层为石英-萤石型萤石矿提供储矿空间，该型萤石矿主要赋存于研究区内赤坂场矿区。该断层对本区矽卡岩型萤石矿、水泥用大理岩矿和硅灰石矿体没有破坏作用，但因其影响中二叠统栖霞组灰岩保存厚度进而影响区内萤石矿、水泥用大理岩矿和硅灰石矿赋存。

图 2.12　凤山矿区 ZK24-14 钻孔 F_0 断层破碎带见角砾岩

图 2.13　凤山矿区 ZK21-1 钻孔 F_0 断层灰岩见溶蚀洞及萤石矿充填

F_2 缓倾角断层：出露于研究区西部、北部、南部及外围，总体倾向西，产状较缓，倾角 10°~45°，局部较陡。发育于上二叠统翠屏山组与中二叠统童子岩组第之间，上盘为翠屏山组、下盘为童子岩组，区域上俗称煤系地层的“脱顶断层”。该断层为后期的北西向 F_1 断层、F_3 断层所断。该断层发育于 F_0 滑覆断层的上盘，对本区萤石矿、水泥用大理岩矿和硅灰石矿等矿体不具破坏作用。

2.2.3　岩浆岩

2.2.3.1　岩性、产状分布规律

本区岩浆岩较发育，侵入岩为晚侏罗世二长花岗岩（$\eta\gamma J_3$），脉岩有花岗斑岩、闪长玢岩，石英斑岩。

（1）侵入岩

研究区内侵入岩为晚侏罗世二长花岗岩（$\eta\gamma J_3$），小面积出露于研究区西南部及外围，大面积分布于研究区深部，面积大于 50 km²。呈岩基、岩株产出，岩体的侵入面产状呈南东高、北西低，侵入

面倾角较缓，且波状起伏，角度一般为10°~30°（图2.14）。因二长花岗岩的侵入，吞蚀了研究区内栖霞组和文笔山组等地层，在研究区中部把栖霞组分割成两块。

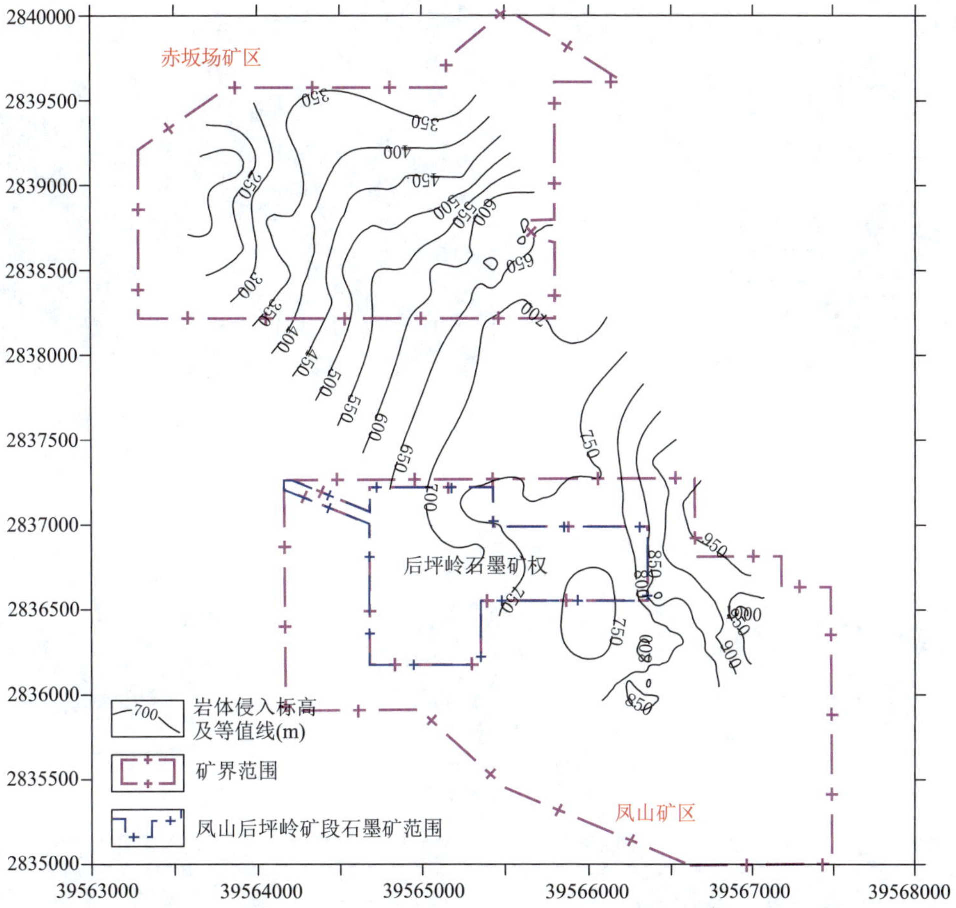

图2.14 凤山-赤坂场花岗岩体岩体侵入标高等值线图

研究内凤山矿区和赤坂场矿区二长花岗岩的岩石结构有所不同，据区内采集的薄片鉴定结果，凤山矿区以细粒状为主，赤坂场矿区以似斑状结构为主。

凤山矿区：二长花岗岩主体为中细粒斑状二长花岗岩，手标本呈灰色、浅灰色，块状构造，细粒斑状结构，斑晶成分为钾长石、中长石、石英及黑云母，粒度多为2~20 mm，含量约45%。钾长石：柱状，轻度泥化，具卡式双晶，一级灰干涉色。中长石：板柱状，泥化及绢云母化而呈灰色，具钠长石双晶，卡钠复合双晶及连续环带构造，An=37%±。石英：六方双锥状，具港湾状熔蚀边，波状消光。基质呈细粒花岗结构，由正长石、中长石、石英及少许黑云母组成，粒度为0.1~0.5 mm，含量约55%。见图2.15、图2.16（样品采自凤山矿区ZK20-11钻孔岩芯）、图2.17a、d。

赤坂场矿区：二长花岗岩主体为中细粒似斑状二长花岗岩，手标本呈浅色-灰白色，中细粒似斑状结构（图2.17b），斑晶成分为正长石、中长石及石英，粒度为2~12 mm，含量10%左右（图2.17e）。正长石呈自形柱状，泥化为灰色，可见卡式双晶；中长石呈板柱状，泥化为灰色，隐约可见钠长石双晶和环带构造；石英呈六方双锥状，多已细粒化，强烈波状消光，可见毕姆带。基质呈中-细粒花岗结构，主要由正长石、中长石、石英及少许黑云母组成，粒度为0.2~1.2 mm，含量约90%。闪长岩后期呈岩墙状侵入，浅灰绿色（图2.17c），厚度可达102.67 m，岩石由原岩残留（64%）和蚀变矿物（36%）组成（图2.17f）。斜长石呈条柱状，不同程度的蚀变及泥化，隐约可见钠长石双晶，杂乱无章地排列，粒度为0.023~0.6 mm；石英呈粒状，填间式产出，粒度0.05~0.2 mm；蚀变矿物主要为鳞片状绿泥石、绢云母及方解石，少许绿帘石微粒。

图 2.15　二长花岗岩

图 2.16　二长花岗岩显微特征

正交偏光，放大倍数 46 倍；Or—钾长石；Q—石英

图 2.17　研究区岩石手标本及显微镜下照片

a、d—细粒二长花岗岩，细粒花岗结构；b、e—中细粒似斑状二长花岗岩，中细粒似斑状结构；c、f—蚀变微细粒含英闪长岩，变余微-细柱粒状结构。显微照片均在正交偏光下拍摄

（2）脉岩

花岗斑岩（$\gamma\pi$）多呈岩脉状出露于研究区中部，Ⅱ号沟东、西两侧及矿区西北角有小面积零星出露，还零星出露于研究区东部 F_9 断层附近及北部，岩性为肉红色花岗斑岩，风化后呈灰白色，细斑状结构，块状构造，斑晶主要为长石、石英，粒度 0.5~1.5 mm，基质主要为长英质。

闪长玢岩（$\delta\mu$）呈透镜状、椭球状分布于研究区深部，研究区内多个钻孔有揭露，岩石呈浅灰绿色，斑状结构，块状构造，矿物成分主要为角闪石、中长石和少量辉石等。在凤山矿区栖霞组灰岩中见到的闪长玢岩遭强烈的热液蚀变作用，原岩中的斑晶和基底多被纤维状阳起石、鳞片状绿泥石、绢云母集合体取代，仅局部可见阳起石化角闪石斑晶和斜长石条柱状微晶基质残留下来（图 2.18）。

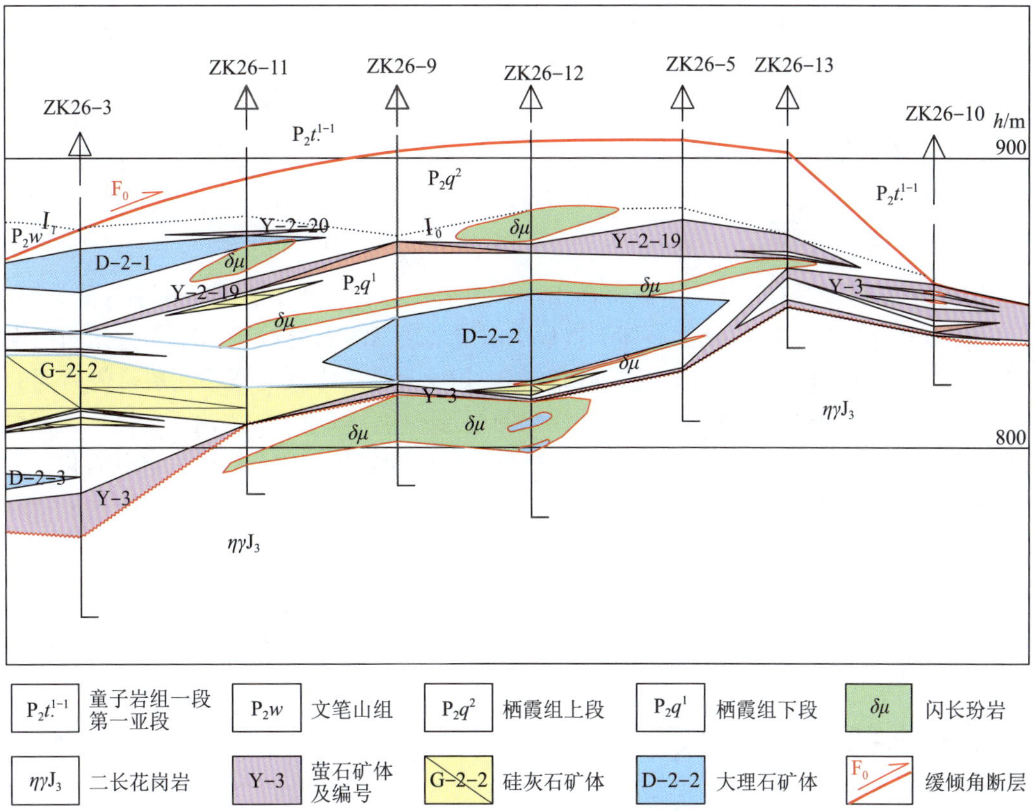

图 2.18　凤山矿区 26 线剖面闪长玢岩形态图

2.2.3.2　侵入时代

研究区内岩浆岩侵入时代为晚侏罗世。

据 2023 年 2 月福建省 197 地质大队提交的《福建省漳平市吾祠-灵地矿区凤山矿段水泥用大理岩矿、硅灰石矿、萤石矿勘探暨石墨矿资源储量地质报告》资料，凤山矿区分别采集凤山矿区新鲜的二长花岗岩、花岗斑岩及闪长玢岩 3 件样品进行锆石 U-Pb 测年，其分析结果显示研究区二长花岗岩、花岗斑岩及花岗闪长岩锆石年龄在误差范围内非常一致（~158 Ma），表明凤山岩体应该是在同一期岩浆事件中形成，其侵位时代为晚侏罗世。

从二长花岗岩、闪长玢岩、花岗斑岩所测定的同位素年龄基本一致，说明三者大致同一时期形成。这就证明凤山-赤坂场矿区岩浆在上升或停留于岩浆房期间，除与围岩具有热交换外，还与围岩发生物质交换。炽热的岩浆与围岩（或捕虏体）发生反应或熔化围岩，而使岩浆成分发生改变的作用，这一过程可称为同化混染作用。在本区主要表现为酸性的二长花岗岩与石灰岩围岩同化混染作用后形成中酸性的花岗闪长岩、闪长玢岩（闪长岩）、钾长石化花岗岩（花岗斑岩）。如 ZK26-12 孔二长花岗岩与灰岩接触同化混染形成自下而上花岗闪长岩→闪长岩过渡。ZK26-12 孔二长花岗岩岩浆热液侵入灰岩中同化混染形成闪长玢岩。ZK21-7 孔岩体顶部内接触带中矿物无明显的结晶顺序，出现反常的结晶顺序，形成暗色矿物的集合斑晶，并含围岩捕虏体的混染岩石。

2.2.3.3　岩浆岩对区内萤石矿赋存的影响

晚侏罗世侵入的二长花岗岩在吞蚀了大部分栖霞组灰岩、破坏栖霞组连续性的同时，也为萤石矿的形成提供了热源和矿源氟。作为萤石矿提供矿源角色在岩体与栖霞组接触带形成萤石矿（以矽卡岩型萤石矿为主），同时部分萤石矿液运移在适当空间富集成矿（以石英-萤石型萤石矿为主）。

2.3 矿床地质特征

2.3.1 萤石矿体特征

2.3.1.1 萤石矿分带特征

研究区内萤石矿体均赋存于中二叠统栖霞组中，隐伏于矿区深部。栖霞组在本区分为栖霞组上、下两段，中间为含炭泥岩。因 F_0 断层破坏，造成栖霞组上段断失部分地层，F_0 缓倾角断层面呈波状起伏，破碎带时而紧闭、时而宽松，断层破碎带宽 0~12.2 m，这样较为宽松断层带为后期的充填形萤石矿提供容矿空间；同时因晚侏罗世二长花岗岩的侵入影响，熔蚀了栖霞组部分地层，同时在栖霞组与晚侏罗世二长花岗岩与接触带及栖霞组内部中发生了矽卡岩化、萤石矿化、硅灰石化、大理岩化等蚀变。经综合采样测试及矿床成因及成矿规律研究，区内划分 Y-1、Y-2 和 Y-3 3 个萤石矿带（图 2.19）。

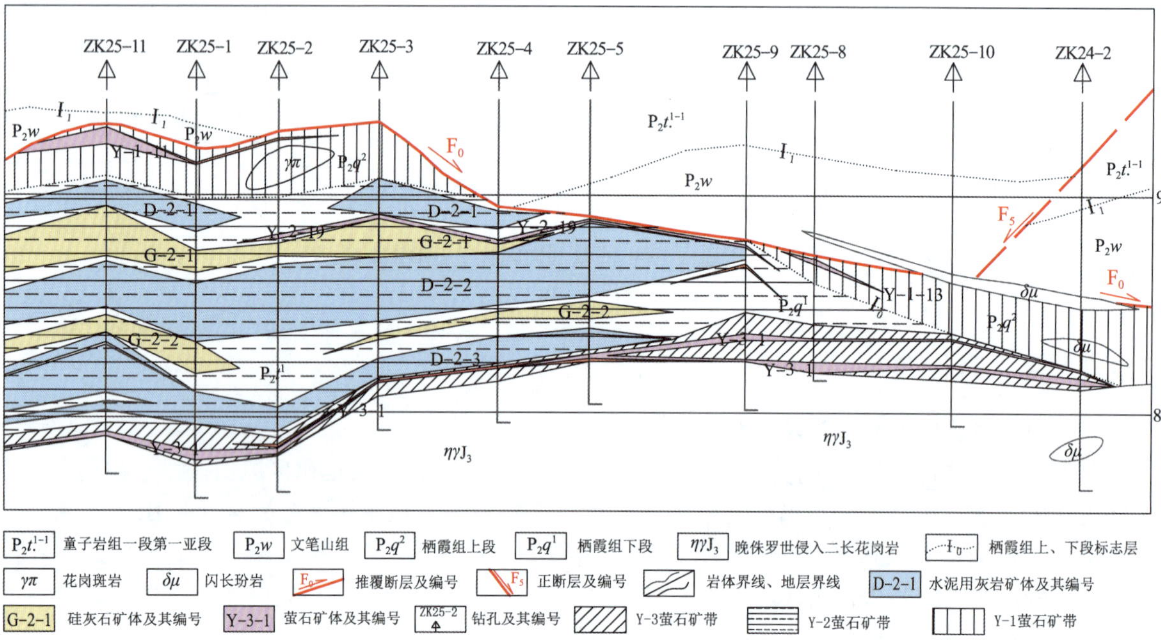

图 2.19　萤石矿带分布图

Y-1 萤石矿带：位于栖霞组 I_0 标志层上部与 F_0 断层之间，萤石矿带呈层状、似层状，总体走向北东、倾向北西。由 16 个萤石矿体组成（凤山矿区 11 个、赤坂场矿区 5 个），矿体编号为 Y-1-1~Y-1-19。矿石类型以石英-萤石型为主，少数为矽卡岩型。该萤石矿带赤坂场矿区 Y-1-15 萤石矿体最大，（探明+控制+推断）矿物资源储量达 134.3×10^4 t。

Y-2 萤石矿带：位于栖霞组 I_0 标志层与 Y-3 萤石矿带之间。萤石矿带呈层状、似层状，总体倾向北西、走向北东，萤石矿化程度相对 Y-3 萤石矿带弱很多。由 19 个萤石矿体组成，矿体编号 Y-2-1~Y-2-19，其中 Y-2-19 萤石矿体达中型规模矿体，其他萤石矿体为 1-3 个工程控制的小型矿体。矿石类型以矽卡岩型为主，少数为石英-萤石型。该萤石矿带赤坂场矿区不发育。

Y-3 萤石矿带：为研究区萤石主要赋存矿带，赋存于栖霞组与二长花岗岩接触带。萤石矿带呈层状、似层状，总体走向北东、倾向北西。由 6 个萤石矿体组成，矿体编号 Y-3-1~Y-3-14 及 Y-4-1，其中 Y-3-1 萤石矿体为主要矿体，Y-3-7 为次萤石矿体。矿体的矿石类型除 Y-4-1（赋存于花岗岩裂隙中-ZK9 钻孔）为石英-萤石型萤石矿外，其余的 9 个萤石矿体均为矽卡岩型萤石矿。

2.3.1.2 萤石矿带主要矿体特征

Y-1-15 萤石矿体：赋存于赤坂场矿区内，为本区萤石矿主矿体之一，也是 Y-1 萤石矿带代表性矿体（石英-萤石型萤石矿），萤石矿资源量占赤坂场矿区萤石矿总资源量的 46.81%赋存于 F_0 断层带内，隐伏于赤坂场矿区西南部 12~21 线间，矿体最大长度 860 m，最大延深达 650 m，赋存标高 240~504 m；矿体形态、产状受 F_0 断层控制，呈似层状产出，在剖面图上可见波状起伏，矿体总体倾向 310°，倾角 5°~20°；矿体真厚度 1.00~20.89 m，平均厚度 5.52 m，厚度相对较稳定；F_0 断层带为萤石矿提供容矿空间；矿体顶板一般为含矽卡岩、粉砂岩、角砾岩、灰岩，矿体底板一般为灰岩、矽卡岩。萤石矿常呈浅紫红色、浅绿色。

Y-2-19 萤石矿体：赋存于凤山矿区内、中二叠统栖霞组下段 I_0 标志层与 G-2-1 硅灰石矿体之间，隐伏于矿区东部 22~27 线间；矿体最大长度 310 m，最大延深 350 m，赋存标高 840~890 m，埋深 209~261 m。矿体呈似层状、透镜状产出，在剖面图上可见波状起伏，矿体总体倾向 310°，倾角 5°~20°。矿体真厚度 0.91~12.07 m，平均厚度 3.25 m，厚度变化系数 58.33%，厚度较稳定。矿体顶板一般为含矽卡岩、灰岩，矿体底板一般为硅灰石、灰岩、矽卡岩。

Y-3-1 萤石矿体：为本区萤石矿主矿体，赋存于凤山矿区内，也是 Y-3 萤石矿带代表性矿体（矽卡岩型萤石矿），萤石矿资源量占凤山矿区萤石矿总资源量的 83%，赋存于二长花岗岩-栖霞组灰岩接触带，隐伏于凤山矿区东部 18~28 线间，矿体最大长度 1780 m，最大延深达 1080 m，赋存标高 745~975 m，埋深 142~388 m；矿体形态、产状受晚侏罗世二长花岗岩与栖霞组灰岩接触面控制，呈似层状、脉状产出，在剖面图上可见波状起伏，矿体总体倾向 300°，倾角 5°~20°，在研究区东部柯厝坑一带具分支复合现象；矿体真厚度 0.73~18.19 m，平均厚度 3.08 m，厚度变化系数 78.61%，厚度相对较稳定，容矿岩石主要为矽卡岩、含黄铁矿矽卡岩；矿体顶板一般为含黄铁矿矽卡岩、大理岩、硅灰石、矽卡岩，通常较为致密完整，底板为二长花岗岩、矽卡岩。

2.3.2 萤石矿石特征

研究区内萤石矿石类型主要有两种，分别为矽卡岩型萤石矿和石英-萤石型萤石矿；且这两种萤石矿在凤山矿区和赤坂场矿区分布情况不同，矽卡岩型萤石矿在凤山矿区占总资源量的 99%，而石英-萤石型萤石矿仅零星见于溶洞及裂隙中；石英-萤石型萤石矿在赤坂场占比约 45%。

2.3.2.1 结构构造

矽卡岩型萤石矿：微-细粒变晶结构、粒状-柱状变晶结构、变余柱状变晶结构、细粒状变晶结构、变余碎裂结构、不规则粒状变晶结构，交代残留与包含结构。以微-细粒变晶结构、粒状-柱状变晶结构为主；团块浸染状构造、块状构造。

石英-萤石型萤石矿：变余破碎结构、半自形中-细粒变晶结构，块状构造。

2.3.2.2 矿物成分

（1）矽卡岩型萤石矿

矿石矿物单为萤石，含量一般 30%~38%，少数可达 75%，脉石矿物主要为透辉石、石榴子石、阳起石、绿帘石，一般含量 60%~70%。此外矿石中还有少量石英、绿泥石、磁铁矿、磁黄铁矿等（图 2.20、图 2.21）。

萤石：多为无色透明，多呈不规则粒状-半自形粒状，结晶较小，均质体，个别见解理发育，粒径一般小于 0.5 mm，个别可达 2.5 mm，呈聚集状或分散状不均匀填隙分布于透辉石、石榴子石、绿帘石等间隙中，颗粒间相互嵌接成集合体。

透辉石：淡绿色，半自形粒状、柱状，辉石式解理，粒径一般小于 0.5 mm，晶粒间紧密镶嵌状接触，杂乱排列，局部呈扇状、放射状集合体。

图 2.20　ZK18-3 钻孔 Y-3-1 萤石矿体实物及镜下鉴定略图

薄片单偏光×46，CaF_2—萤石；Di—透辉石；Grs—钙铝榴石

图 2.21　ZK9 钻孔 Y-3-1 萤石矿体实物及镜下鉴定略图

薄片正交×46，CaF_2—萤石；Grs—钙铝榴石

石英：无色透明，不规则粒状，粒径 0.03~0.9 mm，顺着原岩碎块间充填交代，可见被萤石交代。

石榴子石：褐黄色，粒状，粒径 0.2~1.6 mm，聚集状不均匀分布于绿帘石等间隙中或岩石微隙中。

绿帘石：浅绿色，呈粒状-柱状，粒径一般小于 0.3 mm，多集成不规则团块状及短脉状顺着萤石集合体碎块间充填交代。

磁铁矿：黑色，不规则-半自形粒状为主，粒径小于 0.6 mm，星散状不均匀分布，可见交代透辉石、阳起石、石英。具灰色微带棕色反射色，均质性。

阳起石：淡绿色、无色，纤维状，以不均匀状交代透辉石。

（2）石英-萤石型萤石矿

矿石矿物单为萤石，含量一般 35%~70%，少数可达 92%，脉石矿物为石英，含量一般为 30%~65%（图 2.22）。

矿石矿物：萤石多为浅紫红色、浅绿色，透明。多呈半自形粒状，粒径一般为 0.2~3.0 mm，个别可达 4.3 mm，多集成不规则团块状，顺着脉石矿物间充填交代。呈聚集状或分散状不均匀填隙分布于透辉石、绿帘石等间隙中，颗粒间相互嵌接成集合体。

脉石矿物：单为石英，微粒状，粒径一般为 0.2~2.0 mm，多集成不规则团块状、脉状产于萤石集合体中。

2.3.2.3　化学成分

研究区内凤山矿区采集了 7 件矽卡岩型萤石矿和 1 件石英-萤石型萤石矿做全分析，分析结果见

图 2.22　ZK22-6 钻孔 Y-1-10 萤石矿体实物及镜下鉴定略图

薄片正交×46，CaF_2—萤石；Q—石英

表 2.1，从表中可以看出矽卡岩型萤石矿区内常与硫铁矿共生，所以 S 和 Fe 含量较高，而石英-萤石型萤石矿 SiO_2 含量较高。

表 2.1　凤山矿区萤石矿全分析结果一览表

矿石类型	全分析测试成果平均值（w_B/%）						
	CaF_2	SiO_2	Fe_2O_3	Al_2O_3	S	$CaCO_3$	TiO_2
矽卡岩型萤石矿	30.42	18.12	28.65	4.41	8.78	2.19	0.086
石英-萤石型萤石矿	34.60	54.94	1.31	0.92	0.32	6.71	0.009

矿石类型	全分析测试成果平均值（w_B/%）						
	K_2O	Na_2O	MgO	MnO	Pb	Zn	P
矽卡岩型萤石矿	2.08	0.033	3.02	0.21	0.001	0.012	0.037
石英-萤石型萤石矿	0.19	0.021	0.48	0.19	0.024	0.019	0.023

2.3.2.4　矿石类型

（1）自然类型

按矿床成因可分为矽卡岩型萤石矿和石英-萤石型萤石矿。

按矿石主要矿物可分为透辉石-萤石型矿石（图 2.23、图 2.24）、绿帘石-萤石型矿石（图 2.25）、透辉石-石榴子石-萤石矿石（图 2.26）和石英-萤石型矿石（图 2.27、图 2.28）。其中透辉石-萤石型矿石、绿帘石-萤石型矿石、透辉石-石榴子石-萤石型矿石属于矽卡岩型萤石矿。按矿石构造可分为块状、条带状、角砾状、浸染状。

（2）工业类型、品级

矿区萤石矿石工业类型属于贫矿石，矿床平均品位（CaF_2）小于 65%，矿石中 SiO_2 含量普遍较高，属高硅型，矿石需经选矿后利用。根据矿石加工性能实验成果，萤石矿石浮选后的氟石精矿 CaF_2 品位为 97.82%（>97.50%），SiO_2 含量为 0.75%（≤1.20%），$CaCO_3$ 含量为 0.47%（≤1.00%），S 含量为 0.094%（>0.05%），P 含量为 0.013%（<0.05%）精矿产品达到三级品以上的质量要求（《萤石》（YB/T 5217—2005）的规定）。可用于冶金、化工、机械及建筑等行业。

2.3.3　变质作用和围岩蚀变

区内构造复杂，岩浆岩发育，区域动力变质作用明显。受后期二长花岗岩、花岗斑岩、闪长玢岩侵入影响，本区地层普遍出现强烈热液蚀变现象，岩石均已弱-中等变质，为本区童子岩组中的煤层受热变质作用蚀变成石墨矿提供了热动力来源，为栖霞组灰岩矽卡岩化、萤石矿化、大理岩化、硅灰石化提供了物质和动力条件，岩浆岩同时还是本区萤石矿氟元素的物质来源，对本区石墨矿、水泥用大理岩矿、萤石矿、硅灰石矿的形成起到了重要作用，与石墨矿成矿关系密切的蚀变类型主要有硅化、空晶石化；与大理岩矿成矿关系密切的蚀变类型有大理岩化、透辉石化；与萤石矿、硅灰石矿成矿关系密切的蚀变类型有矽卡岩化、透辉石化、硅灰石化等。

图 2.23　浸染状透辉石-萤石矿石

图 2.24　浸染状石榴子石-透辉石-萤石矿石

图 2.25　角砾状绿帘石-萤石矿石

图 2.26　条带状透辉石-石榴子石-萤石矿石

图 2.27　团块状石英-萤石矿石

图 2.28　角砾状石英-萤石矿石

2.3.3.1 变质作用

本区变质作用主要有热液变质作用、热液接触交代变质作用和气液变质作用。

热变质作用在本区主要表现有石墨矿化、空晶石化、大理岩化、角岩化、硅灰石化、硅化等。

热液接触交代变质有萤石矿化、矽卡岩化（绿泥石矽卡岩、透辉石矽卡岩、石榴子石矽卡岩、阳起石矽卡岩等)、磁铁矿化、黄铁矿化、铅锌矿化和磁黄铁矿化等。

气液变质作用：石英-萤石型萤石矿、高岭石化。

2.3.3.2 围岩蚀变

研究区矽卡岩型萤石矿围岩蚀变十分发育，矽卡岩化为本区最重要的一种蚀变类型，其次还有硅灰石化、黄铁矿化、铅锌矿化、大理岩化等；灰岩中具有大理岩化、硅化等蚀变；外接触带灰岩中仅见较弱的方解石化。

2.3.4 共伴生矿产

2.3.4.1 共生矿产

1）硫铁矿：研究区内圈定硫铁矿体 4 个（SFe-Ⅰ、SFe-ⅠⅡ、SFe-ⅠⅢ、SFe-ⅠⅣ)，隐伏于研究区深部，赋存于晚侏罗世二长花岗岩与中二叠统栖霞组灰岩接触带，矿体呈北东向展布，矿体长度 212~626 m、宽度 52~265 m，矿体呈似层状，矿体产状：倾向 310°、倾角 15°。硫铁矿矿石矿物为黄铁矿、磁黄铁矿，次要为磁铁矿，脉石矿物为萤石、钙铝榴石、透辉石、透闪石、石英和方解石。矿物生成顺序为钙铝榴石-透辉石-透闪石-石英-萤石-磁黄铁矿-方解石。矿体厚度 4.88~12.16 m，品位：S 25.24%~29.26%。矿石类型为矽卡岩型硫铁矿。据已有钻孔控制区内硫铁矿资源量规模达中型。

2）磁铁矿：研究区内圈定硫铁矿体 1 个（ST-Ⅰ)，隐伏于研究区深部，赋存于晚侏罗世二长花岗岩与中二叠统栖霞组灰岩接触带，矿体呈北东向展布，矿体长度 208 m、宽度 69 m，矿体呈透镜状，矿体产状：倾向 310°、倾角 15°。磁铁矿矿石由矿石矿物（30%）和脉石矿物（70%）组成，矿石矿物单为磁铁矿，脉石矿物主要为萤石、绿泥石和石英，矿物生成顺序大致为石英-萤石-绿泥石-磁铁矿。矿体厚度 12.82 m，品位：TFe 47.10%、Fe 23.58%。矿石类型为矽卡岩型磁铁矿。

2.3.4.2 伴生矿产

据已有测试成果，研究区内伴生矿产有金、银、铜、铅锌、钨、锡等。

3 矿物学和成矿流体特征

本次研究样品为凤山-赤坂场矽卡岩型萤石矿床的矿石，在室内整理及手标本观察后，选择代表性钻孔岩芯样磨制光薄片。

镜下鉴定、电子探针（EPMA）主量元素分析及背散射电子（BSE）图像在福州大学紫金地质与矿业学院电子探针实验室完成。镜下鉴定使用的仪器是 Leica DM2700 偏光显微镜，电子探针主成分分析使用仪器型号为 JEOL JXA-8230，测试加速电压为 20 kV，电流为 10 nA，束斑直径为 3～5 μm。采用 ZAF 校正程序，检测精度为 0.02%。EPMA 扫面分析采用加速电压 15 kV，束流 50 nA，滞留时间为 10 ms。

石榴子石 U-Pb 同位素测年和微量元素含量测试在广州市拓岩检测技术有限公司利用 LA-ICP-MS 完成。实验室采用 New Wave Research 193 nm ArF 准分子激光剥蚀系统，与 Thermo Scientific iCap-RQ 四极杆型电感耦合等离子体质谱仪（ICP-MS）联用。准分子激光发生器产生的深紫外光束经过匀化光路聚焦于锆石表面，激光束斑直径为 50 μm，频率为 6 Hz，能量密度为 5 J/cm^2。激光剥蚀过程中采用氦气作载气、氩气为补偿气以调节灵敏度。

测试过程中以天然石榴子石标样 PL57（1156.2±1.2 Ma，ID-TIMS；Li et al.，2022）为外标，校正仪器质量歧视与元素分馏；以 NISTSRM 610 和 BCR-2G（Jochum et al.，2011）为外标，以 Si 为内标元素标定石榴子石中的微量元素含量；以天然石榴子石 QC-4（130±1.2 Ma，ID-TIMS）为监控样，用以评估 U-Pb 定年数据质量。每个时间分辨分析数据包括大约 45 s 空白信号和 40 s 样品信号。每两组标准样品测试中间夹有 8 个未知样品的测试。原始的测试数据利用 Iolite 4 软件进行离线处理如对样品和空白信号的选择、仪器灵敏度漂移校正、元素含量及 U-Pb 同位素比值和年龄计算（Paton et al.，2011）。

3.1 矽卡岩矿物特征

矽卡岩主要发育于晚侏罗世二长花岗岩侵入体与栖霞组灰岩接触带中，亦有少量发育在二长花岗岩岩体内部，显示典型的内矽卡岩特征。按照矽卡岩的成矿作用方式分类，矿区矽卡岩主要为渗滤交代型矽卡岩，其次为扩散交代型矽卡岩。按照矿物成分特征分类，矿区矽卡岩主要为钙质矽卡岩，其次为钙锰质矽卡岩，局部出现镁质矽卡岩。矽卡岩矿物主要有石榴子石、辉石，其次是符山石、铁角闪石、绿泥石、斜黝帘石（绿帘石族矿物）、硅灰石、黑柱石等。

根据矿脉穿插关系、矿物共生组合、生成顺序及矿石组构等特征，将该矿床成矿过程划分为 4 个阶段：干矽卡岩阶段、湿矽卡岩阶段、萤石-石英-硫化物阶段以及萤石-碳酸盐±石英阶段（表 3.1）。

1）干矽卡岩阶段：在矽卡岩期早期接触带附近的围岩发生广泛的热接触变质作用，形成了各类石英岩。通过 Si、Al、Fe、Mg 等元素的带入和带出形成了不同的干矽卡岩矿物，主要为辉石、石榴子石、硅灰石等（图 3.1a～c）。该阶段所形成的硅灰石代表着交代的前锋，随着交代作用的增强，前锋不断向外移动，原矽卡岩脉被辉石、石榴子石矽卡岩所代替（图 3.1d）。该阶段内几乎未见金属矿物的生成。

2）湿矽卡岩阶段：以铁氧化物的形成为特征，前期形成大量角闪石、绿帘石、绿泥石、符山石等含水硅酸盐类矿物，并顺着边缘、解理面交代早期形成的辉石、石榴子石等矽卡岩矿物（图 3.1e

~g)。由于温度的逐渐降低，溶液中的铁，除部分参加硅酸盐矿物外，其余以磁铁矿形式出现，又称磁铁矿阶段。此外，矿石矿物可见少量的云母、白钨矿等（图3.1h）。

表3.1　漳平凤山-赤坂场萤石矿床矿物生成顺序表

矿物	矽卡岩期		石英硫化物期	
	干矽卡岩阶段	湿矽卡岩阶段	萤石-石英-硫化物阶段	萤石-碳酸盐±石英阶段
萤石			━━	━━
石榴子石	━━			
辉石	━━			
硅灰石	━━			
符山石		— —		
白钨矿		— —		
绿泥石		━━	━━	
角闪石		━━		
云母		------	------	
绿帘石		━━		
磁铁矿		━━		
锡石		------		
磁黄铁矿			━━	
黄铜矿			— —	
黄铁矿			— —	
斑铜矿			— —	
方铅矿			━━	
闪锌矿			━━	
重晶石			------	------
白铁矿			------	------
石英			━━	━━
方解石			━━	━━
黑柱石				------

━━ 含量多　　— — 含量中等　　------ 含量少

3）萤石-石英-硫化物阶段：本阶段由于成矿元素活泼性和温度的降低至中温，SiO_2不再和Ca、Mg、Al、Fe等结合形成矽卡岩类矿物，而是独立地形成大量的石英，并且伴有典型的热液矿物绿泥石、云母和方解石等。矿石矿物以萤石-石英和磁黄铁矿-黄铁矿-黄铜矿金属硫化物的形成为特征（图3.1i、j）。随着温度继续降低，出现了萤石-石英和方铅矿-闪锌矿为主的矿物组合，方铅矿和闪锌矿交代黄铁矿-磁黄铁矿等早阶段形成的矿物，还可见黄铁矿和磁黄铁矿转变形成白铁矿。

4）萤石-碳酸盐-石英阶段：以萤石、石英、方解石等大量出现为标志，萤石颜色以无色-紫色为主（图3.1k），自形至半自形粒状，与方解石伴生，方解石脉中可见结晶完好的黑柱石（图3.1l）。

3.1.1　石榴子石

石榴子石是凤山-赤坂场矿床矽卡岩中最为发育的矽卡岩矿物。凤山手标本颜色常见为黄棕色、棕褐色、黄褐色、黄绿色、红色等，多与透辉石、钙铁辉石等矽卡岩矿物呈致密块状产出，粒径一般在1~10mm之间（图3.2a~f）。赤坂场手标本颜色单一，呈黄绿色或暗绿色。石榴子石在单偏光显微镜下显示正极高突起（图3.2d、e），正交偏光下有的呈黑色（图3.2f），有的呈Ⅰ级灰白的异常干

图 3.1　凤山-赤坂场代表性矿石特征

a—石榴子石和辉石孔隙中充填萤石；b—石榴子石颗粒间充填淡紫色萤石；c—条带状硅灰石；d—石榴子石和辉石与方解石界限较清晰；e—绿泥石与萤石共生；f—斜长石绿泥石化，被萤石交代；g—符山石穿切辉石；h—萤石与石英、白钨矿共生；i—紫外灯照射下的萤石发出紫色荧光，呈浸染状分布于磁黄铁矿中；j—磁黄铁矿-黄铁矿穿切绿泥石萤石；k—无色萤石-石英脉；l—石英-绿色萤石脉。Q—石英；Cal—方解石；Grt—石榴子石；Fl—萤石；Px—辉石；Wo—硅灰石；Chl—绿泥石；Pl—斜长石；Ep—绿帘石；Ves—符山石；Sch—白钨矿；Po—磁黄铁矿；Py—黄铁矿

涉色（图 3.2g~i），多呈中-细粒自形-半自形粒状结构，韵律环带结构较为发育，晶形多不完整，受后期蚀变严重，常被透辉石、钙铁辉石或细小的柱状锰钙辉石沿边沿或中心交代，表面裂理发育（图 3.2j~l）。

石榴子石电子探针分析结果见附表 1，SiO_2 含量变化范围为 36.41%~39.12%，平均值为 37.46%；CaO 含量为 19.44%~34.97%，平均值为 32.58%；TFeO 含量为 3.05%~28.51%，平均值为 20.89%；Al_2O_3 含量为 0~20.62%，平均值为 5.97%；MnO 含量为 0.19%~19.12%，平均值为 2.48%；TiO_2、Cr_2O_3、MgO 含量均较低。石榴子石端员组分钙铁榴石（Ad）变化于 4.95%~99.29% 之间，平均值为 64.54%；钙铝榴石（Gr）含量变化范围为 0.05%~81.64%，平均值为 28.67%；镁铝榴石+锰铝榴石+铁铝榴石（Pyr+Spe+Alm）含量变化范围为 0.44%~29.89%，平均值为 6.79%，属钙铁榴石-钙铝榴石系列（$Ad_{4.95\sim99.29}\ Gr_{0.05\sim81.64}\ Pyr+Spe+Alm_{0.44\sim29.89}$），端员组分组成与世界上绝大部分矽卡岩铜锌多金属矿床相似（图 3.3）(Meinert et al., 2005)。

石榴子石 LA-ICP-MS 微量元素测试数据见表 3.2。相较原始地幔（Sun et al., 1989），研究区的两类石榴子石均富集 W、Sn、Th、U，而亏损 Rb、Sr、Ti。凤山两种石榴子石的稀土元素总量普遍较高（$\sum REE=30.05\times10^{-6}\sim337.05\times10^{-6}$），轻重稀土分异明显，LREE/HREE 值为 0~155，$(La/Yb)_N=0.01\sim2294$。

不同类型的石榴子石具有不一致的稀土配分模式，其中 GrtⅠ石榴子石 LREE/HREE = 53.42~560.35，明显富集轻稀土、亏损重稀土的右倾型，而 GrtⅡ石榴子石 Y 与∑REE、Y 与 Ho 呈现明显的正相关性，配分曲线呈“M”型（图 3.4）。石榴子石 GrtⅠ呈现 Eu 正异常，亏损高场强元素（HFSEs）如 Th、Nb、Zr、Ta、Lu、Hf 等，而石榴子石 GrtⅡ呈现 Eu 负异常，明显富集高场强元素（HF-

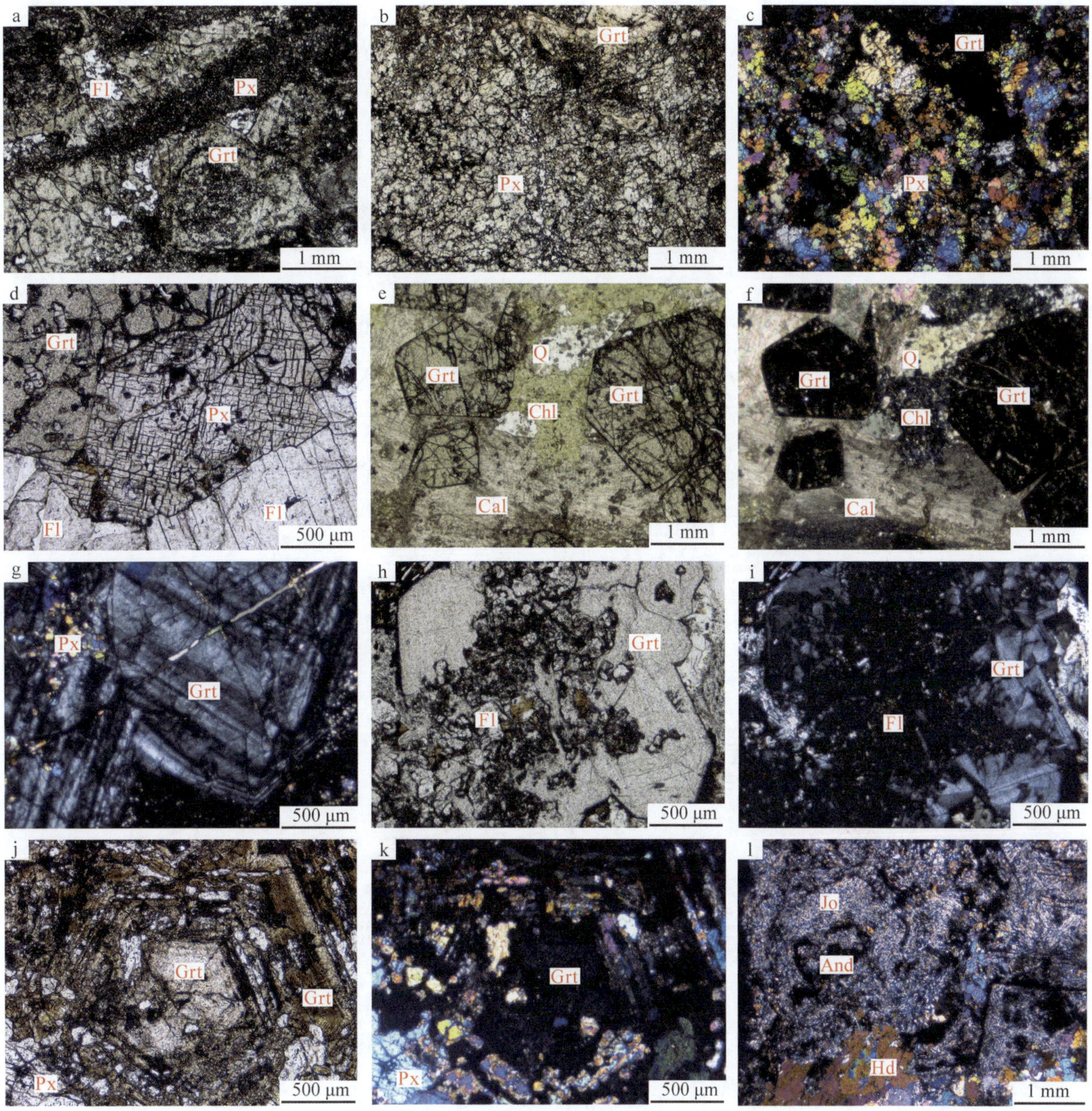

图 3.2　凤山-赤坂场石榴子石镜下特征

a—单偏光下，石榴子石和辉石缝隙中充填后期的萤石；b—单偏光下，石榴子石和辉石共生；c—正交偏光下，石榴子石和辉石的干涉色；d—单偏光下，辉石可见两组近 90°的解理；e—单偏光下，石榴子石切面呈五边形；f—正交偏光下，石榴子石全黑；g—正交偏光下，石榴子石韵律环带呈灰白色的异常干涉色；h—单偏光下，石榴子石破碎的缝隙间充填萤石；i—正交偏光下，萤石全黑，石榴子石呈灰白色的异常干涉色；j—单偏光下，自形粒状石榴子石沿生长环带裂开并充填辉石；k—正交偏光下的石榴子石和辉石的干涉色；l—细小的锰钙辉石交代钙铁榴石呈现石榴子石的五边形假象，中粗粒的钙铁辉石沿周边进行交代。Q—石英；Cal—方解石；Grt—石榴子石；Fl—萤石；Px—辉石；Chl—绿泥石；Jo—锰钙辉石；And—钙铁榴石；Hd—钙铁辉石

SEs）如 Th（平均 1.49×10^{-6}）、Y（平均 145.01×10^{-6}）、U（平均 4.07×10^{-6}）、Nb（平均 5.21×10^{-6}）、Ta（平均 0.24×10^{-6}）、Zr（平均 35.28×10^{-6}）、Lu（平均 0.41×10^{-6}）、Hf（平均 0.71×10^{-6}），大离子亲石元素（LILEs）亏损 Rb（平均 0.03×10^{-6}）、Sr（平均 0.25×10^{-6}），且显著富集 Sn（平均 567.03×10^{-6}）、W（平均 174.89×10^{-6}）等。凤山 GrtⅠ石榴子石 $\delta Eu=3.15\sim25.64$，$(La/Yb)_N=300.18\sim2530.96$，$(La/Sm)_N=25.58\sim656.76$，$\delta Ce$（$0.78\sim1.48$），大多呈现明显的正异常，GrtⅡ石榴子石 $\delta Eu=0.18\sim0.32$，$(La/Yb)_N=0.04\sim0.57$，$(La/Sm)_N=0.01\sim0.05$，δCe（$0.63\sim0.74$）变化较小，大多数呈现负异常（表 3.2）。

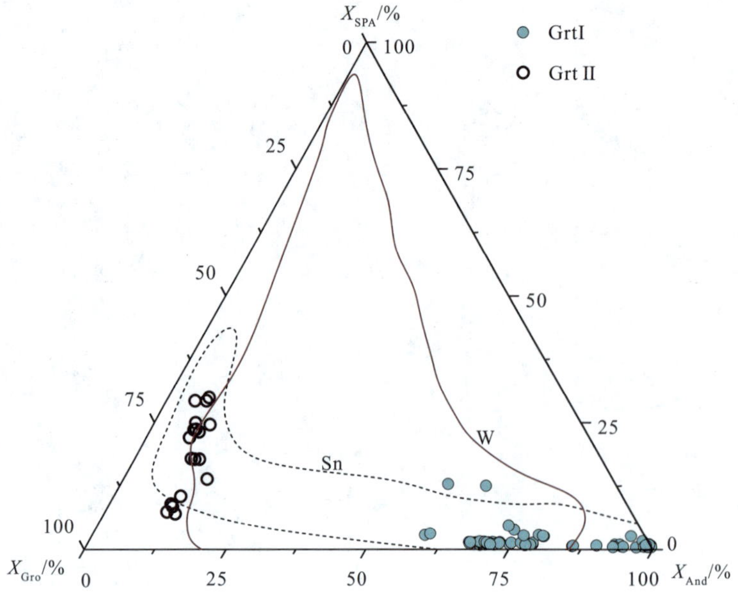

图 3.3 凤山-赤坂场矽卡岩中石榴子石端员组分图解及与世界矽卡岩石榴子石端员组成对比

And—钙铁榴石；Gro—钙铝榴石；SPA—镁铝榴石+锰铝榴石+铁铝榴石

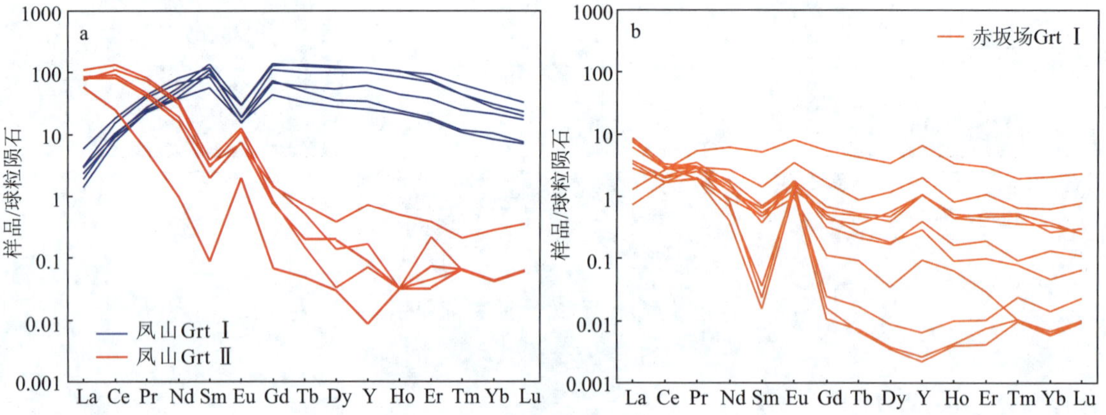

图 3.4 凤山-赤坂场石榴子石稀土元素配分曲线

赵斌等（1983）通过实验研究发现，钙铝榴石-钙铁榴石固溶体系列的形成与其所处的氧化还原环境密切相关。通常钙铁榴石更易在氧化-弱氧化环境中形成，而钙铝榴石则倾向于弱氧化-弱还原环境，因为钙铁榴石（$Ca_3Fe_2[SiO_4]_3$）中 Fe^{3+}的需要在高氧逸度条件下形成。赤坂场石榴子石属于较纯的钙铁榴石端员，与凤山 Grt Ⅰ中钙铁榴石组分含量较高一致，表现钙铁榴石高于钙铝榴石，表明成矿流体整体上处于一个较高氧逸度的环境中；凤山矿区紧随着其生长的 Grt Ⅱ中钙铝榴石组分含量明显增高，出现了第二世代的石榴子石，以钙铝榴石组分为主，说明氧逸度逐渐降低。

石榴子石的稀土元素地球化学特征也可以在一定程度上反演成矿流体的物理化学条件（Mayanovic et al.，2002；Carlson et a1.，2014）。凤山矽卡岩型萤石矿床石榴子石的测试结果显示，结晶较早的 Grt Ⅰ石榴子石表现为 Eu 正异常，可能因为在强氧化环境中 Eu^{3+}占主导，其离子半径（1.07 Å❶）相对于 Eu^{2+}的离子半径（1.25 Å）与 Ca^{2+}的离子半径（1.12 Å）更接近，更容易通过耦合替代的方式富集，从而使石榴子石呈现 Eu 正异常；也可能是在高温条件下，Eu 在较高的氧逸度条件下被还原成 Eu^{2+}，而后直接替代石榴子石十二面体八配位的位置。Grt Ⅱ石榴子石表现为明显的 Eu 负异常，可能

❶ 1 Å=1×10^{-10} m。

表 3.2 凤山矽卡岩型萤石矿床石榴子石微量元素成分分析（$w_B/10^{-6}$）

	凤山 Grt Ⅰ石榴子石					凤山 Grt Ⅱ 石榴子石						赤坂场 Grt Ⅰ 石榴子石											
样号 点位	ZK18-12-22 A1-1	ZK18-12-22 A1-2	ZK18-12-22 A2-1	ZK18-12-22 A2-2	ZK18-12-22 A2-3	ZK18-12-22 A1-3	ZK18-12-22 A1-4	ZK18-12-22 A1-5	ZK18-12-22 A2-4	ZK18-12-22 A2-5	ZK18-12-22 A2-6	CZK4-1-4 A1-1	CZK4-1-4 A1-2	CZK4-1-4 A1-3	CZK4-1-4 A1-4	CZK4-1-4 A1-5	CZK4-1-4 A2-1	CZK4-1-4 A2-2	CZK4-1-4 A2-3	CZK4-1-4 A2-4	CZK4-1-4 A2-5	CZK4-1-4 A2-6
Li	2.61	6.52	2.68	3.41	2.78	<dl	<dl	<dl	<dl	<dl	<dl	<dl	<dl	<dl	<dl	<dl	<dl	<dl	<dl	<dl	<dl	<dl
Mg	604.42	963.91	749.02	839.22	792.92	295.37	166.22	167.49	287.11	217.21	259.90	630.06	614.95	921.74	549.04	390.33	596.52	609.43	633.37	626.84	768.12	352.37
Al	148.37	492.34	1560.63	1435.00	1411.77	36208.4	37337.4	29999.1	33141.0	37790.9	32235.6	117.76	218.45	112.29	205.12	2627.41	1038.47	220.96	320.71	348.53	604.01	3978.41
Ti	3.88	4.56	9.25	128.01	12.78	1773.85	1098.51	831.69	1263.04	2269.11	1178.09	<dl	<dl	2.83	2.94	90.87	19.56	6.31	6.91	4.92	2.45	189.53
Cr	<dl	<dl	<dl	11.15	<dl	49.61	89.56	128.51	22.90	8.43	136.15	<dl	<dl	<dl	<dl	5.84	20.36	6.00	<dl	<dl	<dl	38.78
Mn	2956.32	2852.25	2912.64	2840.62	2959.58	4554.21	5106.66	4552.72	4665.99	4904.55	4760.05	2917.29	3155.22	3153.02	3050.56	4103.69	3182.17	3204.44	3011.49	3010.34	3231.15	3619.84
Fe	205599	203344	207671	207384	205570	147310	146419	158280	155519	146925	156358	203374	204226	203384	203818	198619	201953	203591	203502	202423	202232	196160
In	15.54	17.79	9.94	7.97	18.48	8.95	8.29	9.47	10.20	10.72	5.23	1.11	0.77	1.90	1.01	9.91	1.21	0.81	1.20	1.69	1.37	9.07
Sn	755.46	1698.65	786.33	447.58	1564.33	795.56	573.88	656.45	846.78	758.93	232.70	134.94	119.54	173.27	110.63	728.37	125.42	125.65	143.62	178.60	152.48	833.79
Nb	0.01	0.03	0.01	0.50	0.02	5.88	5.94	5.13	3.12	10.48	5.80	1.02	1.11	0.57	0.89	2.59	1.89	1.41	1.56	1.39	1.74	5.03
Zr	0.02	0.09	<dl	8.30	0.02	54.99	26.72	34.10	30.09	60.39	37.89	<dl	0.03	<dl	<dl	4.44	1.49	0.47	0.41	0.26	0.18	9.20
Hf	<dl	<dl	<dl	0.17	<dl	1.12	0.57	0.59	0.81	1.13	0.75	<dl	<dl	<dl	<dl	0.08	0.04	<dl	<dl	<dl	<dl	0.21
Ta	<dl	<dl	<dl	0.01	<dl	0.44	0.24	0.19	0.40	0.26	0.15	<dl	<dl	<dl	<dl	0.02	<dl	<dl	<dl	<dl	<dl	0.06
W	248.90	608.81	640.72	609.68	950.24	11.39	4.45	9.37	28.96	7.84	3.09	267.76	67.14	371.06	57.73	9.46	118.34	88.66	297.33	364.21	179.63	35.60
Th	0.01	0.06	0.16	0.19	0.12	1.32	1.45	1.81	1.35	2.40	1.45	0.00	0.02	0.00	0.01	0.22	0.06	0.03	0.05	0.06	0.03	0.52
U	0.55	4.21	9.22	5.67	8.68	2.65	2.66	3.74	3.17	3.73	3.10	4.21	2.68	2.64	2.41	2.13	3.76	3.46	4.66	4.46	4.33	3.27
La	13.77	19.47	17.69	20.07	25.51	0.72	0.33	0.69	1.38	0.45	0.56	3.32	1.58	3.00	1.38	0.47	1.71	1.71	3.19	3.35	2.55	0.74
Ce	15.13	49.75	66.99	56.31	80.33	9.29	4.69	6.26	11.09	5.91	5.51	3.47	2.33	3.76	2.37	2.30	2.77	2.67	3.55	4.01	3.53	3.35
Pr	0.52	3.93	6.93	4.35	7.72	3.71	2.19	2.38	4.09	2.58	2.13	0.55	0.41	0.40	0.39	0.57	0.56	0.50	0.58	0.58	0.65	0.92

续表

样号 点位	凤山 Grt Ⅰ石榴子石					凤山 Grt Ⅱ 石榴子石						赤坂场 Grt Ⅰ 石榴子石										
	ZK18-12-22 A1-1	ZK18-12-22 A1-2	ZK18-12-22 A2-1	ZK18-12-22 A2-2	ZK18-12-22 A2-3	ZK18-12-22 A1-3	ZK18-12-22 A1-4	ZK18-12-22 A1-5	ZK18-12-22 A2-4	ZK18-12-22 A2-5	ZK18-12-22 A2-6	CZK4-1-4 A1-1	CZK4-1-4 A1-2	CZK4-1-4 A1-3	CZK4-1-4 A1-4	CZK4-1-4 A1-5	CZK4-1-4 A2-1	CZK4-1-4 A2-2	CZK4-1-4 A2-3	CZK4-1-4 A2-4	CZK4-1-4 A2-5	CZK4-1-4 A2-6
Nd	0.45	7.28	14.01	8.66	15.91	30.43	22.29	18.26	37.13	25.80	17.58	1.02	1.11	0.57	0.89	2.59	1.89	1.41	1.56	1.39	1.74	5.03
Sm	0.01	0.31	0.45	0.48	0.59	12.74	16.47	14.54	17.83	20.75	8.55	0.02	0.22	0.01	0.03	0.51	0.29	0.21	0.24	0.27	0.18	1.43
Eu	0.11	0.43	0.65	0.41	0.72	0.87	1.10	1.70	1.08	1.75	0.92	0.21	0.14	0.17	0.19	0.40	0.22	0.23	0.18	0.21	0.23	0.77
Gd	0.01	0.15	0.17	0.28	0.30	13.69	22.20	26.45	14.80	28.65	8.88	0.02	0.09	0.01	0.03	0.78	0.30	0.38	0.32	0.26	0.21	2.00
Tb	0.00	0.01	0.01	0.03	0.02	2.16	3.65	4.94	1.81	4.70	1.22	0.00	0.01	0.00	0.00	0.09	0.03	0.06	0.05	0.04	0.03	0.30
Dy	0.01	0.05	0.01	0.10	0.03	13.59	24.92	31.49	8.89	30.03	6.97	0.01	0.04	0.01	0.01	0.73	0.16	0.35	0.31	0.41	0.16	1.71
Y	0.01	0.14	0.11	1.13	0.25	95.20	155.02	183.55	52.67	185.35	39.25	0.03	0.60	0.03	0.07	6.96	1.46	4.23	4.16	4.15	1.87	17.81
Ho	0.00	0.00	0.00	0.03	0.00	2.47	4.70	5.87	1.37	5.77	1.23	0.00	0.02	0.00	0.00	0.12	0.02	0.08	0.08	0.08	0.03	0.38
Er	0.01	0.01	0.04	0.06	0.01	6.13	11.64	12.55	3.06	15.21	2.83	0.01	0.03	0.01	0.01	0.44	0.07	0.20	0.25	0.23	0.11	1.01
Tm	0.00	0.00	0.00	0.01	0.00	0.63	1.12	1.13	0.29	1.61	0.27	0.00	0.00	0.00	0.00	0.05	0.01	0.03	0.04	0.04	0.01	0.11
Yb	0.01	0.01	0.01	0.05	0.01	3.64	4.55	5.16	1.74	7.65	1.40	0.01	0.01	0.01	0.01	0.30	0.04	0.18	0.20	0.15	0.09	0.77
Lu	0.00	0.00	0.00	0.01	0.00	0.43	0.50	0.59	0.19	0.83	0.18	0.00	0.00	0.00	0.00	0.05	0.01	0.02	0.02	0.02	0.01	0.13
ΣREE	30.05	81.53	107.05	91.98	131.42	195.70	275.39	315.54	157.42	337.05	97.50	8.66	6.60	7.99	5.40	16.35	9.53	12.27	14.73	15.20	11.40	36.44
LREE/HREE	560.35	218.73	314.47	53.42	206.76	0.42	0.21	0.16	0.86	0.20	0.57	114.45	7.22	100.31	34.70	0.72	3.55	1.22	1.71	1.82	3.53	0.51
δEu	25.64	5.38	5.94	3.15	4.63	0.20	0.18	0.26	0.20	0.22	0.32	33.37	2.65	37.09	20.78	1.92	2.24	2.45	1.95	2.30	3.67	1.39
$(La/Yb)_N$	1368.9	1930.85	1805.59	300.18	2530.96	0.14	0.05	0.10	0.57	0.04	0.28	338.21	142.16	290.06	68.51	1.12	32.87	6.80	11.52	16.22	21.22	0.68
$(La/Sm)_N$	656.76	41.18	25.58	26.78	27.84	0.04	0.01	0.03	0.05	0.01	0.04	111.23	4.71	139.45	32.94	0.59	3.77	5.22	8.72	7.88	9.41	0.33
δCe	0.78	1.32	1.48	1.41	1.39	0.72	0.63	0.73	0.74	0.66	0.73	0.57	0.69	0.73	0.78	0.94	0.69	0.70	0.59	0.65	0.66	0.86

因为形成时间较晚，受到长石等富集 Eu 的矿物先结晶的影响（王一川等，2021）。而 Bau（1991）研究表明当溶液为弱酸性（pH<6）时，稀土配分特征呈现 LREE 富集、HREE 亏损、Eu 正异常，这与 Grt Ⅰ稀土配分一致，说明其结晶过程中处于一个弱酸性热液环境中。相反，Grt Ⅱ显示亏损 LREE、富集 HREE、Eu 负异常的特征，其结晶过程处于一个中性（pH=6~7）的热液环境中（Tian et al.，2019），说明从 Grt Ⅰ到 Grt Ⅱ经历了一个由弱酸性向中性逐渐转变的过程。

综上，赤坂场经历了 1 期成矿热液侵入，为开放、强氧化环境下的弱酸性热液，凤山矽卡岩型萤石矿床矽卡岩成矿热液经历了 2 期，由酸性向中性转变过程，成矿早期热液属于开放、强氧化环境下的弱酸性热液，晚期热液变为相对封闭、弱氧化环境下的中性热液。

3.1.2 辉石

辉石也是凤山-赤坂场矿床矽卡岩的重要组成矿物，常与石榴子石交生，多以粒状、短柱状集合体形式产出，手标本以浅绿色、墨绿色为主，颜色深浅不等（见图 3.1a，d）；单偏光显微镜下观察为无色或浅黄褐色，正高突起，可见 2 组近直角的解理（见图 3.1b，d）；正交偏光下干涉色较高、颜色明亮鲜艳（见图 3.1c，k），可达二级蓝、绿、橙黄等干涉色，普遍发育典型的近于正交的辉石式解理，横断面为对称消光。凤山还发现锰钙辉石呈细小放射状交代钙铁榴石，集合体呈石榴子石五边形的假象。辉石电子探针分析结果见附表 2，SiO_2 含量变化范围为 48.84%~55.29%，平均值为 51.94%；CaO 含量为 23.65%~26.19%，平均值为 24.65%；TFeO 含量为 0.76%~22.26%，平均值为 12.44%；MgO 含量为 2.1%~18.15%，平均值为 8.5%；MnO 含量为 0.06%~7.54%，平均值为 12.44%；Al_2O_3、TiO_2、Cr_2O_3、Na_2O、K_2O 含量均较低。辉石端员组分透辉石（Di）变化范围为 14.58%~99.82%，平均值为 49.68%；钙铁辉石（Hd）含量变化范围为 0~71.83%，平均值为 39.56%；锰钙辉石（Jo），含量变化范围为 0.17%~27.76%，平均值为 10.76%。辉石端员组分与世界范围内绝大多数矽卡岩钨矿化的辉石成分较为相似（图 3.5a）（Meinert et al.，2005）。根据 Wo-En-Fs 三角图解（图 3.5b），凤山-赤坂场的辉石属于透辉石-次透辉石-铁次透辉石系列（$Di_{14.58\sim99.82}Hd_{0\sim71.83}Jo_{0.17\sim27.76}$）。

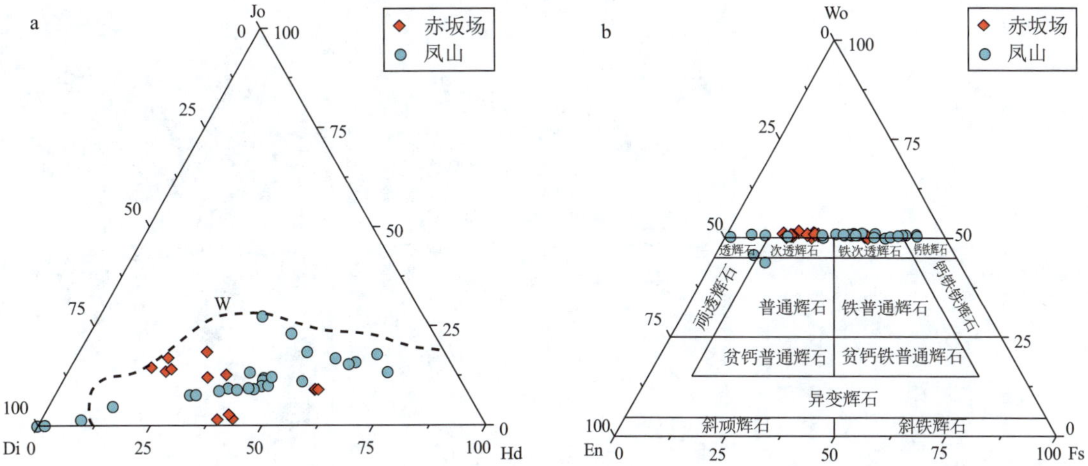

图 3.5 凤山-赤坂场矽卡岩中辉石端员组分图解（a）与世界钨矿化矽卡岩辉石端员组成对比和 Wo-En-Fs 三角图解（b）

Jo—锰钙辉石；Di—透辉石；Hd—钙铁辉石；Wo—硅灰石；En—顽火辉石；Fs—铁辉石

次透辉石和铁次透辉石的形成通常与高温、酸性和高氧逸度的成矿流体有关（于玉帅等，2013）。赤坂场-凤山矿床的辉石属于透辉石-次透辉石-铁次透辉石系列，条件表明成矿过程中存在强烈的氧化环境和较高的温度，这可能是由于地壳深处的热液活动引起的。

3.1.3 符山石

符山石也是钙质矽卡岩中重要组成矿物之一，多呈黄褐色，主要与铁的含量和价态有关，当 Fe^{3+} 较 Fe^{2+} 的含量相对增加时，颜色由浅绿变成褐色。凤山-赤坂场矿床矽卡岩中符山石含量较少，且分布不均匀，常呈粒状与石榴子石、辉石等共同产出（见图 3.1g），局部可见符山石细脉切穿透辉石-绢云母细脉（图 3.6a、b），在单偏光显微镜下观察为无色透明，正交偏光下显示干涉色多呈一级灰白（图 3.6c），局部具有浅黄色的异常干涉色，近于平行消光。背散射图下呈现成分不均一现象，具有 Ti 和 Mn 的环带（图 3.6d~f）。符山石的晶体结构为四方晶系，结构与钙铝榴石近似，但存在 $[SiO_4]^{4-}$ 和 $[SiO_4]^{6-}$ 两种络阴离子，3/4 的 Ca 成变形立方配位体，其余阳离子均呈八面体配位。根据结构分析得到的理想化学式为 $Ca_{10}(Mg, Fe)_2Al_2[Si_2O_7]_2[SiO_4]_5(OH, F)_4$，因类质同象替代普遍，其成分变化很大。符山石电子探针分析结果见附表 3，SiO_2 含量变化范围为 36.05%~37.88%，平均值为 37.10%；CaO 含量为 34.17%~36.47%，平均值为 35.41%；Al_2O_3 含量为 13.81%~16.98%，平均值为 15.34%；TFeO 含量为 2.6%~11.04%，平均值为 5.77%；MgO 含量为 0.00%~2.73%，平均值为 1.56%；MnO 含量为 0.03%~2.32%，平均值为 0.77%；TiO_2 含量为 0.00%~2.02%，平均值为 0.61%；F 含量为 0.00%~2.68%，平均值为 0.38%；Cr_2O_3、Na_2O、K_2O、NiO 含量极低，含量不足 0.01%，与典型的符山石化学成分十分接近（Deer et al.，1982）。

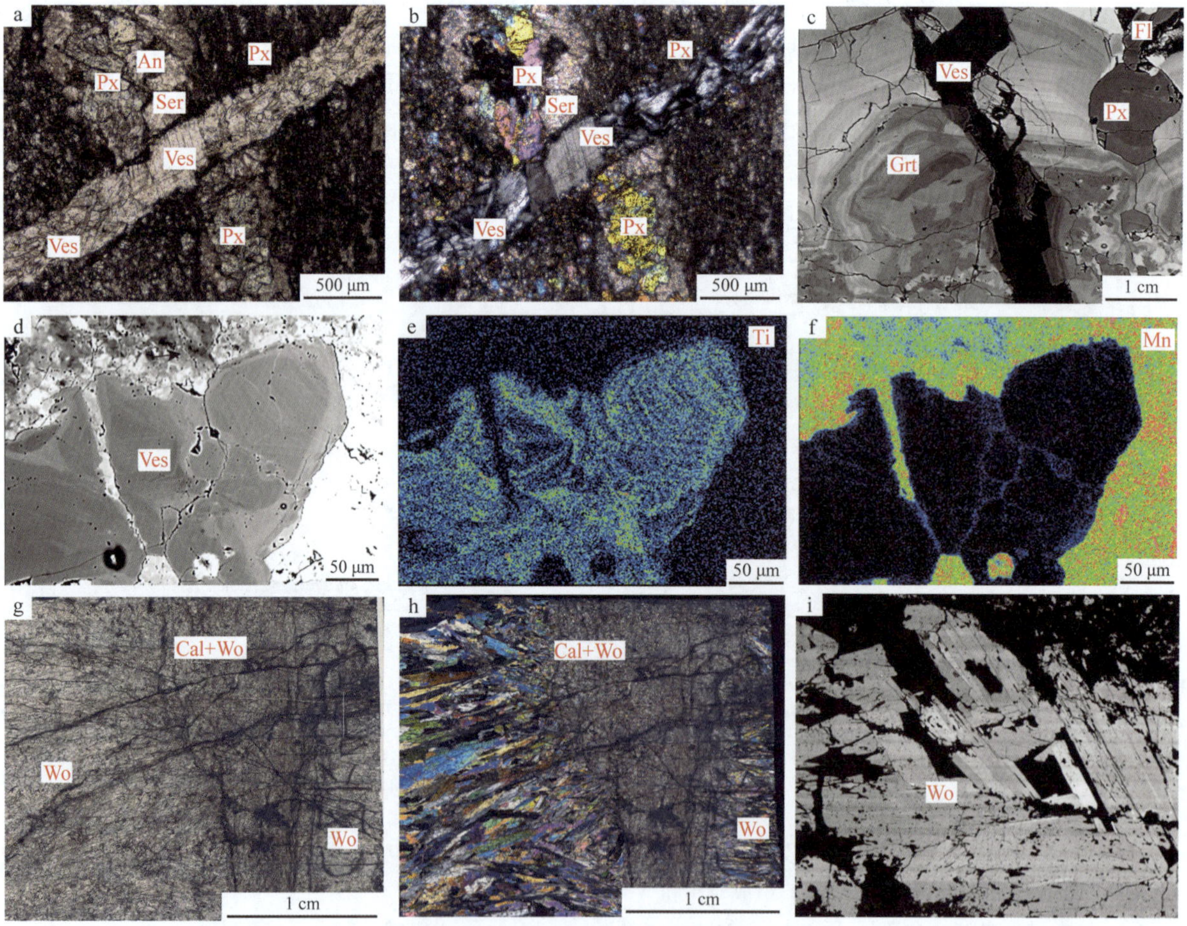

图 3.6 凤山-赤坂场矿床符山石特征

a—单偏光镜下，符山石脉穿切辉石-绢云母脉；b—正交偏光下，符山石的灰黑色-浅黄色的干涉色；c—背散射图，石榴子石和辉石裂隙中充填符山石细脉；d—符山石（Ves）背散射图呈现不均一性；e、f—符山石 Ti 和 Mn 元素环带；g—单偏光下硅灰石呈灰色纤维状；h—正交偏光下硅灰石呈纤维状集合体形态（薄片厚故显彩色的干涉色）；i—背散射图，硅灰石呈不均一性。Ves—符山石；Ser—绢云母；Px—辉石；An—钠长石；Cal—方解石；Wo—硅灰石；Grt—石榴子石

3.1.4 硅灰石

硅灰石主要产于矽卡岩前缘交代前锋与大理岩的接触带，可形成以硅灰石为主的矽卡岩，另外可见部分呈细脉状穿插石榴子石、辉石等矿物的间隙中。手标本颜色为白色或略带灰的白色，透明度较高，具玻璃光泽，解理面有时呈珍珠光泽；多呈放射状、纤维状集合体形态（见图 3.6g），局部为团块状或致密块状；硅灰石单矿物多呈柱长从几毫米到数厘米不等的长柱状形态。单偏光镜下硅灰石通常为无色透明，可见纵纹；正交偏光下，不同切面的硅灰石干涉色差异较大，多见一级灰白-橙黄，干涉色最高可达一级紫红（图 3.6h），近于平行消光，正延性，呈脉状产出切穿灰岩。硅灰石矽卡岩中几乎不含萤石矿化。硅灰石背散射图显示成分不均一性（图 3.6i），电子探针分析结果见附表 4，SiO_2 含量变化范围为 50.69%~51.38%，平均值为 51.01%，CaO 含量为 48.21%~48.80%，平均值为 48.44%。硅灰石中主量元素以 CaO、SiO_2 为主，含极少量的 MgO、FeO、P_2O_5、Cr_2O_3 及微量的 Al_2O_3、MnO，与硅灰石的理想晶体化学式 $Ca_3(Si_3O_9)$ 相一致。通过计算得到硅灰石端员组分，其组分含量变化表现为：Wo 为 99.44%~99.87%，平均值为 99.73%；En 为 0.04%~0.41%，平均值为 0.18%；Fs 含量为 0.03%~0.18%，平均值为 0.08%。

3.1.5 斜黝帘石

斜黝帘石与绿帘石之间构成连续类质同象系列。随着 Fe^{3+} 代替 Al 的增加，渐次变为绿帘石，其光性由正变为负，以此可作为斜黝帘石和绿帘石的鉴别标志之一。对于绿帘石族矿物，凤山主要为斜黝帘石，常与绿泥石、角闪石、石英、碳酸盐矿物等共同交代早期形成的无水硅酸盐矿物，多呈无序弥散状分布或不规则状密集产出，偶见放射状集合体。手标本多为翠绿色、黄绿色或绿褐色（图 3.7a），单偏光显微镜下观察多为浅黄绿色，弱多色性，正高突起（图 3.7b），正交偏光下显示多为二级黄-二级蓝绿干涉色（图 3.7c）。背散射图下，可见斜黝帘石呈现成分不均一性（图 3.7d）。在

图 3.7 凤山斜黝帘石的特征

a—斜黝帘石手标本特征；b—单偏光下，斜黝帘石呈草黄绿色；c—正交偏光下，斜黝帘石的干涉色；d—斜黝帘石的背散射图。

Q—石英；Czo—斜黝帘石

钙矽卡岩中绿帘石与较富含 Ca 的斜长石及其他矽卡岩退化蚀变阶段含水矿物共生，其形成往往是矽卡岩化过程中热液交代以及矿化作用开始的重要标志（潘兆橹，1993）。绿帘石通常形成于深度较浅、压力较小、中低温的环境中，因而在矽卡岩退化蚀变阶段，流体沸腾过程中导致 CO_2 的大量逸出，溶液 pH 值的升高对于绿帘石的形成较为有利（Henley et al.，1986）。绿帘石电子探针分析测试结果见附表 5，SiO_2 含量变化范围为 36.68%~39.84%，平均值为 37.81%；Al_2O_3 含量在 20.46%~33.20%之间，平均值为 25.22%；CaO 含量在 22.61%~24.69%之间，平均值为 24.71%；TFeO 含量变化较大，范围为 0.14%~14.81%，平均值为 8.66%；TiO_2、MnO、MgO、Cr_2O_3 含量均较低。通过计算，得到绿帘石的 Ps 值（即绿帘石端员组分的摩尔分数）介于 0~0.31 之间，投图属于绿帘石族中斜黝帘石范围（图 3.8a），其特征显示了其为非岩浆成因绿帘石（Dawes et al.，1991；Ferreira et al.，1998），而是属于通过交代早期矽卡岩矿物生成的次生绿帘石。

通过 XRD 测试结果（图 3.8b），同样可以得到凤山的绿帘石族矿物为单斜晶系，为斜黝帘石，晶胞参数为：$a=8.882$ Å，$b=5.604$ Å，$c=10.149$ Å，$\alpha=\gamma=90°$，$\beta=115.3°$，与石英和萤石共生。

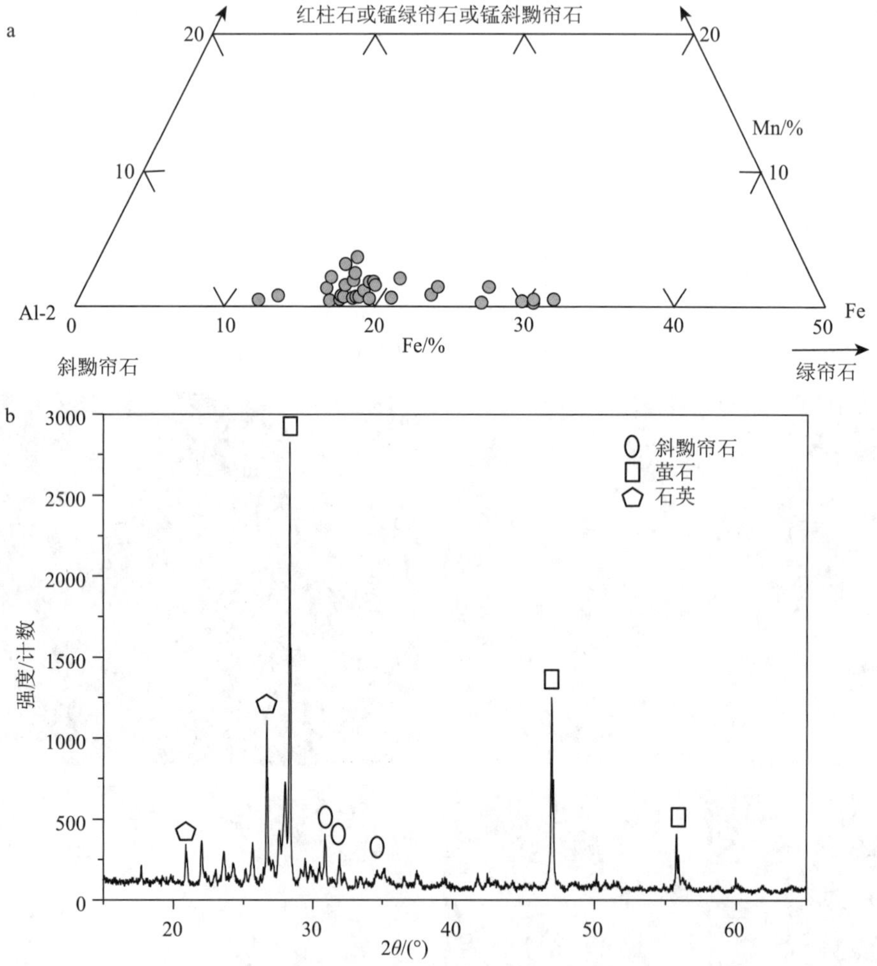

图 3.8　绿帘石端员组分图解（a）和含斜黝帘石的样品粉末 X 射线衍射图谱（b）
（图 a 据潘兆橹，1993）

3.1.6　绿泥石

绿泥石是矽卡岩中另一重要的含水硅酸盐矿物，常与石英、绿帘石、角闪石、碳酸盐矿物等一起交代早期进变质阶段形成的辉石、石榴子石等矿物，主要分布于石榴子石、辉石及金属矿物颗粒间，多为细小鳞片状、粒状或粒状集合体，或呈纤维状、叶片状、针状集合体产出，颗粒形态不规则。手标本多为绿褐色或墨绿色，颜色随成分而变，富含镁的绿泥石为浅蓝绿色，铁含量增多时，则颜色加深（见图 3.1e，j）；单偏光显微镜下观察，绿泥石主要呈淡绿色、墨绿色或淡黄色，正低突起，具有较弱的多色性（图 3.9a、b）；正交偏光镜下显示干涉色较低，一般为一级灰色，局部可见靛蓝色的异常干涉色，近于平行消光（图 3.9c）。绿泥石电子探针分析结果见附表 6，SiO_2 含量变化范围为 24.54%~32.83%，平均值为 27.39%；Al_2O_3 含量在 16.99%~21.67%之间，平均值为 18.8%；TFeO 含量在 14.81%~33.01%之间，平均值为 24.36%；MgO 含量在 6.76%~19.26%之间，平均值为 13.52%；MnO 含量在 0.18%~3.85%之间，平均值为 1.09%；CaO 含量在 0~1.07%之间，平均值为 0.23%；Cr_2O_3、TiO_2 含量均较低。凤山-赤坂场矿床矽卡岩中绿泥石为铁绿泥石、铁镁绿泥石、密绿泥石和铁斜绿泥石 4 种类型（图 3.13a）。以 Zane et al.（1998）的成分分类方案来看，凤山-赤坂场各类绿泥石在结构上因 $Mg+FeO^T>Al+$空位，均为三八面体结构的绿泥石，成分上均属于镁绿泥石。

图 3.9　凤山-赤坂场绿泥石岩相学特征

a—单偏光下；绿泥石细脉交代方解石；b—单偏光下，绿泥石呈黄绿色；c—正交偏光下，绿泥石的靛蓝色的异常干涉色。Chl—绿泥石；Cal—方解石；Q—石英

研究表明，氧化、低 pH 条件有利于形成富镁绿泥石，而还原环境有利于形成铁绿泥石（Inoue，1995）。凤山样品中绿泥石 Fe/(Fe+Mg) 值变化大，介于 0.32~0.73 之间，历经了氧化-还原成矿环境转换，而赤坂场样品中绿泥石 Fe/(Fe+Mg) 值变化小，介于 0.53~0.60 之间，属于相对氧化的环境。Laird（1988）提出的 Al/(Al+Mg+Fe) -Mg/(Fe+Mg) 图解，被广泛地用于识别绿泥石与其母岩的关系。一般认为，由泥质岩蚀变形成的绿泥石，比由镁铁质岩石转化而成的绿泥石具有较高的 Al/(Al+Mg+Fe) 值（>0.35）。总体来说，样品中绿泥石 Al/(Al+Mg+Fe) 值为 0.33~0.40（图 3.10b），平均值为 0.35，反映绿泥石化学成分主要受泥质与铁镁质两类原岩控制，且两者的比例接近。

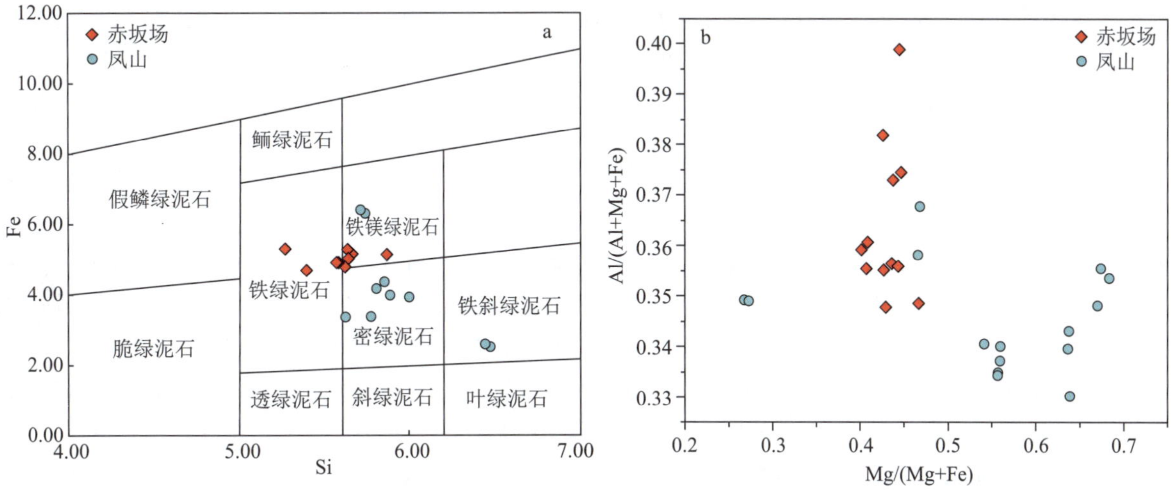

图 3.10　绿泥石分类图解（a）和主要阳离子之间的相关性图解（b）

（图 a 据 Deer et al.，1962）

绿泥石常作为地质温压计，其成分和晶体结构与形成温度密切相关。不同的绿泥石形成温度计算方法已经被多位学者提出，并在地质研究中得到应用。根据 Cathelineau（1988）提出的经验公式：T（℃）$=-61.92+160.99\times Al^{IV}$（$Al^{IV}$ 以 28 个氧原子计算），计算得到赤坂场绿泥石经验性温度在 306~356℃之间，平均 323℃；凤山绿泥石经验性温度在 159~319℃之间，平均 249℃。

3.1.7 角闪石

凤山-赤坂场矿床矽卡岩中角闪石形成于退化蚀变阶段，主要发育有铁角闪石和铁镁钙闪石，系交代早期的无水硅酸盐矿物形成。手标本上常呈放射状集合体，颜色黑色或墨绿色，单偏光显微镜下观察呈针柱状、放射状，具浅黄、黄绿和浅绿色，具明显多色性（图 3.11a），正交偏光下干涉色为蓝紫色、橙黄色等，镜下可见放射状阳起石被绿泥石或碳酸盐矿物交代的现象。电子探针分析结果显示见附表 7，SiO_2 含量变化范围为 39.11%~53.61%，平均值为 43.91%；Al_2O_3 含量在 0.69%~9.09%，平均值为 6.18%；TFeO 含量为 28.28%~31.71%，平均值为 29.21%；CaO 含量在 2.87%~12.46%之间，平均值为 10.56%；MgO 含量在 1.97%~4.05%之间，平均值为 2.90%；还含一定量的 MnO，含量为 1.63%~4.99%，平均值为 2.23%；Na_2O、TiO_2、Cr_2O_3 含量均较低。

根据 Leake et al.（1997）提出的分类方案，凤山-赤坂场矿床矽卡岩中角闪石投图都落在铁镁钙闪石、铁角闪石区域（图 3.11b），属于钙角闪石类，这与 Zhao et al.(2003）对中国众多与酸性侵入岩有关的矽卡岩中角闪石化学成分测试结果相似。同时，Zhao et al.(2003）还指出，角闪石对判别矽卡岩矿床金属矿化类型具有重要指示意义，一般来讲，钙质闪石伴生的金属矿化主要有 Cu、Mo、Fe、W 等，凤山-赤坂场矿床金属矿化类型与此较为一致。此外，角闪石主量成分中的 TiO_2 含量均非常低，说明它们形成于较低的温度条件下（Jiang et al.，1984），这与退化蚀变的成因相符。

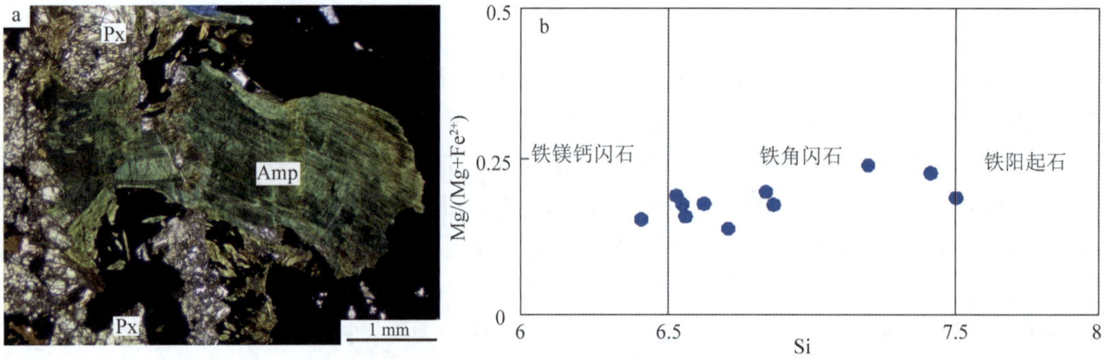

图 3.11 凤山-赤坂场矿床角闪石镜下特征（a）和分类图解（b）

（底图据 Leake et al.，1997）

Amp—角闪石；Px—辉石

3.1.8 其他矿物

矽卡岩矿物中除了以上 7 种和后续单独介绍的萤石，还可见非金属矿物方解石、石英、黑柱石、重晶石，以及金属矿物白钨矿、磁黄铁矿、白铁矿、黄铁矿、黄铜矿、闪锌矿、方铅矿。部分矿物电子探针结果见附表 8。黄铁矿呈黄白色，均质性，被氧化形成蜂窝状的白铁矿（图 3.12a）。白铁矿和黄铁矿被认为是同质二象复体，白铁矿可以通过黄铁矿和磁黄铁矿的氧化淋滤作用转变而来。在这一过程中，黄铁矿和磁黄铁矿被氧化，释放出铁离子，这些铁离子随后沉积形成白铁矿。通过 X 射线衍射分析得到白铁矿晶体结构为斜方晶系，而黄铁矿为立方晶系（图 3.12b）。矿区内还可见自形柱状的黑柱石与方解石形成脉状发育在石榴子石辉石矽卡岩中（图 3.12c、d）。磁黄铁矿具有六方、斜方和单斜晶系的 3 个同质多象变体，根据 XRD 测试结果显示本矿区的磁黄铁矿结构为六方

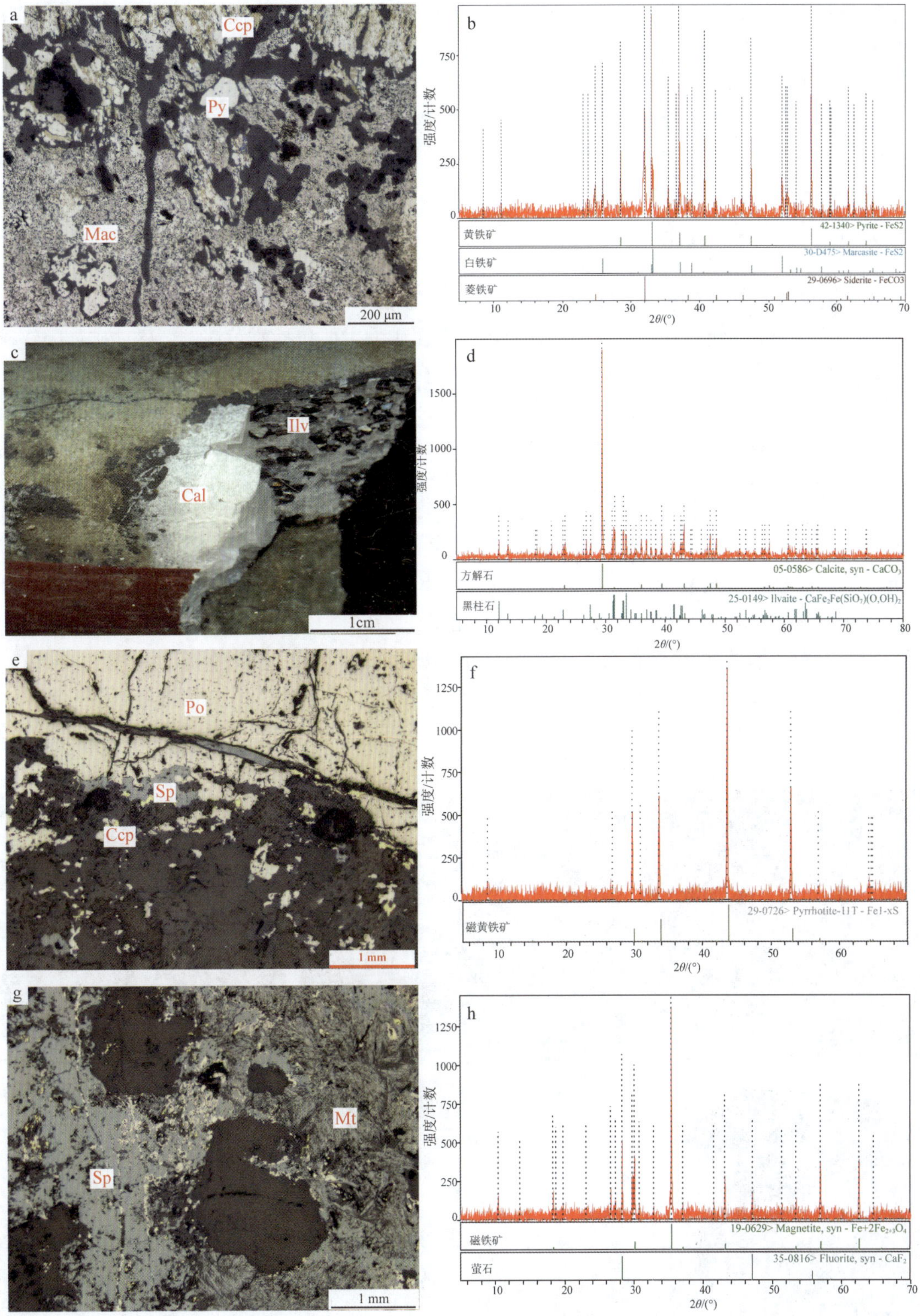

图 3.12　其他矿物的特征及 X 射线衍射图谱

a—单偏光下，白铁矿交代黄铁矿和黄铜矿；b—白铁矿、黄铁矿、菱铁矿的 X 射线衍射图谱；c—手标本可见方解石脉中有自形柱状的黑柱石；d—黑柱石和方解石的 X 射线衍射图谱；e—黄铜矿和闪锌矿交代磁黄铁矿；f—磁黄铁矿的 X 射线衍射图谱；g—闪锌矿交代磁铁矿；h—磁铁矿和萤石的 X 射线图谱。Ccp—黄铜矿；Py—黄铁矿；Mac—白铁矿；Cal—方解石；Ilv—黑柱石；Po—磁黄铁矿；Sp—闪锌矿；Mt—磁铁矿晶系，计算得到的晶胞参数为：$a=b=6.8969Å$，$c=63.222Å$，$\alpha=\beta=90°$，$\gamma=120°$，属于高温环境下形成的磁黄铁矿（图 3.12g），磁黄铁矿在镜下呈带粉色的黄色，非均质体，他形板状，具有磁性，被闪锌矿和黄铜矿所交代（图 3.12e、f）。磁铁矿在镜下呈赤铁矿针柱状的假象，棕灰色，具有强磁性，交代闪锌矿和黄铜矿，XRD 测试结果显示磁铁矿为立方晶系，晶胞参数为：$a=b=c=8.396Å$，$\alpha=\gamma=\beta=90°$，与萤石共生，萤石为立方晶系，晶胞参数为：$a=b=c=5.46305Å$，$\alpha=\gamma=\beta=90°$（图 3.12g、h）。

3.2 萤石矿物学特征

矿石中主要非金属矿物为萤石，其次是石榴子石、辉石、角闪石、石英、方解石、绿泥石、绿帘石、硅灰石，还有少量的锡石、绢云母、黑柱石等。金属矿物主要包括磁黄铁矿、磁铁矿、闪锌矿、方铅矿，还有少量的黄铁矿、黄铜矿、白钨矿、辉钼矿、白铁矿等。萤石是该矿床最主要的矿石矿物。

根据萤石的产状，将本区萤石矿矿石类型分为矽卡岩型、金属矿化型、花岗岩型、裂隙充填型共 4 种，其中以矽卡岩型萤石矿和金属矿化型为主，占总资源量的 99%，而石英-萤石型萤石矿在赤坂场较多，见于溶洞及断层裂隙中。分别对这 4 类不同产状含萤石薄片进行观察，特征列于表 3.3，两个矿区均存在无色、（深）紫色萤石，赤坂场围岩型萤石还可见（浅）绿色萤石胶结角砾。矽卡岩型萤石矿主要呈无色或（深）紫色，有的呈自形-半自形粒状分布于石榴子石、辉石周边充填（图 3.13a），有的呈他形与绿泥石或绿帘石交生（图 3.13b）；铁多金属型萤石主要呈无色，团块状或浸染状产出于磁黄铁矿、磁铁矿、闪锌矿、方铅矿中（图 3.13c）；石英-方解石-萤石脉型在单偏光镜下为无色-绿色-紫色，且颜色分布不均，多呈角砾胶结状，半自形-他形粒状产出（图 3.13d、e）；花岗岩型萤石主要呈无色和紫色，呈半自形-他形粒状、浸染状、团块状或者石英-萤石脉产出（图 3.13f）。4 种萤石在正交偏光镜下均呈全消光，具负中-高突起，糙面显著，发育 2 组菱形解理，

图 3.13　凤山-赤坂场代表性萤石矿石特征

a—浸染状萤石分布于石榴子石-辉石矽卡岩中；b—萤石呈团块状产于绿帘石中；c—萤石呈浸染状产于硫化物矿石中；d—萤石—石英胶结灰岩角砾；e—石英-萤石脉中含有少量辉钼矿；f—紫色萤石呈团块状产于二长花岗岩中。Fl—萤石；Ep—绿帘石；Chl—绿泥石；Cal—方解石；Grt—石榴子石；Px—辉石；Po—磁黄铁矿；Py—黄铁矿；Mol—辉钼矿；Q—石英；Sch—白钨矿；Ccp—黄铜矿；Gn—方铅矿；Pl—斜长石；Bt—黑云母

局部裂纹较发育，且多呈不规则粒状、板状分布。结晶颗粒较小，均质体，个别见解理发育，粒径一般小于 0.50 mm，个别可达 5 mm，颗粒间相互嵌接成集合体。矿石构造主要有浸染状构造（图 3.1a、i，图 3.13a）、团块状构造（图 3.1b、f，图 3.13b）、脉状构造（图 3.1k，图 3.13e）；矿石结构主要有粒状变晶结构（图 3.14a、b）、柱状变晶结构（图 3.14c、d）、交代残余结构（图 3.14e、f）等。

图 3.14　凤山-赤坂场矿物结构特征

a—自形粒状的萤石呈团块状交代透辉石；b—粒状萤石充填于钙铁榴石缝隙中；c—正交偏光下，柱状的硅灰石（薄片厚，干涉色高）和透辉石；d—柱状的方解石与放射状的绿泥石共生；e—闪锌矿和方铅矿交代磁黄铁矿；f—黄铁矿和黄铜矿交代磁黄铁矿。And—钙铁榴石；Ep—绿帘石；Chl—绿泥石；Q—石英；Cal—方解石；Kfs—钾长石；Fl—萤石；Wo—硅灰石；Di—透辉石；Hd—钙铁辉石；Po—磁黄铁矿；Sp—闪锌矿；Gn—方铅矿；Ccp—黄铜矿

表 3.3　不同部位/赋存状态萤石特征汇总表

矿区	赋存状态	代表样品（孔深/m）	部位	矿体	颜色	萤石产状	矿物组合	颗粒形态	阴极发光特征
赤坂场矿区	石英-萤石脉型	CZK15-5-12（319）	穿插岩浆岩	Y-3	无色	细脉状（少）	石英、钾长石、斜长石、萤石	他形，0.1~0.5 mm	较均一
	钠长石-钾长石-萤石	CZK4-1-11（247）	在岩浆岩中	Y-3	无色	星点状（少）	石英、钾长石、斜长石、萤石	他形，<1 mm	较均一
	方解石-萤石脉型	CZK15-5-4/CZK15-5-14（259/326）	溶洞、构造破碎带		紫色、绿色	充填或胶结状（多）	方解石、石英、萤石、黄铁矿、黄铜矿、重晶石	自形-半自形，0.5~5 mm	环带明显
	灰岩-萤石	CZK4-1-5（219）	围岩地层	Y-1	无色	星点状（少）	方解石、硅灰石、萤石	自形-半自形，0.1~10 mm	较均一
	矽卡岩型	CZK4-1-2（198）	与围岩接触	Y-1	紫色、无色	零星状	石榴子石、辉石、绿泥石、石英、萤石、方解石	隐晶质，他形 0.1~2 mm	较均一
		CZK4-1-10（243）	与岩浆岩接触	Y-3					

续表

矿区	赋存状态	代表样品（孔深/m）	部位	矿体	颜色	萤石产状	矿物组合	颗粒形态	阴极发光特征
凤山矿区	钾长石-斜长石型	ZK26-10-12（205）	岩浆岩中	Y-3	紫色	团块状	钾长石、斜长石、萤石	他形 0.1~3 mm	较均一
	金属矿化型	ZK18-12-16（237）	离岩浆岩近	Y-3	无色	浸染状、细层状	磁铁矿、磁黄铁矿、闪锌矿、黄铁矿、萤石	半自形-他形 <0.5 mm	较均一
	矽卡岩型	ZK18-12-2（173）	与灰岩接触	Y-1	淡紫色	浸染状	方解石、绿帘石（斜黝帘石）、白钨矿、透辉石	自形-半自形，0.2~2 mm	明显环带，增生边
	矽卡岩型	ZK18-12-13（233）	离岩浆岩近	Y-3	紫色、无色	浸染状、团块状	石榴子石、绿帘石（斜黝帘石、辉石）	他形，0.1~1 mm	较均一

电子探针分析结果显示见附表9，Ca含量变化范围为50.26%~56.17%，平均值为53.16%；F含量在42.61%~50.17%之间，平均值为46.92%；Fe、Ce、La等其他元素含量均较低。萤石中主量元素以Ca、F为主，含极少量的Fe、Ce、La，与萤石的理想晶体化学式CaF_2相一致。大多数萤石背散射图较均匀，偶见石榴子石矽卡岩中的裂隙充填型萤石有明显钙、铝、硅的环带（图3.15a~d）；萤

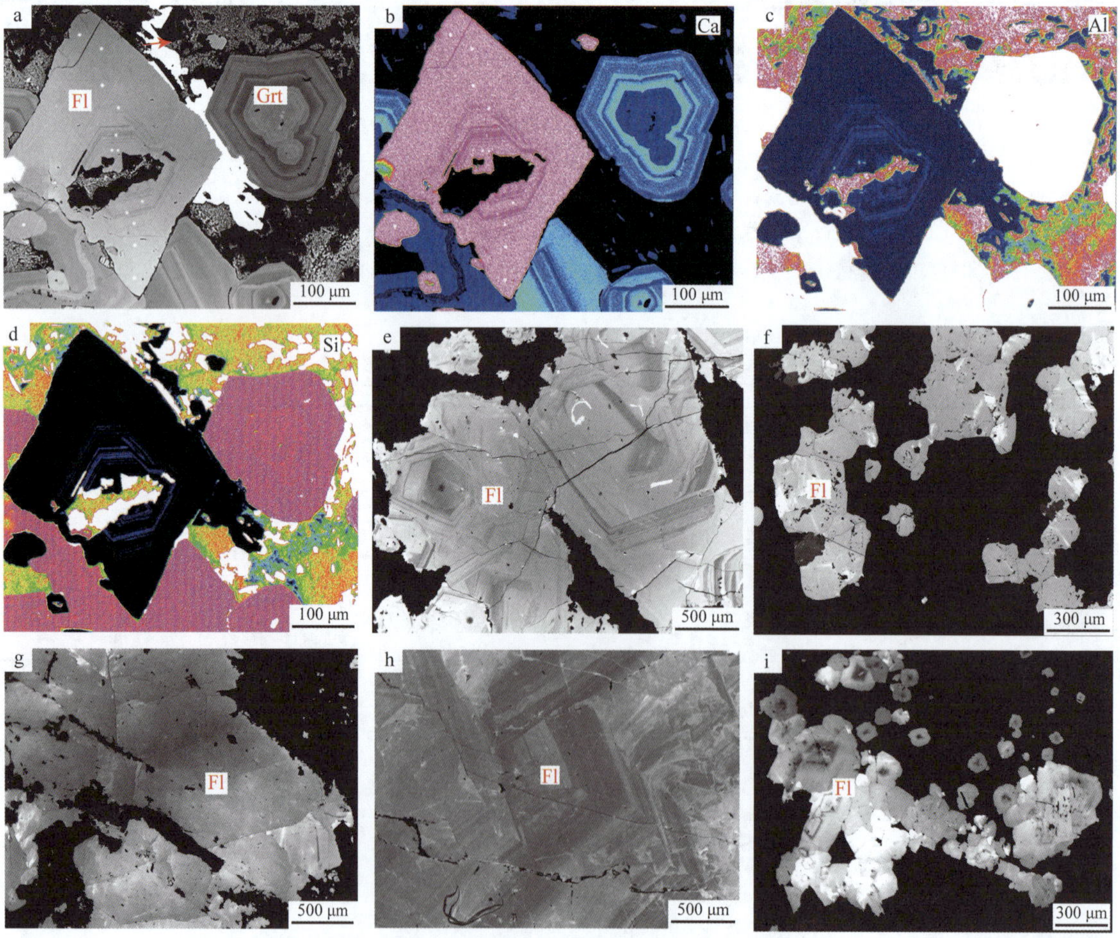

图3.15 凤山矿区萤石探针面扫描及阴极发光图

a—萤石和石榴子石背散射图；b—萤石和石榴子石Ca环带面扫描图；c—萤石Al环带面扫描图；d—萤石Si环带面扫描图；e~i—萤石阴极发光图及环带。Fl—萤石；Grt—石榴子石

石在阴极射线的照射下，一部分呈现均一性（图3.15f、g），一部分出现环带状，形成明显的边界和区域（图3.15e、h、i）。环带现象为矿物学家提供了研究萤石生长历史、成因条件以及元素分布的重要线索。具有明暗颜色构成的韵律环带，可能反映萤石形成时物理化学环境的动荡变化。这种环带可能具有深色或浅色的核部，以及明暗交替的边界。几乎不发育明暗环带，指示萤石生长时可能为快速沉淀的生长环境。这种环带可能呈现出较为均匀的荧光颜色和亮度。

3.3 萤石地球化学特征

微量和稀土元素地球化学研究已广泛应用于萤石矿床的研究中，其可以对成矿作用中物理化学条件的变化、成矿流体的运移及演化、水-岩反应及成矿机制等提供重要信息（Michael et al.，1991；饶红娟等，2010）。成矿过程中围岩与矿物之间的水-岩反应使得大量的微观信息被保存在矿石和围岩中，微量和稀土元素成为重要的“地质事实记事本”，通过对其研究可以有效地获取成岩成矿信息。

3.3.1 萤石的样品特征及分析方法

分别对两个矿区、主成矿期中不同矿物共生组合中的萤石进行了系统采样（图3.16），样品具体信息及采样位置见表3.4。采集的样品首先经过人工破碎、挑纯，再将挑纯的样品颗粒放入玛瑙研钵中进行研磨，充分研磨至200目以下呈粉末状，然后进行微量、稀土元素分析测试。样品单矿物分选及微量、稀土元素测试分析均由中国冶金地质总局山东局测试中心完成，实验采用德国赛默飞公司生产的ELEMENT XR电感耦合等离子体质谱仪（ICP-MS）测定，测试方法和依据为《硅酸盐岩石化学分析方法第30部分：44个元素量测定》(GB/T 14506.30—2010)，该仪器对REE检测下限为1×10^{-12}，误差小于10%。挑选萤石和方解石单矿物，采用爆裂法取出原生包裹体水，使用仪器MAT-253气体同位素质谱计测定萤石流体包裹体氢氧同位素和方解石氧同位素。

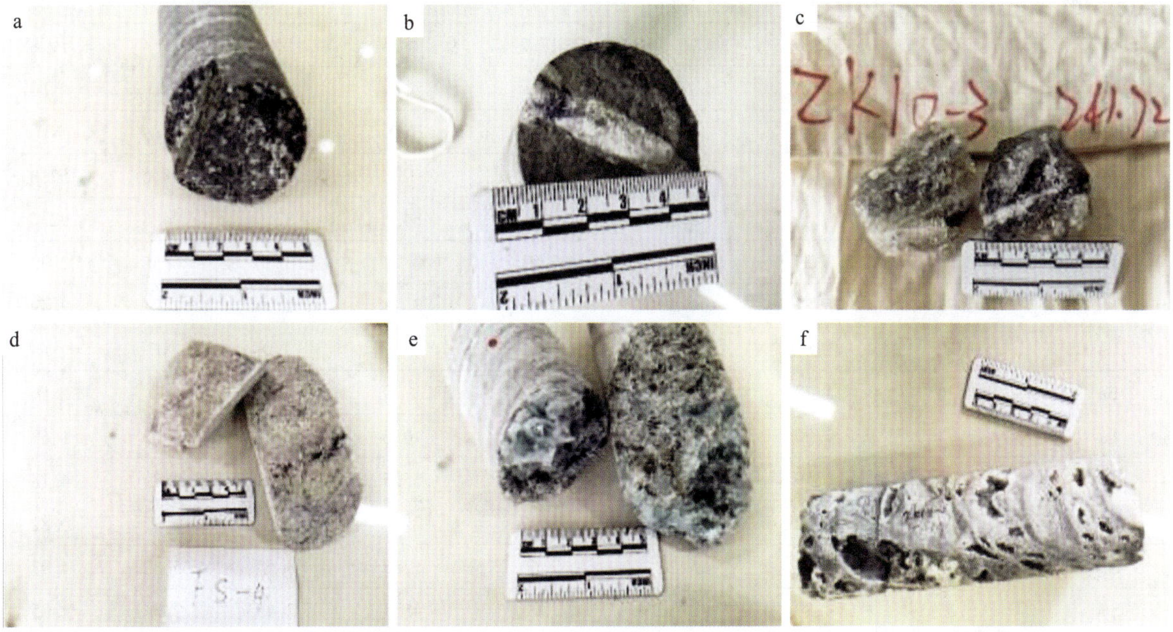

图3.16 研究区部分萤石样品特征

a—矽卡岩型萤石矿石；b—紫色萤石沿裂隙交代不均匀充填分布的细脉状石英；c—条带状萤石矿石；d—花岗岩中紫色浸染块状萤石矿石；e、f—灰岩裂隙充填型萤石矿

表 3.4 凤山-赤坂场矿区萤石样品特征一览表

样品编号	样品特征	取样位置
FSYS-1	灰岩裂隙中充填的绿色中粗粒萤石	FZK25-11，162.78 m
FSYS-2	二长花岗岩中紫色浸染块状萤石	FZK26-13，229.00 m
FSYS-3	混合花岗岩中紫色浸染块状萤石	FZK21-6，259.53 m
CBCYS-1	灰岩裂隙中充填的他形粒状萤石	CZK15-11，253.53 m
CBCYS-2	灰岩裂隙中充填的绿色中粗粒萤石	CZK18-5，355.50 m
CBCYS-3	二长花岗岩中紫色浸染块状萤石	CZK10-4，274.83 m
CBCYS-4	石英脉中交代充填的紫色他形萤石	CZK10-4，237.24 m
CBCYS-5	条带状白色萤石矿石	CZK10-11，241.72 m
CBCYS-6	粒状白色萤石矿石	CZK16-7，121.20 m

3.3.2 微量元素地球化学

微量元素又名痕量元素，是指各地质体系中丰度低于 0.1%的元素，是矿物的重要组成部分，各种微量元素往往具有独特的性质，由于其在矿物中变化幅度较大，故常用于成岩成矿作用的研究中，是地质地球化学中良好的示踪剂。

本次研究区萤石样品微量元素测试结果见表 3.5。

表 3.5 凤山-赤坂场矿区萤石矿微量及稀土元素（10^{-6}）组成及特征参数

样品序号	CBCYS-1	CBCYS-2	CBCYS-3	CBCYS-4	CBCYS-5	FSYS-1	FSYS-2	FSYS-3
Sc	ND	ND	ND	0.56	3.06	ND	ND	ND
V	ND	ND	ND	ND	ND	ND	ND	ND
Co	2.89	3.05	3.13	3.16	3.29	3.23	3.24	3.31
Ni	15.0	15.6	16.5	17.2	18.4	19.8	19.4	19.8
Ga	ND	ND	ND	ND	ND	ND	ND	ND
Rb	ND	ND	ND	ND	ND	ND	ND	ND
Sr	69.9	103	102	111	135	63.1	58.6	52.8
Y	107	72.1	86.7	109	84.1	82.0	94.8	92.6
Zr	2.08	1.19	1.02	0.91	0.77	0.36	0.56	0.30
Nb	6.73	5.52	4.50	4.13	3.21	2.96	2.21	2.49
Cs	0.075	0.039	0.016	0.022	ND	ND	ND	ND
Ba	6.76	1.73	3.80	1.40	1.39	ND	ND	ND
La	3.74	7.30	3.07	4.86	10.6	4.81	2.02	1.68
Ce	6.14	13.9	5.47	7.96	15.5	9.59	4.89	4.18
Pr	1.22	2.62	1.00	1.47	2.74	1.67	0.97	0.82
Nd	6.83	13.7	5.29	7.66	12.8	8.67	5.82	4.98
Sm	3.53	4.89	2.56	3.51	4.54	2.45	2.54	2.05
Eu	1.18	1.17	0.88	1.07	1.21	0.72	0.76	0.63
Gd	5.65	5.54	4.16	5.25	5.82	3.24	3.85	3.25
Tb	1.29	1.03	0.99	1.24	1.31	0.58	0.72	0.62
Dy	9.32	6.49	7.31	8.91	9.44	3.69	4.45	3.95

续表

样品序号	CBCYS-1	CBCYS-2	CBCYS-3	CBCYS-4	CBCYS-5	FSYS-1	FSYS-2	FSYS-3
Ho	2.00	1.32	1.58	1.94	2.12	0.77	0.92	0.81
Er	5.85	3.69	4.81	5.80	6.83	2.14	2.45	2.20
Tm	0.75	0.45	0.66	0.78	1.06	0.23	0.27	0.24
Yb	4.29	2.66	4.11	4.78	7.45	1.23	1.41	1.31
Lu	0.55	0.32	0.54	0.63	1.09	0.14	0.16	0.15
Hf	0.33	0.22	0.19	0.17	0.13	0.073	0.064	0.048
Ta	11.8	10.3	9.04	8.78	7.40	7.15	5.72	6.66
Th	0.81	ND	ND	ND	ND	ND	ND	ND
U	0.11	0.014	0.023	0.036	0.088	ND	0.013	0.019
Cr	ND	ND	ND	ND	ND	ND	ND	ND
δEu	0.81	0.69	0.82	0.76	0.72	0.78	0.74	0.75
δCe	0.70	0.78	0.77	0.73	0.71	0.83	0.86	0.87
LREE/HREE	0.76	2.03	0.76	0.90	1.35	2.32	1.19	1.14
La_N/Yb_N	0.63	1.97	0.54	0.73	1.02	2.81	1.03	0.92
ΣREE	52.34	52.34	52.34	52.34	52.34	52.34	52.34	52.34

注：“ND”，None Detected，表示该元素未检出。

研究区萤石样品部分微量元素 V、Ga、Rb、Th 和 Cr 均未检出或低于检出限，Sc、Cs、Ba 和 Th 仅在部分样品中检出，图 3.17 揭示了萤石中 Co、Ni、Sr、Zr、Nb、Hf、Ta、U 8 种元素的含量变化曲线。8 件萤石样品 Co 的含量为 $2.89\times10^{-6}\sim3.31\times10^{-6}$，平均值为 3.16×10^{-6}；Ni 的含量为 $15.00\times10^{-6}\sim19.80\times10^{-6}$，平均值为 17.71×10^{-6}；Sr 的含量为 $52.58\times10^{-6}\sim103.00\times10^{-6}$，平均值为 86.93×10^{-6}；Zr 的含量为 $0.30\times10^{-6}\sim2.08\times10^{-6}$，平均值为 0.90×10^{-6}；Nb 的含量为 $2.21\times10^{-6}\sim6.73\times10^{-6}$，平均值为 3.91×10^{-6}；Hf 的含量为 $0.048\times10^{-6}\sim0.33\times10^{-6}$，平均值为 0.15×10^{-6}；Ta 的含量为 $5.72\times10^{-6}\sim11.8\times10^{-6}$，平均值为 8.36×10^{-6}；U 的含量为 $0.013\times10^{-6}\sim0.11\times10^{-6}$，平均值为 0.041×10^{-6}；由研究区萤石微量元素含量变化曲线易观察到，不论样品的颜色和采样位置，统一表现出 Sr、Ni、Ta 的含量较高，特别是 Sr 的含量明显偏高；U 的含量较低，变化较为稳定。单从颜色看，紫色、绿色及白色萤石的微量元素变化无明显规律。

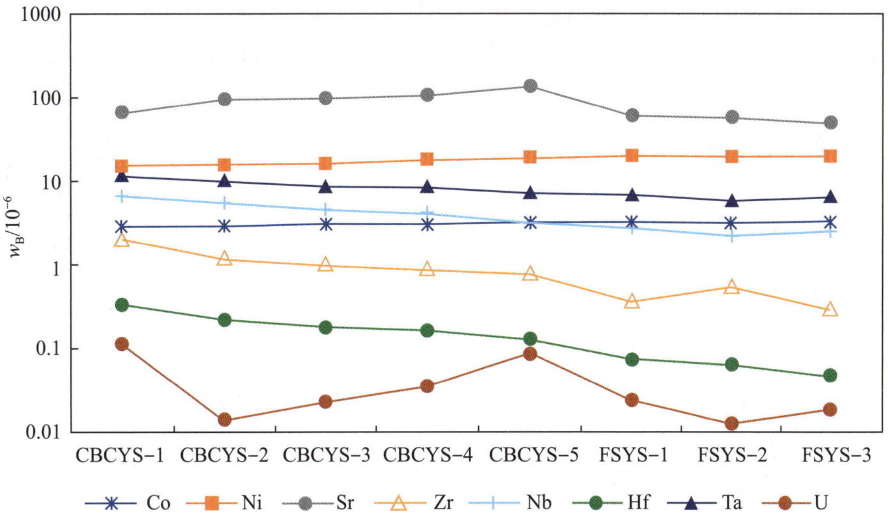

图 3.17　研究区萤石部分微量元素含量变化曲线

3.3.3 稀土元素地球化学

稀土元素是指元素周期表中所有镧系元素加上 Y 元素共 16 种元素。稀土元素之间有着相似的化学性质，可以活动态在含卤素或碳酸盐的成矿流体中迁移。由于 Ca^{2+} 与 REE^{3+} 的离子半径相近，REE^{3+} 极易通过类质同象置换方式替换 Ca^{2+} 进入萤石晶格中，REE^{3+} 的离子半径随着原子序数的增加而减小，导致了稀土元素在成矿过程中吸附、配合、分异及富集的显著差异。随着学科的发展，稀土元素在讨论萤石矿床的成因类型、成矿物质来源等方面有着显著的作用。稀土元素的研究已成为探讨矿床成矿过程及成矿物质来源的重要方法。

本次研究萤石样品取自两个矿区、主成矿期中不同矿物共生组合，具有一定的代表性。分别选取 5 件赤坂场和 3 件凤山萤石样品开展萤石稀土元素分析，该矿床的萤石稀土元素球粒陨石标准化分布型式见图 3.18，凤山萤石样品 ∑REE 含量为 $21.23\times10^{-6}\sim39.93\times10^{-6}$，平均为 32.68×10^{-6}，稀土元素球粒陨石配分曲线均呈现微弱的重稀土富集（LREE/HREE = 1.14~2.32，平均 1.55；La_N/Yb_N 值为 0.54~1.97，平均 1.58）；赤坂场萤石样品 ∑REE 含量为 $42.43\times10^{-6}\sim82.51\times10^{-6}$，平均为 59.64×10^{-6}。萤石轻/重稀土元素的富集和亏损不明显（LREE/HREE = 0.76~2.03，平均 1.16；La_N/Yb_N 值为 0.92~2.81，平均 0.9）。赤坂场萤石样品 ∑REE 含量明显高于凤山萤石样品，Sm 和 Nd 化学性质十分相似，不易分离，故 Sm/Nd 值能较好地反映出源区的特征。凤山和赤坂场萤石样品的 Sm/Nd 值为 0.35~0.52，平均为 0.41，研究区花岗岩岩体的 Sm/Nd 值在 0.14~0.23 之间，平均为 0.21，研究区萤石的 Sm/Nd 值和岩体均十分接近，推测萤石的成矿物质与矿区花岗质岩体有着一定的关系，而两个矿区萤石稀土元素的差异指示两者可能为同源不同期次的产物。此外，凤山-赤坂场岩体基本分析成果显示，岩体 F 元素含量普遍较高，最高为 66106.4×10^{-6}，平均达 18726.50×10^{-6}（表 3.6），远远高于中国东南部花岗岩类 F 元素丰度（601×10^{-6}）（史长义等，2015），能够为萤石成矿提供丰富的 F 来源。此外，研究区花岗质围岩萤石矿具有相似的稀土元素配分曲线展布形式，均表现出重稀土富集的特征，因此，我们认为二长花岗岩围岩为萤石成矿提供了丰富的 F 来源，而赋矿层中二叠

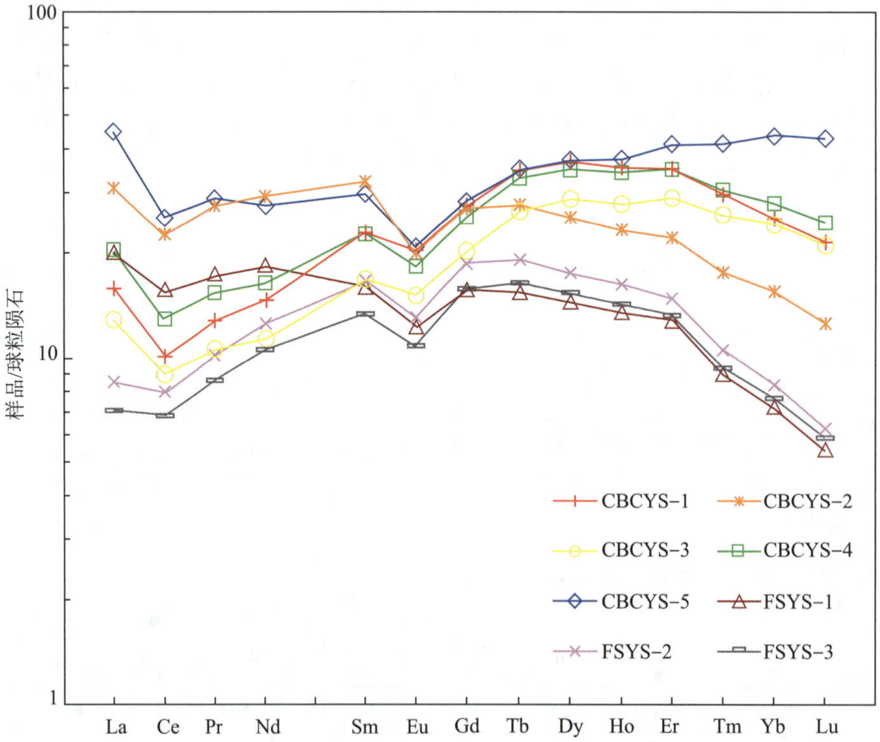

图 3.18 研究区萤石稀土元素配分模式图

（标准化数据参照 Sun and McDonough，1989）

统栖霞组海相碳酸盐岩为萤石成矿提供了丰富的 Ca 来源。

表 3.6　凤山-赤坂场萤石矿床部分二长花岗岩围岩样品 F 元素含量数据

孔号	深度/m	$F/10^{-6}$	孔号	深度/m	$F/10^{-6}$	孔号	深度/m	$F/10^{-6}$
ZK18-2	287.9	1460.01	ZK26-8	293.48	51767.70	ZK22-2	270.37	13237.45
ZK17-2	273.93	4616.69	ZK26-10	204.85	66106.40	ZK22-3	358.58	31528.10
ZK9	398.96	24528.22	ZK28-5	376.12	12458.78	ZK22-5	293.2	6464.10
ZK18-3	286.54	1460.01	ZK12	358.31	55369.24	ZK22-6	371.95	24011.08
ZK18-9	298.3	37541.72	ZK12	357.21	41891.93	ZK22-9	356.73	23944.21
ZK20-9	338.11	2725.36	ZK46	259.24	29870.09	ZK22-10	362.30	6521.39

成矿流体中稀土元素的分馏是两种地质过程的结果（Bau，1991，1992）。一种是吸附和解附的过程，稀土元素在流体的迁移过程中吸附和解附于流体中微粒的表面；另一种是配合的过程，稀土元素在流体中主要以配合物的形式存在和迁移。如果流体中稀土元素主要是受吸附作用控制，那么就会导致轻稀土元素的富集；反之，如果稀土元素主要是以配合物形式存在的，那么流体中就会表现出重稀土元素相对富集的特征。两个矿床的萤石样品轻稀土元素、重稀土相对平坦，具有较好的一致性，指示萤石从中结晶的流体物质构成是基本均一的（Subías 等，1995），且稀土元素在流体中主要是以配合物形式存在和运移（Bau，1992），说明研究区萤石矿成矿过程中的水-岩反应下流体性质无明显变化，表明其成矿物源稳定且单一。

3.3.4　Eu 和 Ce 负异常的指示意义

Eu 和 Ce 的异常是萤石成矿流体的温度和氧化还原条件的指示计，同时也能很好地记录成矿流体的物化特征及演化过程（Williams-Jones，2000）。少数稀土元素（REE）在自然界除了三价阳离子存在，还有其他氧化价态，但具有地球化学意义的只有 Ce^{4+} 和 Eu^{2+}。REE 的三价阳离子半径只有很小的系统性的差别，这是它们在自然界紧密共生共同迁移的主要原因，同时这种系统性的差别也是发生分离的重要原因（Taylor et al.，1982；刘英俊，1987）。Eu 和 Ce 是稀土元素中具有指示意义的变价元素。在自然界中 Eu 主要有两种价态，+2 价和+3 价，Ce 有+3 价和+4 价，对外界氧化还原条件的反应很灵敏。在氧化条件下，Ce^{3+} 变成 Ce^{4+}，而 Ce^{4+} 溶解度很小，易被氢氧化物吸附而脱离溶液体系，使整个溶液体系亏损 Ce。在还原条件下，Eu^{3+} 变成 Eu^{2+}，电荷减少和粒子半径增大，Eu^{2+} 不易进入矿物晶格中（王中刚等，1989）。因此，Eu 和 Ce 的价态变化能很好地反映成矿流体的氧化还原条件（王国芝等，2003）。

研究区所有萤石均表现出 Ce 负异常的特征（$\delta Ce = 0.70 \sim 0.86$，平均 0.78），有学者认为热液成因的萤石常显示出 Ce 负异常，是 Ce^{3+} 被氧化和 Ce^{4+} 不活泼等因素综合作用所致，暗示其热液流体源区的氧逸度较高，Ce^{3+} 变成 Ce^{4+}，从而导致从该溶液中沉淀出来的矿物显示 Ce 负异常，也就是说 Ce 的负异常，指示成矿流体为弱的氧化环境。此外，海水具有 Ce 相对于其他元素相对亏损和负 Ce 异常的特征（Shimizu et al.，1977），由于本次研究区矿源层和赋矿围岩均为海相地层，而岩体具有的强烈的 Ce 负异常（$\delta Ce = 0.01 \sim 0.15$，平均 0.03）进一步验证了成矿流体可能主要来源于在部分熔融过程中形成的具 Ce 强烈负异常的岩浆，它们也继承了保存于岩体和赋矿围岩中海水的 Ce 负异常特征。

Eu 异常的出现有两种解释：一是对原岩（成矿热液）的继承；二是岩（矿）石形成后发生一系列的地球化学作用。地球化学行为对岩（矿）石稀土元素的影响，往往是多种因素共同叠加的产物，其中氧化还原条件和温度的影响最大。因此 Eu 在遭受氧化性的地下水（大气降水一般溶有 O_2）淋滤时，易由 Eu^{2+} 变为 Eu^{3+}，离子半径变小。在较高温度和还原条件下，Eu 在热液流体中主要呈 Eu^{2+}，因为 Eu^{2+} 离子半径较大，不易与其他 REE^{3+} 共沉淀，从而限制它有效地取代萤石中的 Ca^{2+}。流体运移过程中颗粒或岩石对 Eu 之外的其他稀土元素优先吸附，导致热液流体呈现 Eu 负异常（丁振举等，2003），显然与前文高氧逸度的氧化沉淀环境相矛盾。从两个矿区萤石稀土元素球粒陨石标准化分布型式图（图 3.22）可以看出，萤石样品的 Eu 负异常（δEu = 0.72 ~ 0.82，平均 0.76）相比于岩体（δEu = 0.37 ~ 0.41，平均 0.39）明显减弱，这说明，在矿物沉淀场所，氧逸度相对较低，部分 Eu^{3+} 转化为 Eu^{2+}，并且继承了来自成矿热液的 Eu 负异常。此外，Eu 正异常通常指示成矿流体在萤石从低温状态下结晶沉淀之前经历了足够的高温状态（>250℃），Eu 发生还原作用，Eu 负异常指示其低温（200 ~ 250℃）的成矿过程（Bau，1992）。本次测试所有萤石样品相比于岩体均具中等至弱的 Eu 负异常，指示了凤山和赤坂场矿区的成矿流体可能在经历了相对较低的温度。

因此，对于该矿萤石出现负 Ce、负 Eu 异常，一个比较可能的解释是：研究区受永安-晋江断裂带控制，在伸展构造体制下，形成于一个开放体系，在岩浆期后热液活动阶段，聚集的富 F 等挥发分热液流体与下降的大气降水混合；在流体源区氧逸度较高 Ce^{3+} 转化为 Ce^{4+}，长石分解所释放的 Eu 转化为 Eu^{3+}；由于在源区及流体运移过程中，使成矿流体亏损 Ce；在矿物沉淀场所，氧逸度相对较低，部分 Eu^{3+} 转化为 Eu^{2+}，并且继承了来自成矿热液的 Eu 负异常，从而导致溶液呈现 Eu 负异常的特征。

研究区的所有萤石同时具备 Eu 负异常和 Ce 负异常指示了萤石成矿过程可能处于中低温的氧化环境。成矿热流体、赋矿围岩中或大气降水发生了混合作用，岩浆热液在上升过程中，与围岩发生水-岩反应，伴随着大气降水的加入，成矿热流体不断淋滤和萃取晚侏罗世二长花岗岩体中的 Ca 与部分 F，此外，上覆栖霞组的海相碳酸盐层也为本区萤石的成矿提供了丰富的 Ca 来源。

3.3.5 稀土元素图解

（1）La/Ho-Y/Ho 关系图

萤石单矿物中的微量元素 Y/Ho 值与 La/Ho 值存在相似性，其双变量关系图解能有效判别成矿流体的来源（Michael et al.，1995；Ripp et al.，2016）。Y 和 Ho 因具有相同的离子电价和相似的离子半径，其地球化学特征也十分相似，Y/Ho 值在不同类型的岩浆岩、沉积岩及球粒陨石中无明显变化，球粒陨石中 Y/Ho 值介于 24 ~ 36 之间。同源同期形成的萤石中 La/Ho 值与 Y/Ho 值之间具有相似性，其比值应趋近于一条直线；同源非同期形成的萤石 La/Ho 值与 Y/Ho 值呈负相关；而萤石中 Y/Ho 值变化较小，La/Ho 值变化范围较宽（Ripp et al.，2016）。

研究区内花岗岩的 Y/Ho 值为 25.06 ~ 33.37，平均值为 29.15，与球粒陨石的比值一致，在 Y/Ho-La/Ho 图中近似呈水平分布，Y/Ho 值变化较小，La/Ho 值跨度较小，暗示花岗岩质岩石重结晶作用较弱，以部分熔融为主，且具有一定的同源性（图 3.19a）；从图 3.19b 中可以看出两个矿区 8 件萤石样品中萤石的 Y/Ho 值分布基本呈水平，说明该区萤石的成矿物质应为同一流体来源，且为同期成矿。同时，研究区的萤石 Y/Ho 值范围为 39.67 ~ 106.49，平均为 72.84；Sm/Nd 值范围为 0.28 ~ 0.51，平均值为 0.41。萤石的 Y/Ho 及 Sm/Nd 值都比较稳定，La/Ho 值范围为 1.87 ~ 6.25，平均值为 3.42，变化范围不大，说明其可能是同一成矿流体不同期结晶形成。

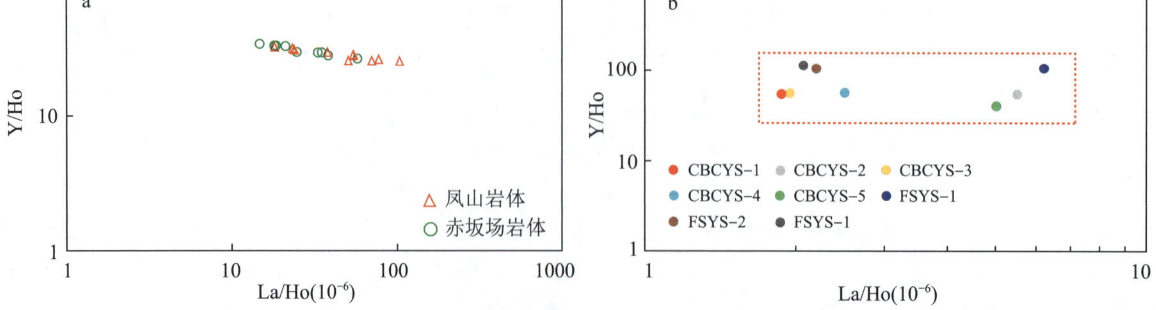

图 3.19 研究区岩体及萤石矿矿石 Y/Ho-La/Ho 图解

（据 Michael et al.，1995）

(2) Tb/Ca-Tb/La 图解

Tb/Ca-Tb/La 图解已被广泛应用于判断萤石矿床成因类型，包括伟晶岩成因、热液成因和沉积成因。通过该图解能判断萤石成因以及判断成矿流体与围岩是否发生过水-岩反应（Möller et al.，1976，Ripp et al.，2016）。Tb/Ca（原子比）值变化反映成矿流体对围岩 Ca 的混染作用和稀土元素在流体中的吸附作用，Tb/La（原子比）值变化反映稀土元素的分馏作用及萤石形成的先后顺序（Duan et al.，2020）。将研究区中所取的 8 个萤石矿石相关数据投入该图（图 3.20），全部落入热液成因区，表明本区萤石矿系热液作用的产物。

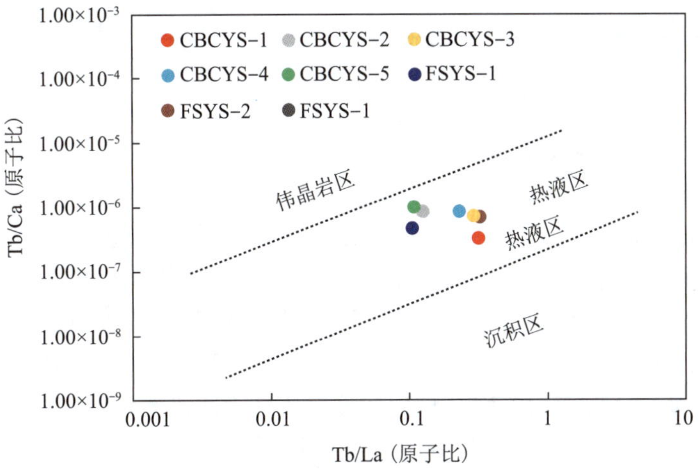

图 3.20 研究区萤石样品 Tb/Ca-Tb/La 图解

（底图据 Möller et al.，1976）

3.3.6 氢氧同位素

研究区主成矿阶段萤石流体包裹体氢氧同位素组成见表 3.7。萤石氢同位素 $\delta D_{H_2O\text{-}SMOW}$ 值为 -36.9‰～-73.9‰、氧同位素 $\delta^{18}O_{H_2O\text{-}SMOW}$ 值为-0.3‰～-2.9‰。由于萤石化学组成中无氧，故萤石氧同位素组成可代表包裹体水的氧同位素组成。在 $\delta^{18}O_{H_2O\text{-}SMOW}$ 和 $\delta D_{H_2O\text{-}SMOW}$ 流体来源判别图将所有萤石包裹体水的氢氧同位素组成投图（图 3.21），可见萤石包裹体中水落入大气降水线右侧，原生岩

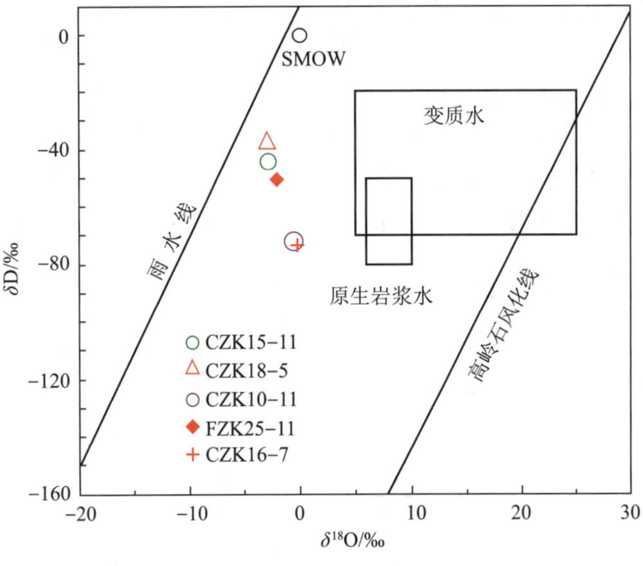

图 3.21 萤石矿床成矿流体氢氧同位素图解

（底图据 Taylor et al.，1974）

浆水左侧，总体来看，萤石矿床成矿流体来源于岩浆水与大气降水的混合。

表 3.7　研究区萤石样品氢、氧同位素数据

样品编号	$\delta^{18}O/‰$	$\delta^{18}D/‰$	取样位置
FSYS-1	-2.9	-44.1	FZK25-11，162.78 m
CBCYS-1	-3	-36.9	CZK15-11，253.53 m
CBCYS-2	-0.7	-72.1	CZK18-5，355.50 m
CBCYS-5	-2.1	-50.7	CZK10-11，241.72 m
CBCYS-6	-0.3	-73.9	CZK16-7，121.20 m

3.4　流体包裹体地球化学

流体包裹体是成岩、成矿流体在矿物结晶生长过程中被包裹在矿物晶格的缺陷或窝穴内，至今尚在主矿物中封存并与主矿物有着相的界线的那部分物质。流体包裹体形成后是一个相对封闭的体系，后期各种地质作用不会对其造成影响，因此记录了被捕获时地质流体的压力、温度、化学组成、同位素组成、热动力条件和矿化度等信息（Samson et al.，2003；Steele-Macinnis et al.，2016；刘德良等，2015）。通过分析研究不同成岩成矿（藏）阶段的不同期次流体包裹体，可以获得不同时期的成岩成矿（藏）物化条件、物质来源、流体成分及地质作用过程等信息（Burrus，1981；Stuart et al.，1995；卢焕章，2004）。目前，流体包裹体的研究已广泛应用于矿床学、构造地质学、石油地质学、地球内部流体的运移和岩浆演化过程等地学领域。

为了解凤山-赤坂场矿区萤石矿的成矿流体来源及性质，样品分别采自凤山（5 件），赤坂场矿区（4 件）成矿带上不同时期的典型萤石、方解石样品，部分样品手标本照片见图 3.22。本次实验共磨制包裹体薄片 15 片，其中包裹体显微激光拉曼光谱测试数 43 个、包裹体显微测温点位 53 个。

包裹体片、萤石流体包裹体显微测温制备以及裹体激光拉曼分析均在中国冶金地质总局山东局测试中心完成。萤石流体包裹体显微测温所用仪器为英国产 Linkam THMSG-600 型冷热台及德国 ZEISS 公司的 Axio Skop 40 偏光显微镜。测温范围为-196~600℃，冷冻和加热可控速率范围为 0.1~130℃/min，精确度为±0.1℃，检测环境温度为 26℃、湿度 35%。流体包裹体测试过程中，升温或降温速度控制在 5~20℃/min，相变点附近速度控制在 0.5~1℃/min。包裹体激光拉曼分析实验仪器为英国雷尼绍 Renishaw in Via 高分辨率激光拉曼光谱仪。物镜规格为长工作距离 100^3，激发激光波长为 532.11 nm（Nd：YAG），样品表面激光功率约为 9.5 mW。光栅规格为 1800 grooves/mm，光谱分辨率约为 1.0 cm^{-1}。应用 PeakFit v4.0（AISN Software Inc.）对光谱进行洛伦兹-高斯拟合。检测过程严格依据《地质矿产实验室测试质量管理规范　第 9 部分：岩石矿物样品鉴定》(DZ/T 0130.9—2006）及《拉曼光谱测定矿物及包裹体》(GJJZ ZY005—2016）等相关标准进行。

3.4.1　流体包裹体的岩相学特征

萤石是成岩环境中普遍包含包裹体的一种矿物。显微镜下发现，凤山矿床中赋存在萤石中的流体包裹体，具有大的包裹体（>7 μm）丰度高、数量多、边界明显的特点。包裹体形态多不规则，少数为长条形，多呈孤立状或群组带状分布，为原生或假次生包裹体，少量次生包裹体沿矿物裂隙分布，未观测到含子矿物包裹体和富 CO_2 包裹体，而且气相比多低于 20%。

按照包裹体的成因，区别出原生、假次生和次生包裹体。为了避免后期压力变形对包裹体显微测温结果的影响，未对发生过变形和迁移的包裹体进行测试。本书主要测试了萤石原生气液相包裹体。

根据室温下原生包裹体的类型和相态特征，采用卢焕章等（2004）提出的流体包裹体分类方案，将凤山-赤坂场萤石矿床萤石中的流体包裹体分为以下 3 种类型。

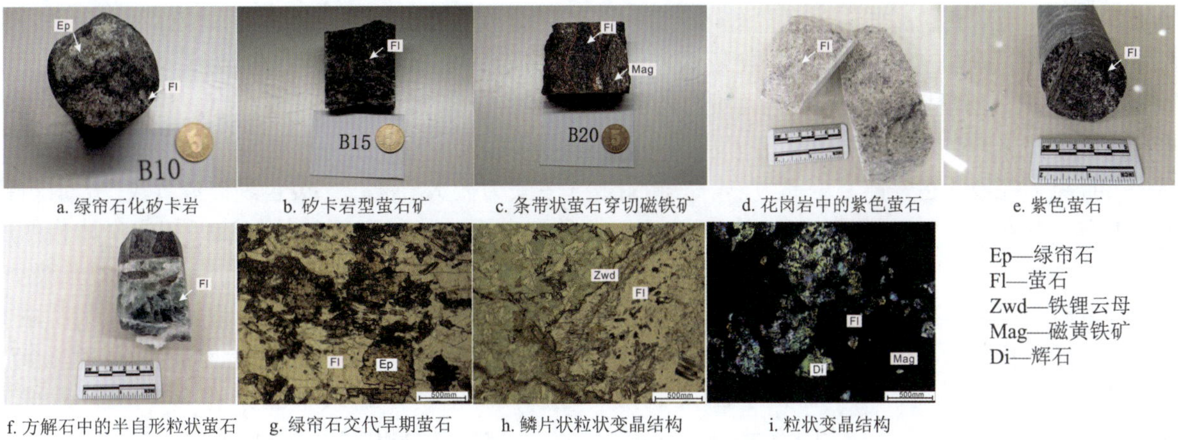

图 3.22　研究区萤石矿床包裹体测试部分代表性样品特征

第Ⅰ类为富液相的气液两相包裹体（图 3.23a、b），在室温下主要由液相和一个小气泡组成的二相包裹体。气液比集中在 5%~20%之间，长轴多集中在 10~20 μm 之间，大者可达 30 μm，形态大部分为不规则状（图 3.23c）、四边形（图 3.23d）和三角形（图 3.23e、f），少量为长条状（图 3.23g、h）。气相为水蒸气，颜色较深，多为黑色及暗灰色，液相颜色较浅。加热后均一到液相，是最主要的一类包裹体，所占比例达 70%以上。在成矿各个阶段均可见，一般呈孤立分布（图 3.23i）。

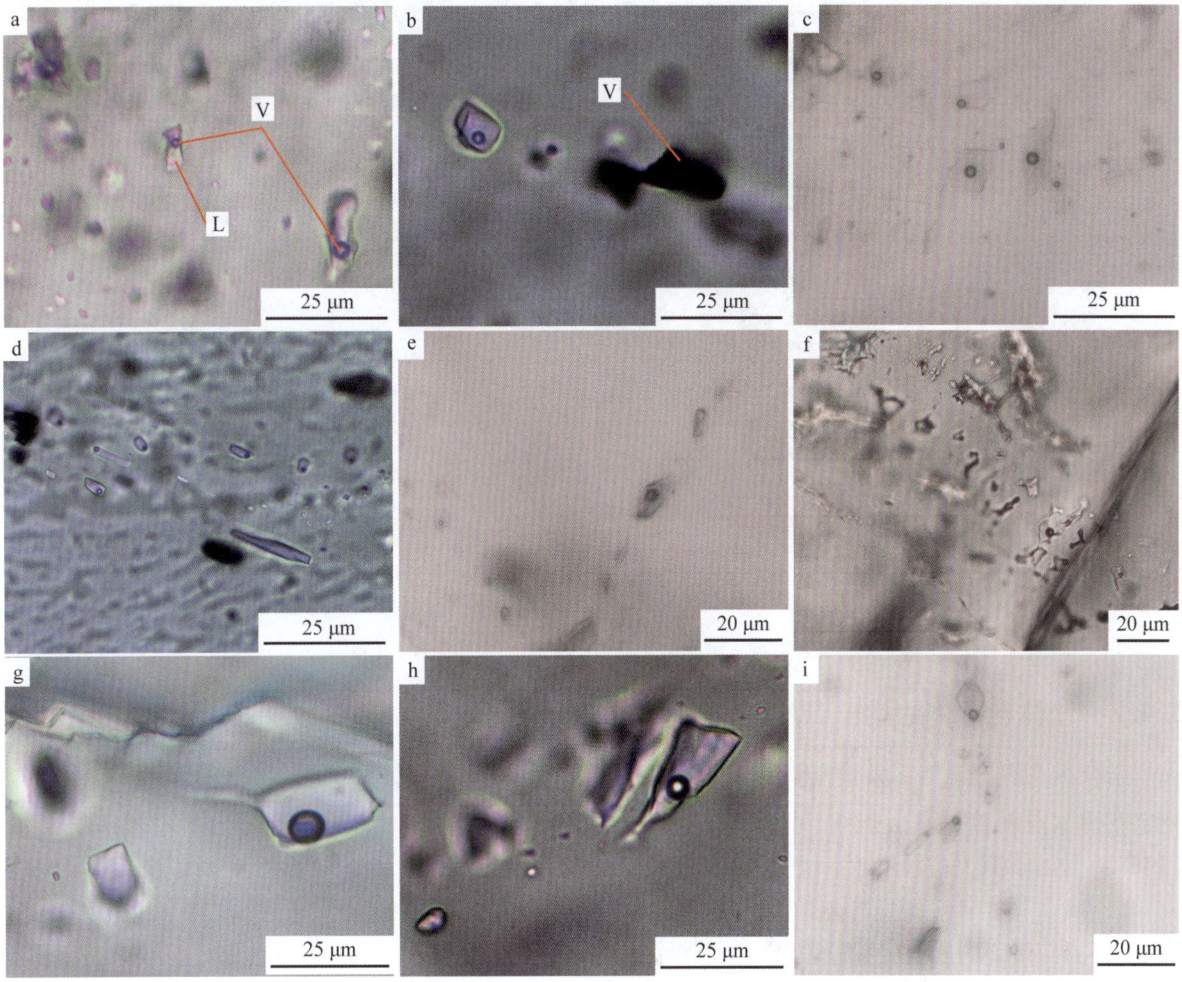

图 3.23　凤山-赤坂场矿区萤石矿床代表性萤石流体包裹体显微照片

第Ⅱ类为纯气相包裹体，该类包裹体全部由气体组成，主要是在成矿较早阶段流体温度很高、沸腾的情况下捕获的。该类包裹体数量较少，粒径中等，长轴多为 5 ~ 10 μm，多为不规则状（图 3. 23b、c、i），呈黑色、暗灰色，所占比例约为 15%。产于成矿早阶段萤石中，与富液相的气液两相包裹体相伴产出。

第Ⅲ类为纯液相包裹体，全部为单一液相组成，主要为盐水溶液，该类包裹体数量较少，所占比例约 15%。粒径较小，长轴多为 5~10 μm。产于晚阶段萤石中，与富液相的气液两相包裹体相伴产出（图 3. 23c、d）。

方解石中包裹体相对较少，多分布于生长带中沿单个生长带分布，部分呈孤立状分布，形状主要为不规则形、长条形和椭圆形。镜下观察方解石中包裹体不太清晰（图 3. 24a），但常温下气泡跳动，测温过程中相变点明显，基本保证了测试数据的可靠性。包裹体最大直径只有 8. 5 μm，最小为 2. 3 μm，一般为 4~6 μm，气相比绝大部分为 10%左右，最大仅为 20%（图 3. 24）。

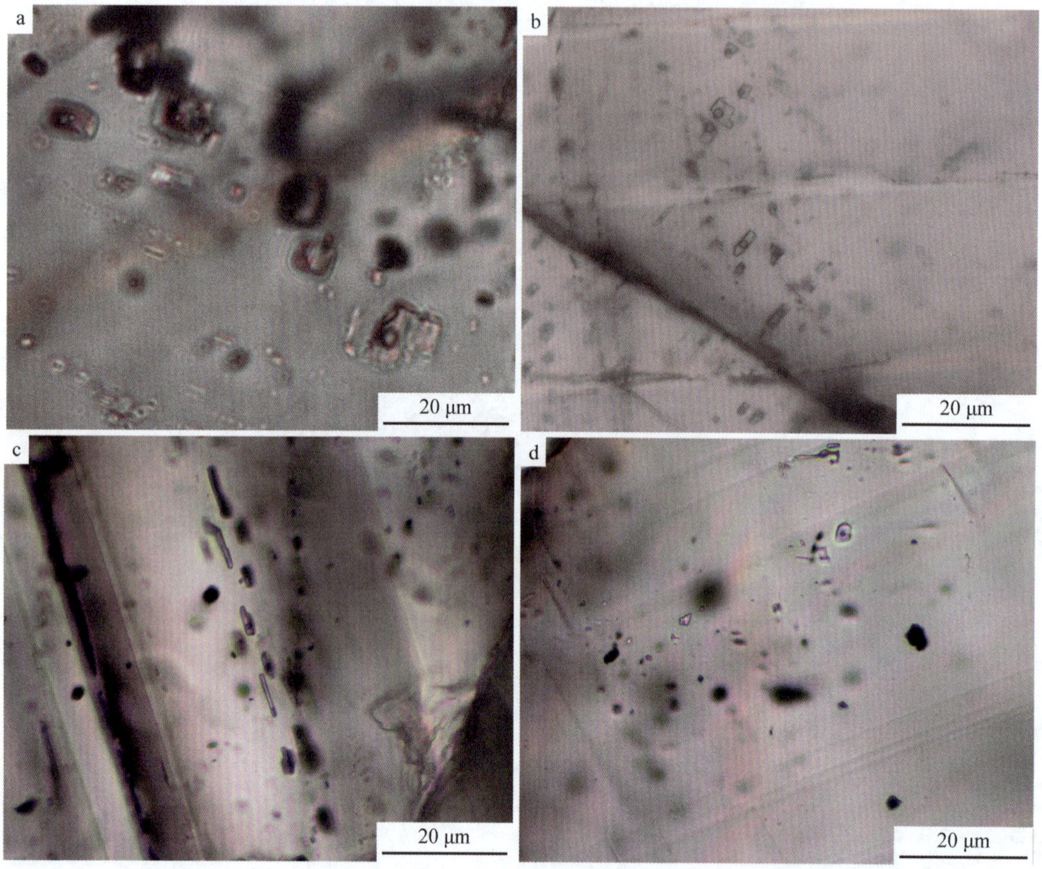

图 3. 24　凤山-赤坂场矿区萤石矿床代表性方解石流体包裹体显微照片

3. 4. 2　流体包裹体的均一温度和盐度

结合冰点温度及下文激光拉曼成分分析，研究区成矿流体包裹体属于 NaCl-H_2O 体系。由冷冻台测定获得冰点温度，然后就可以利用前人的实验相图或经验公式来计算流体的盐度。Hall et al.（1988）提出了 H_2O-NaCl 体系盐度-冰点公式：

$$W=0.00+1.78T_m-0.0442T_m^2+0.000557T_m^3 \tag{3.1}$$

式中，W 为 NaCl 的质量分数；T 为冰点下降温度（℃）。

凤山、赤坂场两个矿区萤石、方解石中原生气液两相包裹体显微测温结果见附表 10，均一温度和盐度和盐度分布直方图如图 3. 25 所示。所观测的包裹体全部均一到液相。

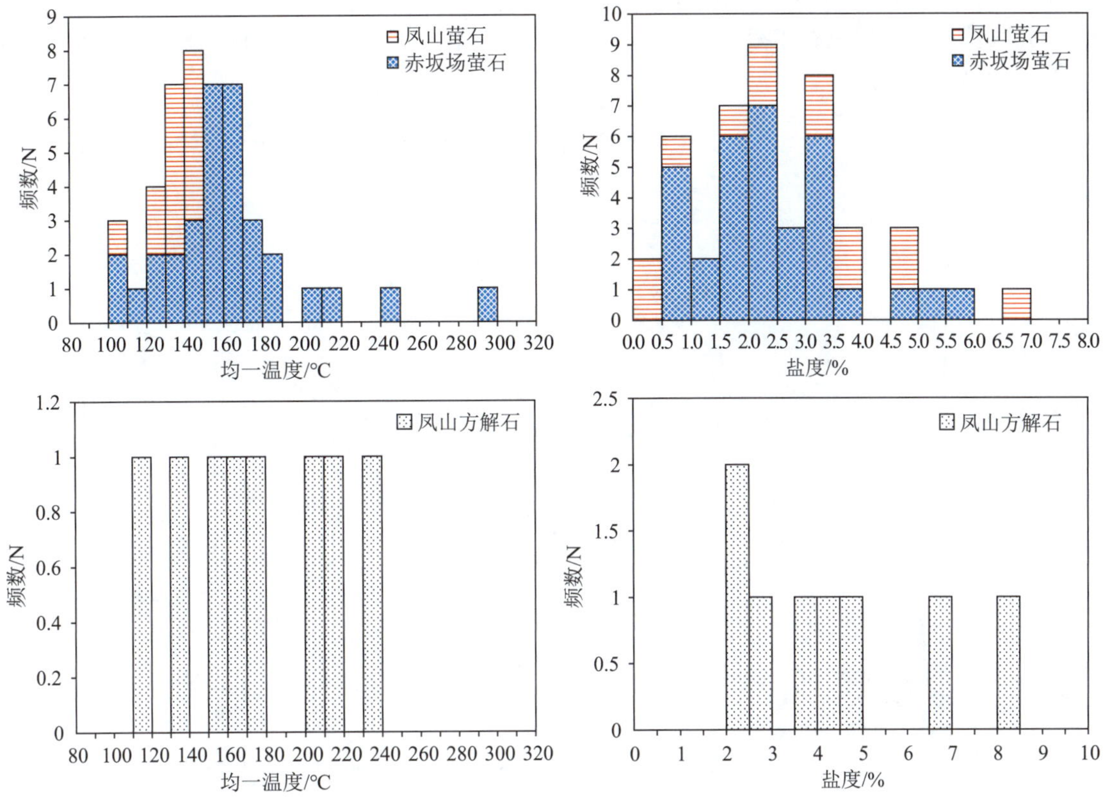

图 3.25　凤山-赤坂场矿区萤石及方解石包裹体均一温度和盐度频率直方图

两个矿区萤石、方解石盐度分布直方图显示，萤石及方解石中包裹体盐度分布范围不大，而且也很相近。凤山萤石包裹体流体盐度分布介于 0.36%~6.94%之间，均值为 2.96%，分布范围较宽，峰值不明显；赤坂场萤石均一盐度分布介于 0.53%~5.70%之间，均值为 2.42%，峰值明显，主要分布于 0.5%~3.5%之间。

综合两个矿区来看流体盐度最大值为 6.94%，最小为 0.36%，盐度区间变化较窄，正态分布较明显，主要集中于 0.5%~3.5%之间。

岩石或矿床是在一定的温度范围内形成的，而且常常经历了若干形成阶段，因此矿物的均一温度应是一个范围而不是一个固定的值，根据附表 10 及图 3.25 可知，凤山萤石矿均一温度为 100~150℃，主要集中于 130~150℃之间；凤山方解石矿均一温度为 110~240℃，分布范围较宽，未见峰值，成矿温度普遍较低；赤坂场萤石矿均一温度为 100~300℃，分布范围较宽，峰值明显，集中于 140~180℃之间。综合两个矿区来看赋存于萤石中的包裹体均一温度最大值为 299.9℃，最小为 102.4℃，温度区间变化较宽，均一温度呈明显正态分布，主要集中于 120~180℃之间，显示出中低温的特点。

3.4.3　流体包裹体的密度

流体密度是重要的热力学参数，也是包裹体测定和计算的重要数值之一，它与温度压力的关系可以用 *PVT* 关系的状态方程来描述。作为等容体系的包裹体，是由在一定的温度和压力条件下捕获的一定密度的流体组成。在流体包裹体研究中，通过测定包裹体中流体（或固体）的相变温度（均一温度冻温度结晶或化温度）就可以反过来确定包裹体流体的密度。

对于 NaCl-H_2O 体系，可以利用温度-盐度-密度相图来确定流体密度。图 3.26 是以温度和盐度为坐标的温度-盐度-密度相图。由所测定出的 NaCl-H_2O 溶液包裹体的均一温度（*T*）和水溶液的含盐度（*W*）分别在两个坐标上找出相应的数值并引其垂线两个垂线的交点落在某个密度曲线上，这一密度值即为所获得的 NaCl-H_2O 体系的流体密度。结果显示，包裹体密度主要分布于 0.85~1.1 g/cm^3 之间，研究区萤石矿床的包裹体密度比较均一，变化范围不大，流体密度偏低，显示出成矿流体可能是一种上涌的热水溶液。

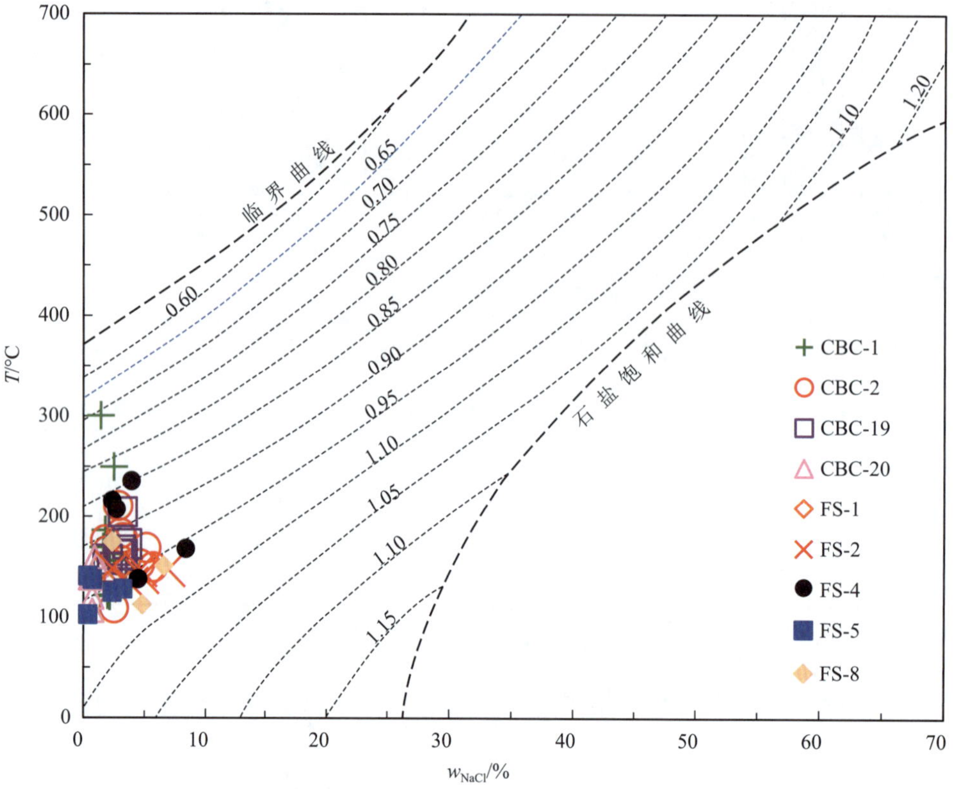

图 3.26　温度-盐度-密度相图

（底图据 Bodnar，1983）

3.4.4　流体包裹体的压力估计与成矿深度

研究表明，只有在已知流体捕获的确切温度或已知流体捕获于不混溶/沸腾条件下，才能准确估计流体的捕获压力（Bodnar，1983），目前包裹体形成压力的计算均是一种近似方法，因此，研究区内流体包裹体压力的结果可作为一种参考，通过估算包裹体形成压力等来推导矿区的成矿压力，而根据成矿压力又能推出成矿深度和矿体剥蚀程度，为深部地质找矿和成矿地质作用演化提供依据。

成矿深度是成矿作用的重要研究内容，国内外主要是通过测量矿物包裹体的压力，并依据平均静岩压力梯度进行换算来求得成矿深度（邵洁涟等，1986；卢焕章，2004；张德会等，2011）。目前在中国多用于金、银、铅、锌、钨、钼等多金属矿床的研究，而在萤石矿研究领域则鲜见报道。流体包裹体地质压力计研究成矿深度方法的原理是通过测试分析成矿期矿物流体包裹体样品得出流体静压力，并认为该压力仅产自上覆岩石重力（即静流体压力模型），由于压力与深度是呈线性关系的，因而依据这些压力数据直接用重力/密度方法就能推算出流体包裹体形成的深度，即成矿（矿化）深度。

本书选取刘斌（2018）列出的 NaCl-H_2O 溶液压力-温度-密度关系表，来估算不同温度下的均一压力值。查表可知，凤山萤石矿均一温度主要集中于 130~150℃之间，对应的压力值主要集中在 2.0×10^5~4.7×10^5 Pa 之间；凤山方解石矿均一温度为 110~240℃，对应的压力值主要集中在 1.4×10^5~33.1×10^5 Pa 之间；赤坂场萤石矿均一温度集中于 140~180℃之间，对应的压力值主要集中在 3.6×10^5~9.9×10^5 Pa 之间。根据邵洁涟等（1986）提出的成矿压力和成矿深度经验公式推算凤山矿区萤石成矿深度为67~157 m，方解石成矿深度为47~203 m；赤坂场萤石矿成矿深度为120~320 m。与矿体实际埋深相符。

3.4.5 包裹体的组成

利用显微激光拉曼光谱测试分析技术对萤石和方解石中的流体包裹体成分进行测试，激光拉曼光谱分析结果（图3.27）显示，凤山及赤坂场萤石矿床的各阶段成矿流体气液相两相包裹体成分均以H_2O为主（宽泛的包络峰），未检测到CO_2、CH_4、N_2等气体，与镜下未观察到富含CO_2包裹体的结果一致。

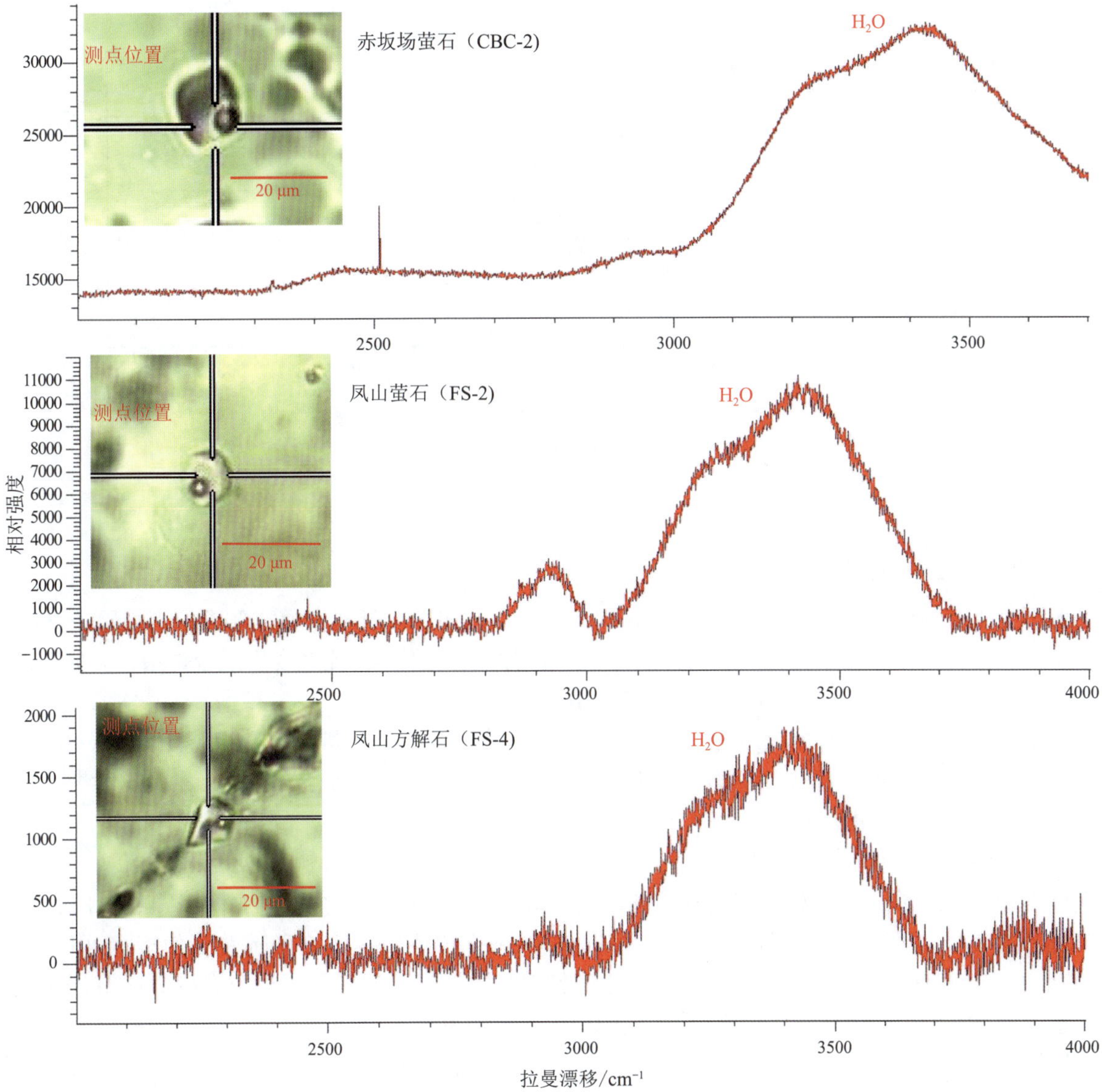

图3.27 代表性流体包裹体激光拉曼光谱图

3.4.6 成矿流体特征

矿床流体包裹体盐度-均一温度关系见图3.28。根据上文结果可知，研究区萤石包裹体普遍低的均一温度（130~240℃）和盐度值（0.5%~3.5%）表明，成矿流体是一种低温-低盐度的含矿热水溶液。此外，从图3.28可见本区萤石矿床流体演化没有明显的阶段性，集中反映出中低温、低盐度的特征。在排除研究区成矿流体来源于变质热液和海水热液的情况下，这种低盐度中低温溶液只有在有大量大气降水加入的情况下才有可能形成，萤石包裹体 δD 及 $\delta^{18}O$ 落在大气降水线右下侧（图 3.21）相一致，或者成矿流体本身就是被加热了的大气降水。总体而言，研究区萤石包裹体均一温度、盐度及密度变化范围均较窄，反映出成矿流体在物质组分和物理化学状态上的一致性，属中-低温、低盐度、低密度的 $NaCl-H_2O$ 体系。

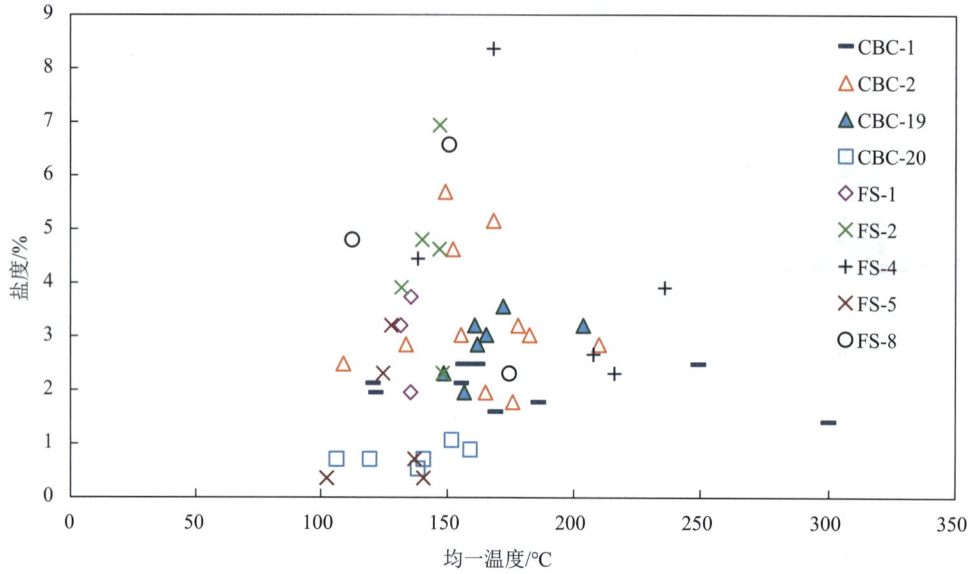

图 3.28　包裹体盐度和均一温度关系图

3.4.7　矿质沉淀机制

萤石发生沉淀的主要机制有 4 种（Richardson et al.，1979；彭建堂等，2002；卢焕章，2004）：①成矿流体温度和压力发生变化；②两种或两种以上化学组成不同的流体发生混合作用；③成矿流体与围岩发生水-岩反应；④流体不混溶或沸腾作用。

对于矽卡岩矿床，萤石形成的时间为晚期，研究区萤石具有 δEu 和 δCe 负异常特征，指示不完全封闭的还原环境，与晚期 Grt Ⅱ的 δEu 和 δCe 负异常一致，且符合石榴子石主量元素指示晚期形成环境逐渐向还原状态转化的趋势。

在不同的酸碱度条件下，萤石（CaF_2）的溶解度会发生变化。当 pH 值较低（<4）时，CaF_2 的溶解度随 pH 值的减小而增高；随着 pH 值的增高，氟配合物中的 F^+ 会被 OH^- 取代，导致 CaF_2 的溶解度降低。这表明在酸性条件下 CaF_2 在流体中较稳定，而 pH 值的增高会导致萤石的沉淀（Deloule，1982）。在岩浆熔体上升和结晶时，F 分离的强度朝着最晚期、最酸性的岩浆分异物方向有规律地增大，富 F 流体与富 Ca 围岩发生水-岩反应，流体中的 H^+ 不断被消耗，导致成矿流体由酸性向中性转变，印证了石榴子石从 Grt Ⅰ到 Grt Ⅱ经历了一个由弱酸性向中性逐渐转变的过程，也表明成矿流体与围岩的水-岩反应是研究区萤石最有可能的沉淀机制（Constantopoulos，1988）。

包裹体显微测温结果显示研究区成矿流体温度集中在 130~180℃之间，形成温度较低，单纯的冷却作用不应是导致萤石沉淀的主要因素。在热液成矿过程中，流体的沸腾作用通常是由于压力突变引起的，研究区萤石矿受永安-晋江断裂带控制，在伸展构造体制下，深部流体在通过断层向上运移时易发生流体沸腾作用，在本次测温过程中，有观察到富气相包裹体且向气相均一的现象，因此构造减压沸腾作用可能是矿石沉淀的主要因素之一。此外，该区成矿流体盐度最大值为 6.94%，最小为 0.36%，主要集中于 0.5%~3.5%之间，盐度分布范围较窄，未见含子晶多相包裹体组合并且激光拉曼光谱显示包裹体成分单一，反映了区内成矿流体在物质组分上和物理化学状态上的一致性，显示出该区导致萤石的沉淀的流体性质单一，流体未发生混合作用。此外，萤石矿物与矿区岩体在微量元素、稀土元素地球化学特征上存在较多的相似性，表明凤山-赤坂场矿区在岩浆期后热液活动阶段，聚集的富氟等挥发分热液流体在迁移过程中与碳酸盐岩围岩发生了水-岩反应，从围岩中萃取钙质成分，随着大气降水的加入，温度、压力的急剧降低，流体沸腾作用发生，促使大量成矿物质金属硫化物（黄铁矿、黄铜矿、方铅矿、闪锌矿等）在有利的导矿容矿构造中快速沉淀，结晶成矿，同时伴随着大气降水等因素的影响，继续上升的剩余流体温度、盐度迅速降低，逐渐析出萤石、方解石等矿物。此外，随着沸腾作用的结束，导致 CO_2、H_2S 等酸性挥发分散逸，伴随流体 pH 值升高，研究区角砾岩构造、方片状（格子状）方解石广泛发育（图 3.29），也是沸腾作用发生的重要佐证。除了上述矽卡岩型萤石矿，研究区内部分萤石受断裂构造控制，显示为受断裂控制呈充填型的特点。结合成矿温度，认为属于以矽卡岩型萤石矿为主，伴有少量中低温热液裂隙充填型萤石矿的矿床，并且受断裂构造、灰岩、侵入岩所共同控制。

图 3.29　凤山井田 ZK24-14 钻孔 F_0 断层破碎带样品见角砾岩与方片状方解石

4 成矿规律研究

4.1 成矿时间规律

4.1.1 锆石 U-Pb 测年

4.1.1.1 凤山岩体锆石 U-Pb 测年

分别采集凤山矿区新鲜的二长花岗岩、花岗斑岩及闪长岩 3 件样品进行锆石 U-Pb 测年，其分析结果见附表 11。3 件样品的锆石分析点位和代表性样品的 CL 图像见图 4.1，年龄谐和图及加权平均年龄见图 4.2（a、b、c）。

凤山岩体中二长花岗岩样品（ZK9）中的锆石结晶较好，通常为无色透明至浅褐黄色，多呈自形-半自形长柱状，部分呈等轴状，粒度中等，长轴介于 80~200 μm 之间，长宽比为 1∶1~3∶1，并且多数锆石具清晰的生长韵律环带（图 4.1a），少数具面状分带或云雾状分带，Th/U 值变化于 0.50~1.06 之间，且 U 和 Th 之间具有明显的正相关关系，指示锆石的岩浆成因。分析点中存在个别古老锆石（FTW1-24 号分析点 437.5 Ma），可能是岩浆侵位过程中捕获的古老锆石。本次选择谐和度大于等于或接近于 90% 的 22 个年龄点参与计算，获得其谐和年龄 157.1±2.4 Ma（MSWD = 2.4, probability = 0.002)(图 4.2a、b)，该年龄代表了岩体的结晶年龄。

花岗斑岩样品（ZK22-3）中的锆石在 CL 图像中呈灰白色，呈卵状至不规则状，晶形不完整，

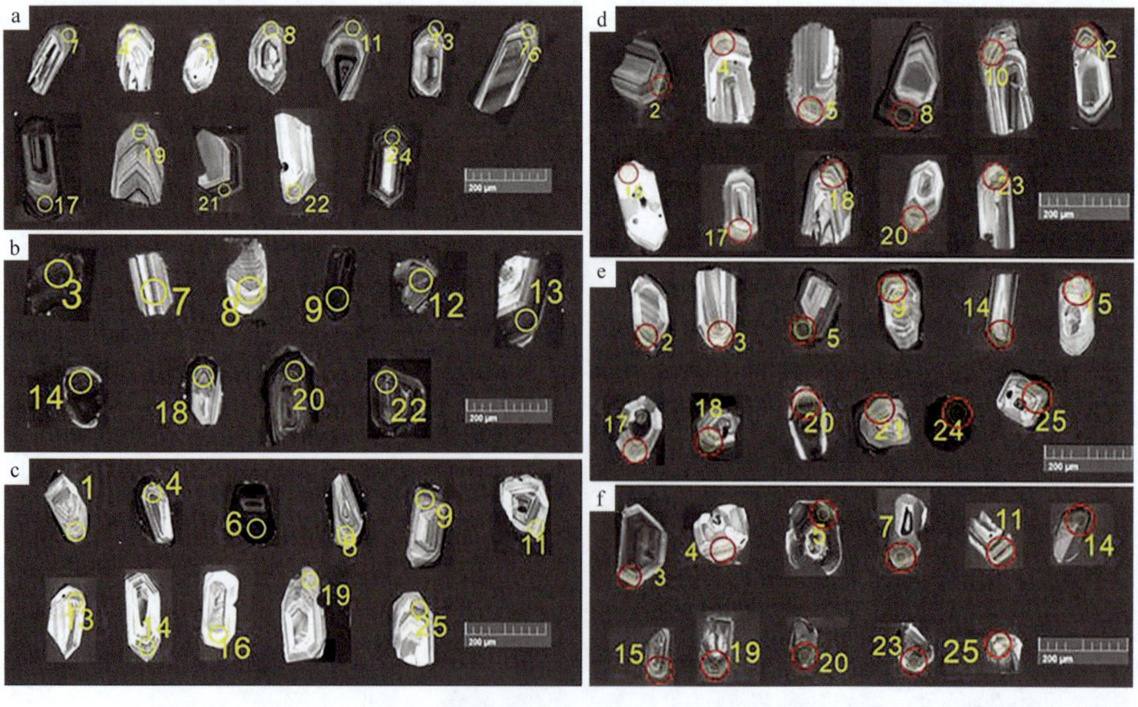

图 4.1　凤山矿区（a、b、c）及赤坂场矿区（d、e、f）岩体样品代表性锆石的 CL 图像

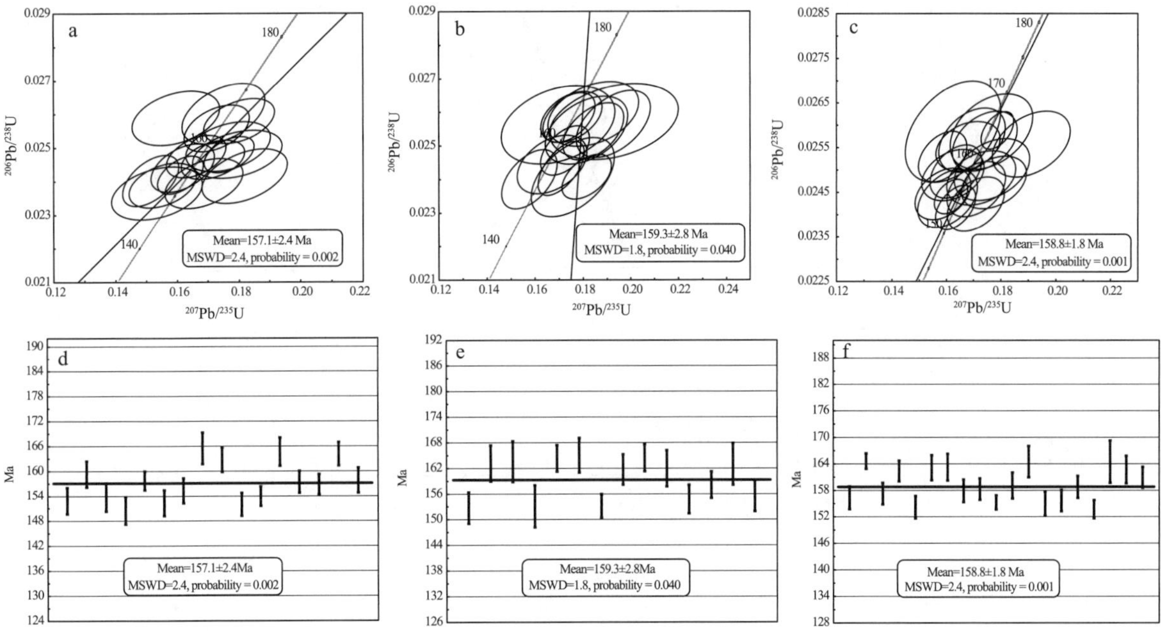

图 4.2　凤山岩体二长花岗岩、花岗斑岩和闪长玢岩的锆石 U-Pb 年龄谐和图（a、b、c）及加权平均年龄（d、e、f）

粒径变化于 60～120 μm 之间，长宽比介于 1∶1～2.5∶1 之间。均发育较明显的生长韵律环带（图 4.1b），Th/U 值主要变化于 0.14～0.68 之间，表明其为岩浆成因。部分锆石的边部阴极发光为亮白色，无环带结构，显示出变质增生成因的特点。本次选择谐和度大于 90%的 14 个年龄点参与计算，获得其谐和年龄 159.3±2.8 Ma（MSWD=1.8，probability=0.040）(图 4.2c、d)，该年龄代表了岩体的结晶年龄。

闪长玢岩样品（ZK26-9）锆石呈无色-浅黄色该样品中的锆石晶体形态较好，主要呈单锥或双锥状，粒径变化于 80～200 μm 之间，长宽比介于 1∶1～3.5∶1 之间。多数锆石具生长韵律环带（图 4.1c）。本次选择谐和度大于 90% 的 24 个年龄点参与计算，获得其谐和年龄 158.8±1.8 Ma（MSWD=2.4，probability=0.001）(图 4.2e、f)，该年龄代表了岩体的结晶年龄。

二长花岗岩、花岗斑岩锆石年龄与石榴子石测年结果（161.5±1.3 Ma）在误差范围内非常一致（～158 Ma），表明其是在同一期岩浆事件中形成，其侵位时代为晚侏罗世。

4.1.1.2　赤坂场岩体锆石 U-Pb 测年

分别采集赤坂场矿区新鲜的二长花岗岩、花岗斑岩及闪长玢岩 3 件样品进行锆石 U-Pb 测年，其分析结果见附表 12，3 件样品的锆石分析点位和代表性样品的 CL 图像见图 4.1（d、e、f）。

赤坂场岩体中二长花岗岩样品（ZK10-3）锆石多呈长柱状，部分呈等轴状。粒度中等，长 80～200 μm，长宽比为 1∶1～3∶1，并且多数锆石具清晰的生长韵律环带（图 4.1d），个别具有核-边结构，Th/U 值变化于 0.38～1.00 之间，指示锆石的岩浆成因。本次选择谐和度大于等于或接近于 90%的 19 个年龄点参与计算，获得其谐和年龄 160.1±2.0 Ma（MSWD=2.2，probability=0.002）(图 4.3a、b)，该年龄代表了岩体的结晶年龄。

二长花岗岩样品（ZK15-5）中的锆石在 CL 图像中呈灰-灰白色，呈卵状至不规则状，晶形不完整，粒径一般在 60～170 μm 之间，长宽比介于 1∶1～2.2∶1 之间。均发育较明显的生长韵律环带（见图 4.1e），Th/U 值主要变化于 0.43～1.08 之间，部分显示扇形分带，表明其为岩浆成因。本次选择谐和度大于 90%的 22 个年龄点参与计算，获得其谐和年龄为 159.7±1.6 Ma（MSWD=2.3，probability=0.001）(图 4.3c、d)，该年龄代表了岩体的结晶年龄。

闪长玢岩样品（ZK16-3）锆石呈灰白色，该样品中的锆石晶体形态不规则，晶形不完整，部分

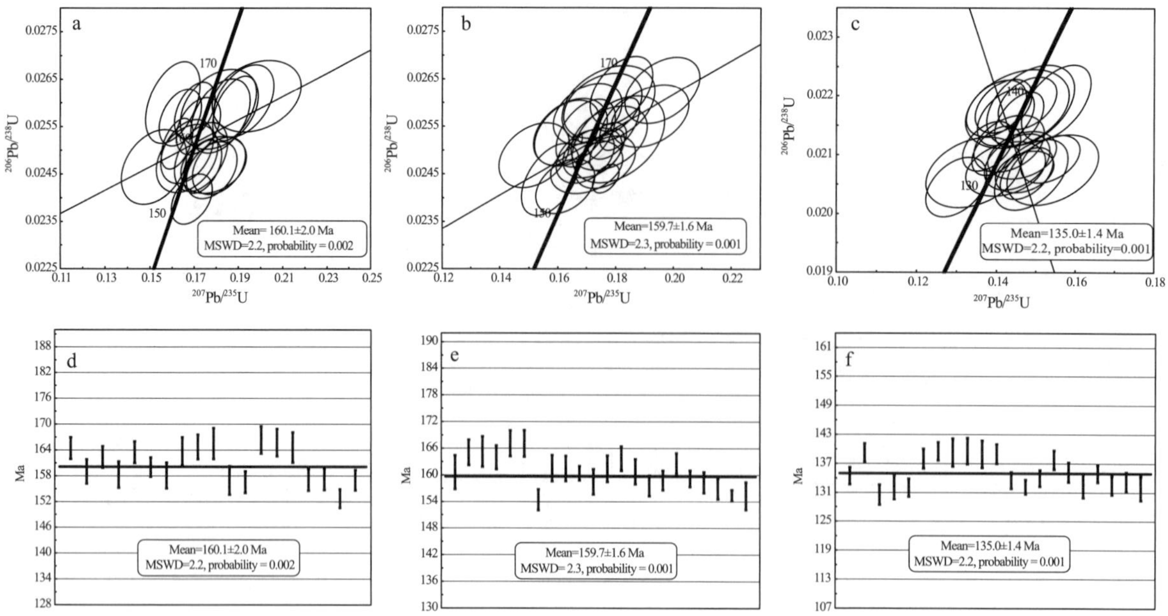

图 4.3　赤坂场岩体二长花岗岩、花岗斑岩和闪长玢岩的锆石 U-Pb 年龄谐和图（a、b、c）及加权平均年龄（d、e、f）

呈浑圆状，粒径变化于 45～120 μm 之间，长宽比介于 1∶1～1∶2 之间。多数锆石具生长韵律环带（见图 4.1f），表明其为岩浆成因。部分锆石具有明显的核边结构，核部发育岩浆振荡环带，呈不规则边界被边部截切，表明核部可能是岩浆上升过程中捕获的围岩锆石。本次选择谐和度大于 90% 的 21 个年龄点参与计算，获得其谐和年龄 135.0±1.4 Ma（MSWD＝2.2，probability＝0.001）(图 4.3e、f)，该年龄代表了岩体的侵位年龄。

锆石测年结果表明，赤坂场矿区可能存在早白垩世（135.0±1.4 Ma）和晚侏罗世（～160 Ma）至少两期的岩浆活动。石榴子石测年结果 159.0±2.6 Ma（图 4.3）也证实了这一结论。

4.1.2　石榴子石 U-Pb 测年

凤山和赤坂场的石榴子石 LA-ICP-MS U-Pb 同位素测试数据列于表 4.1。其中 U 含量相对较高（凤山 0.37×10^{-6}～10.55×10^{-6}，赤坂场 2.75×10^{-6}～5.55×10^{-6}），Pb（凤山 0.01×10^{-6}～0.9×10^{-6}，赤坂场 0～0.05×10^{-6}）和 Th（凤山 0.01×10^{-6}～0.72×10^{-6}，赤坂场 2.75×10^{-6}～5.55×10^{-6}）含量较低。原始的测试数据利用 iolite 4 软件进行离线处理，包括对样品和空白信号的选择、仪器灵敏度漂移校正、元素含量及 U-Pb 同位素比值和年龄计算（Paton et al.，2011），利用 Isoplot R（Vermeesch，2018）进行年龄计算并绘制谐和图，得出 T-W 下交点的年龄数据。其中，凤山的 $^{206}Pb/^{238}U$ 年龄为 161.5±3.3 Ma（n＝28，MSWD＝1.5），赤坂场的 $^{206}Pb/^{238}U$ 年龄为 159.0±2.6 Ma（n＝28，MSWD＝0.68）。此外，凤山的初始 $^{207}Pb/^{206}Pb$ 值为 0.91±0.41，赤坂场的初始 $^{207}Pb/^{206}Pb$ 值为 0.903±0.069（图 4.4）。

4.1.3　锆石 Hf 同位素组成

由于锆石中的 Lu/Hf 值很低，同时 ^{176}Lu 衰变生成的 ^{176}Hf 极少，其比值通常小于 0.002。因此，锆石的 $^{176}Hf/^{177}Hf$ 值可代表其形成时的比值，可以为讨论其成因提供重要的参考依据。

岩石中的锆石总是由不同成因作用形成，如同化混染、岩浆混合或机械混合等，因此可通过锆石中 Hf 同位素组成特征来研究岩石的具体成因过程、岩浆来源或不同组分的性质等信息，同时，锆石中 Hf 同位素组成可记录地壳、地幔混合岩浆二端员的初始信息。前人研究认为，$\varepsilon_{Hf}(t)$ 低值常代表早期未受幔源组分影响的古老基底地壳物质熔融形成的岩浆成分，而高值则指示锆石在形成过程中经

表 4.1 漳平萤石矿床石榴子石 LA-ICP-MS U-Pb 同位素测试数据

测点号	Pb 10^{-6}	Th 10^{-6}	U 10^{-6}	Th/U	同位素比值						同位素年龄/Ma					
					$^{206}Pb/^{238}U$	2σ	$^{207}Pb/^{235}U$	2σ	$^{207}Pb/^{206}Pb$	2σ	$^{206}Pb/^{238}U$	2σ	$^{207}Pb/^{235}U$	2σ	$^{207}Pb/^{206}Pb$	2σ
凤山，161.5±3.3Ma，MSWD=1.5（n=28）																
ZK18-12-22-1	0.04	0.08	10.55	0.01	0.0266	0.001	0.310	0.042	0.086	0.013	169.098	7.530	272.316	33.079	1211.693	354.134
ZK18-12-22-2	0.13	0.13	7.49	0.02	0.0324	0.003	0.829	0.245	0.182	0.050	205.692	15.657	589.572	129.227	2490.000	437.568
ZK18-12-22-3	0.33	0.03	2.33	0.01	0.0835	0.027	5.862	1.087	0.625	0.070	511.744	152.916	2039.752	280.998	4490.972	142.071
ZK18-12-22-4	0.12	0.15	4.42	0.03	0.0308	0.002	0.988	0.161	0.237	0.040	195.206	11.777	684.530	78.894	2988.327	267.858
ZK18-12-22-5	0.04	0.13	5.83	0.02	0.0294	0.002	0.292	0.060	0.073	0.015	186.528	13.565	256.544	46.811	758.047	580.358
ZK18-12-22-6	0.04	0.16	5.79	0.03	0.0295	0.001	0.464	0.114	0.115	0.029	187.369	8.001	373.920	75.487	1545.111	509.541
ZK18-12-22-7	0.05	0.10	7.51	0.01	0.0271	0.002	0.386	0.040	0.105	0.011	172.179	9.727	328.893	28.881	1630.811	200.630
ZK18-12-22-8	0.04	0.27	10.04	0.03	0.0271	0.002	0.299	0.046	0.080	0.012	172.349	9.136	262.532	35.113	1072.859	310.013
ZK18-12-22-9	0.90	0.31	6.08	0.05	0.0852	0.018	7.558	2.245	0.626	0.077	524.930	107.365	2108.012	250.003	4487.146	159.273
ZK18-12-22-10	0.03	0.08	5.67	0.01	0.0269	0.003	0.331	0.083	0.092	0.027	171.301	15.566	286.312	62.614	1245.888	590.560
ZK18-12-22-11	0.02	0.06	3.06	0.02	0.0282	0.002	0.575	0.169	0.152	0.047	179.262	13.939	443.803	108.839	1984.142	684.001
ZK18-12-22-12	0.54	0.17	9.63	0.02	0.0394	0.005	1.843	0.345	0.343	0.063	249.064	33.700	1052.153	117.342	3643.535	268.460
ZK18-12-22-13	0.08	0.02	1.11	0.02	0.0531	0.014	2.167	0.306	0.344	0.083	331.803	81.867	1156.690	103.177	3508.677	449.920
ZK18-12-22-14	0.11	0.03	0.39	0.08	0.0929	0.021	7.052	1.407	0.669	0.156	567.672	120.581	2119.606	216.386	4219.381	263.884
ZK18-12-22-15	0.03	0.01	0.37	0.02	0.0522	0.007	3.252	0.605	0.483	0.134	327.409	45.360	1405.638	165.375	3768.133	430.766
ZK18-12-22-16	0.11	0.01	0.38	0.03	0.1027	0.021	8.545	2.589	0.625	0.156	627.322	123.392	2211.216	266.189	4166.735	300.111
ZK18-12-22-17	0.03	0.03	2.05	0.02	0.0284	0.003	0.815	0.235	0.191	0.053	180.498	20.486	571.453	131.148	2478.837	697.093
ZK18-12-22-18	0.02	0.05	3.35	0.01	0.0284	0.002	0.431	0.111	0.112	0.029	180.199	15.139	348.483	72.121	1568.870	454.679
ZK18-12-22-19	0.26	0.34	9.49	0.04	0.0354	0.002	1.113	0.162	0.220	0.027	224.226	13.450	737.180	74.635	2936.725	182.604
ZK18-12-22-20	0.17	0.12	6.08	0.02	0.0331	0.002	1.098	0.157	0.242	0.034	210.052	10.643	739.021	73.461	3044.188	222.035
ZK18-12-22-21	0.04	0.04	3.13	0.01	0.0279	0.003	0.467	0.088	0.126	0.025	177.468	17.821	382.791	60.899	1885.656	380.320
ZK18-12-22-22	0.16	0.13	5.83	0.02	0.0325	0.002	0.972	0.143	0.217	0.030	206.299	11.755	681.513	74.067	2902.949	237.328
ZK18-12-22-23	0.09	0.03	1.39	0.02	0.0460	0.006	1.898	0.388	0.339	0.073	289.121	35.356	1076.593	158.806	3412.848	365.458
ZK18-12-22-24	0.01	0.24	5.54	0.04	0.0259	0.002	0.291	0.079	0.082	0.021	164.568	9.295	252.797	60.737	705.827	836.406
ZK18-12-22-25	0.05	0.72	3.65	0.20	0.0269	0.003	0.583	0.150	0.158	0.039	170.820	15.835	456.839	89.090	2321.409	354.417
ZK18-12-22-26	0.05	0.29	7.68	0.04	0.0281	0.001	0.447	0.073	0.117	0.019	178.582	8.228	368.789	50.472	1864.409	261.314
ZK18-12-22-27	0.04	0.27	8.44	0.03	0.0266	0.002	0.456	0.110	0.124	0.027	169.482	12.988	369.932	73.845	1733.473	498.249
ZK18-12-22-28	0.12	0.20	10.43	0.02	0.0263	0.003	0.545	0.132	0.152	0.036	167.188	16.352	436.164	87.988	2262.084	465.196

续表

测点号	Pb/10^{-6}	Th/10^{-6}	U/10^{-6}	Th/U	同位素比值						同位素年龄/Ma					
					$^{206}Pb/^{238}U$	2σ	$^{207}Pb/^{235}U$	2σ	$^{207}Pb/^{206}Pb$	2σ	$^{206}Pb/^{238}U$	2σ	$^{207}Pb/^{235}U$	2σ	$^{207}Pb/^{206}Pb$	2σ
赤坂场，159.0±2.6 Ma，MSWD=0.68（n=28）																
CZK4-1-4-1	0.02	0.04	3.47	0.01	0.027	0.003	0.267	0.098	0.070	0.022	173.345	19.463	233.039	77.901	102.206	1422.147
CZK4-1-4-2	0.00	0.11	4.73	0.02	0.025	0.001	0.179	0.028	0.054	0.008	155.828	7.145	164.826	24.050	130.161	344.285
CZK4-1-4-3	0.02	0.46	3.58	0.13	0.028	0.002	0.339	0.084	0.082	0.019	175.642	10.393	280.974	60.867	1019.089	416.012
CZK4-1-4-4	0.01	0.46	3.54	0.13	0.028	0.002	0.323	0.057	0.086	0.016	175.149	9.596	276.396	44.470	1126.391	395.788
CZK4-1-4-5	0.02	0.44	2.95	0.15	0.027	0.002	0.386	0.064	0.110	0.023	172.129	9.755	322.832	45.843	1547.032	327.446
CZK4-1-4-6	0.02	0.27	3.20	0.09	0.027	0.002	0.384	0.091	0.108	0.027	168.305	11.275	321.182	64.830	1424.337	564.967
CZK4-1-4-7	0.01	0.05	2.75	0.02	0.026	0.002	0.363	0.158	0.099	0.040	165.055	9.502	283.050	76.233	805.638	595.015
CZK4-1-4-8	0.01	0.04	4.29	0.01	0.025	0.001	0.208	0.049	0.061	0.015	158.297	8.164	185.627	39.454	89.788	671.523
CZK4-1-4-9	0.00	0.06	4.77	0.01	0.026	0.001	0.174	0.034	0.047	0.008	162.579	7.608	159.210	28.997	96.402	398.282
CZK4-1-4-10	0.03	0.08	3.87	0.02	0.027	0.001	0.492	0.092	0.131	0.025	174.131	8.254	390.511	61.435	1712.353	431.921
CZK4-1-4-11	0.00	0.10	3.98	0.02	0.026	0.001	0.189	0.034	0.055	0.011	162.831	7.917	172.116	29.257	378.066	453.287
CZK4-1-4-12	0.00	0.08	4.14	0.02	0.028	0.002	0.265	0.059	0.071	0.017	174.609	11.453	234.697	47.016	554.601	642.881
CZK4-1-4-13	0.01	0.08	4.25	0.02	0.026	0.002	0.191	0.046	0.057	0.015	162.867	9.727	172.280	38.135	335.514	514.462
CZK4-1-4-14	0.01	0.09	4.02	0.02	0.026	0.002	0.230	0.039	0.069	0.013	165.133	10.548	215.307	36.262	673.662	408.536
CZK4-1-4-15	0.00	0.06	3.01	0.02	0.026	0.001	0.184	0.057	0.053	0.016	163.125	8.558	162.079	46.383	-56.193	731.898
CZK4-1-4-16	0.00	0.07	4.99	0.01	0.025	0.001	0.212	0.030	0.062	0.009	160.485	7.008	192.943	24.966	353.413	382.839
CZK4-1-4-17	0.02	0.09	4.49	0.02	0.027	0.001	0.248	0.031	0.069	0.009	168.597	8.121	222.558	24.892	674.984	316.545
CZK4-1-4-18	0.01	0.08	4.19	0.02	0.026	0.002	0.251	0.036	0.072	0.011	165.844	9.277	223.630	30.349	983.301	290.853
CZK4-1-4-19	0.02	0.08	3.66	0.02	0.027	0.002	0.290	0.055	0.079	0.015	173.987	10.154	251.757	42.924	631.687	678.757
CZK4-1-4-20	0.00	0.06	5.31	0.01	0.025	0.001	0.197	0.039	0.057	0.011	160.892	7.991	179.847	32.603	148.711	502.297
CZK4-1-4-21	0.02	0.09	3.69	0.02	0.026	0.002	0.200	0.050	0.058	0.016	165.637	11.252	177.952	40.778	13.477	704.701
CZK4-1-4-22	0.00	0.10	4.24	0.02	0.026	0.001	0.200	0.034	0.057	0.010	164.119	8.334	190.391	33.444	305.792	457.463
CZK4-1-4-23	0.02	0.06	5.55	0.01	0.028	0.002	0.314	0.091	0.084	0.027	175.262	10.918	268.355	66.502	774.757	687.028
CZK4-1-4-24	0.05	0.06	4.73	0.01	0.029	0.002	0.551	0.093	0.142	0.023	181.303	13.974	434.387	59.291	2047.725	330.776
CZK4-1-4-25	0.01	0.40	3.39	0.12	0.026	0.002	0.319	0.054	0.094	0.019	166.809	13.557	275.501	40.372	1289.061	343.717
CZK4-1-4-26	0.02	0.35	3.31	0.11	0.026	0.002	0.295	0.055	0.084	0.017	164.857	10.318	254.971	41.624	770.848	588.866
CZK4-1-4-27	0.01	0.07	4.34	0.02	0.026	0.002	0.210	0.037	0.060	0.011	165.692	9.125	189.621	30.696	623.321	330.207
CZK4-1-4-28	0.00	0.11	3.83	0.03	0.034	0.015	0.262	0.100	0.060	0.011	165.821	9.121	219.552	59.106	171.124	580.787

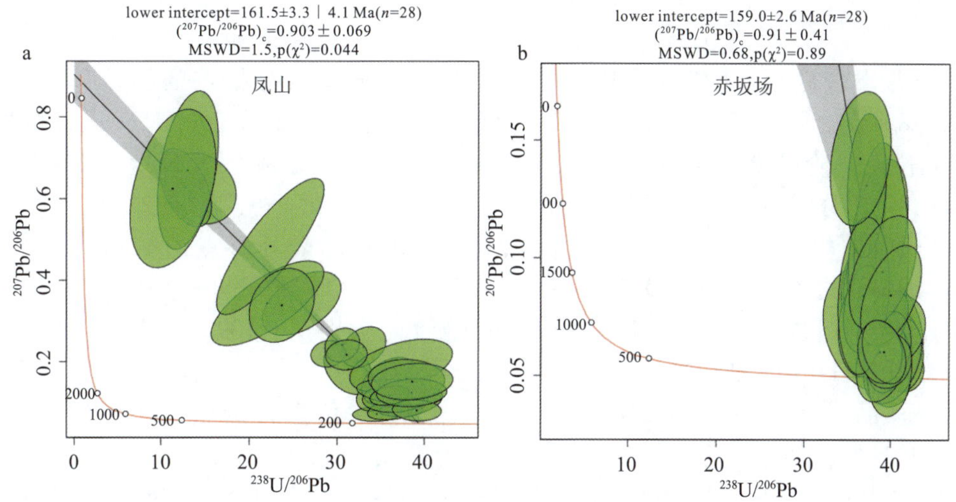

图 4.4　石榴子石 U-Pb 年龄反谱和图

历过比较明显的地壳、地幔岩浆混合过程，随着岩浆作用的继续进行最终会逐渐形成均一化，因此 $\varepsilon_{Hf}(t)$ 值的变化范围会逐渐变小（Andersen et al.，2007；吴福元等，2007）。

对本次研究已测锆石 U-Pb 年龄的 6 件样品分别进行了 15(FZK9)、8(FZK22-3)、19(FZK26-9)、19(CZK10-3)、22(CZK15-5)、21(CZK16-3)个，共计 104 个原位锆石 Hf 同位素组成测定点，附表 13 及图 4.5 列出了本次测定结果及相关的计算参数。

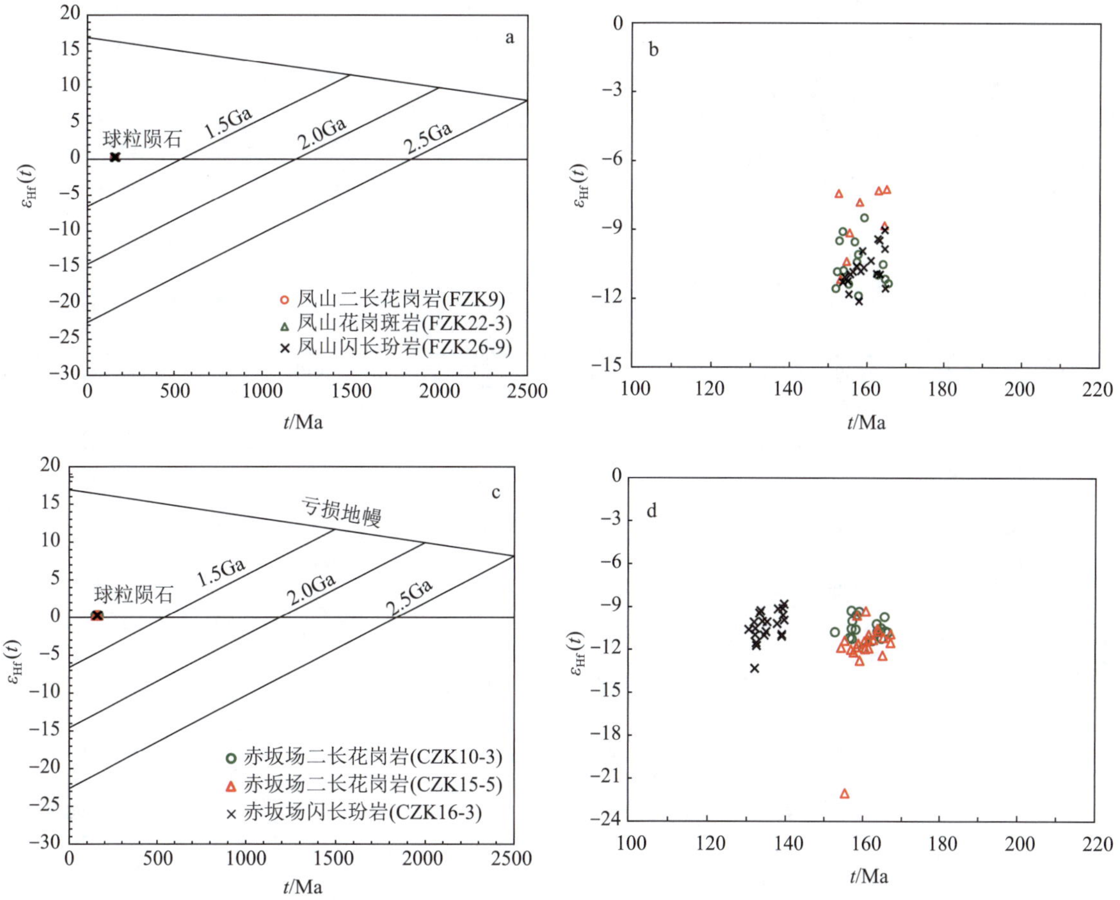

图 4.5　凤山和赤坂场锆石的 $\varepsilon_{Hf}(t)-t$ 图解

4.1.3.1 凤山岩体

凤山二长花岗岩样品（FZK9）15 个锆石的原位 Hf 同位素分析点的初始 $^{176}Hf/^{177}Hf$ 值介于 0.282354~0.282447 之间，平均为 0.282392。计算所得 $\varepsilon_{Hf}(t)$ 值介于-8.5~-11.9 之间，平均-10.5，Hf 同位素一阶段模式年龄 t_{DM} 和二阶段模式年龄 t_{2DM} 分别介于 1132~1278 Ma 和 1713~1924 Ma 之间，均值分别为 1211 Ma 和 1837 Ma。

花岗斑岩样品（FZK22-3）中 8 个锆石的原位 Hf 同位素分析点的初始 $^{176}Hf/^{177}Hf$ 值介于 0.282378~0.282483 之间，平均为 0.282445。计算所得 $\varepsilon_{Hf}(t)$ 值介于-7.2~-11.2 之间，平均-8.7，Hf 同位素一阶段模式年龄 t_{DM} 和二阶段模式年龄 t_{2DM} 分别介于 1092~1252 Ma 和 1638~1875 Ma 之间，均值分别为 1156 Ma 和 1722 Ma。

闪长玢岩样品（FZK26-9）中 19 个锆石的原位 Hf 同位素分析点的初始 $^{176}Hf/^{177}Hf$ 值介于 0.282347~0.282430 之间，平均为 0.282386。计算所得 $\varepsilon_{Hf}(t)$ 值介于-9.0~-12.1 之间，平均-10.7，Hf 同位素一阶段模式年龄 t_{DM} 和二阶段模式年龄 t_{2DM} 分别介于 1168~1287 Ma 和 1750~1939 Ma 之间，均值分别为 1225 Ma 和 1850 Ma。

4.1.3.2 赤坂场岩体

赤坂场二长花岗岩样品（CZK10-3）19 个锆石的原位 Hf 同位素分析点的初始 $^{176}Hf/^{177}Hf$ 值介于 0.282350~0.282423 之间，平均为 0.282388（图 4.6）。计算所得 $\varepsilon_{Hf}(t)$ 值介于-9.3~-11.4 之间，平均-10.6，Hf 同位素一阶段模式年龄 t_{DM} 和二阶段模式年龄 t_{2DM} 分别介于 1148~1270 Ma 和 1767~

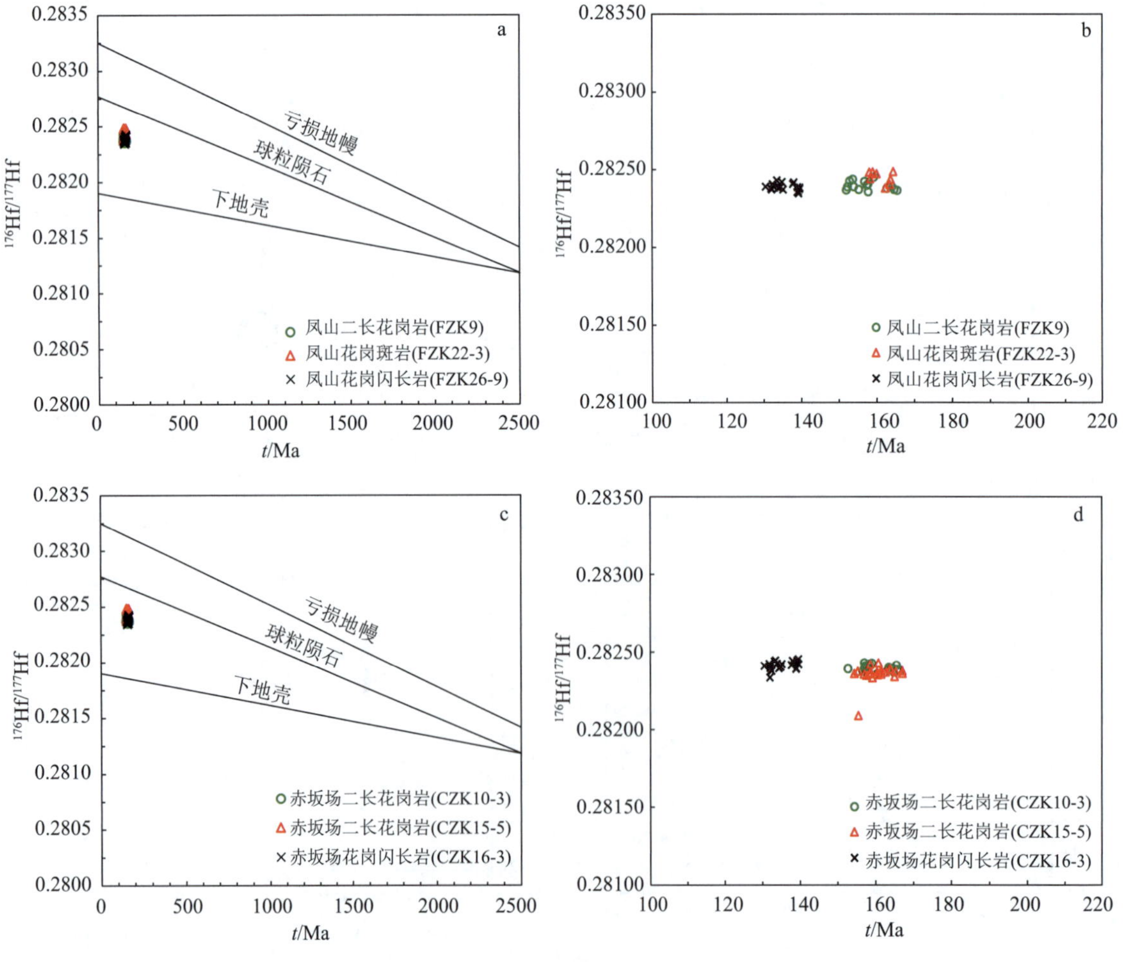

图 4.6 凤山和赤坂场锆石的 $^{176}Hf/^{177}Hf$-t 图解

1929 Ma 之间，均值分别为 1215 Ma 和 1844 Ma。

赤坂场二长花岗岩样品（CZK15-5）22 个锆石的原位 Hf 同位素分析点的初始 $^{176}Hf/^{177}Hf$ 值介于 0.282698~0.282424 之间，平均为 0.282353。计算所得 ε_{Hf}（t）值主要介于-9.3~-12.8 之间，平均 -11.9，Hf 同位素一阶段模式年龄 t_{DM} 和二阶段模式年龄 t_{2DM} 分别介于 1175~1326 Ma 和 1765~1963 Ma 之间，均值分别为 1291 Ma 和 1925 Ma。

赤坂场闪长玢岩样品（CZK16-3）21 个锆石的原位 Hf 同位素分析点的初始 $^{176}Hf/^{177}Hf$ 值介于 0.282335~0.282446 之间，平均为 0.282412。计算所得 ε_{Hf}（t）值介于-8.8~-13.3 之间，平均 -10.4，Hf 同位素一阶段模式年龄 t_{DM1} 和二阶段模式年龄 t_{DM2} 分别介于 1151~1401 Ma 和 1737~1994 Ma 之间，均值分别为 1228 Ma 和 1814 Ma。

综上，两个矿区岩体花岗岩 ε_{Hf}（t）全部为负值（-8.5~-12.1），暗示花岗岩源区可能主要为地壳物质（图 4.5）。$^{176}Hf/^{177}Hf$ 与年龄相关图解中（图 4.6），凤山岩体花岗岩落于下地壳演化线以上的区域，两阶段 Hf 模式年龄落在古元古界地壳演化线内（1.5~2.0 Ga），说明其物质起源主要为古元古界下地壳物质。参与成岩作用的岩浆主要来源于地壳物质的部分熔融，后期可能有部分地幔物质参与改造和再循环。

4.2 空间分布规律

Y-3 萤石矿带为本研究区萤石主要赋存矿带，本萤石矿带内 Y-3-1 萤石矿体为研究区内矽卡岩型萤石矿主矿体，在各剖面的形态分布见图 4.7。

4.2.1 矿体厚度分布规律

Y-3-1 矿体单工程真厚度 0.81~17.07 m，矿体平均厚度 3.28 m，厚度变化系数 64.04%，厚度相对较稳定，矿体沿走向及倾向厚度变化情况见图 4.8、图 4.9。矿体厚度 0.8~1.6 m、1.6~2.4 m、1.6~2.4 m、2.8~3.2 m、3.2~4.0 m 和 4.0~16.44 m 在本区所占比例，见图 4.10，其中矿体厚度 0.8~2.4 m 者占 56.45%，矿体厚度 4.0~17.07 m 者占 24.19%。

4.2.2 矿体品位分布规律

矿体品位 CaF_2 20.32%~58.82%，矿体平均品位 CaF_2 29.42%，品位变化系数 29.61%，有用组分分布较均匀，矿体单工程平均品位沿走向及倾向变化情况见图 4.11、图 4.12。

4.2.3 矿体厚度及品位与碳酸盐厚度之间关系

本区位于闽西南坳陷中条带，在晚石炭世至早二叠世时位于海侵区域，沉积了船山组和栖霞组的滨海-碳酸盐岩，此套岩性为区内萤石矿成矿提供了 Ca 物源。根据萤石矿与栖霞组等厚图（图 4.13）进行叠合发现，栖霞组厚度在 20~60 m 时，萤石矿的厚度及品位最佳。岩层厚、质地纯的碳酸盐类岩石并不利于形成萤石矿工业矿体，因交代作用普遍，矿液大面积散开，不利于成矿物质的富集集中。质地不纯的含有泥质夹层的碳酸盐类岩石最有利于成矿，因气水溶液有选择地只和碳酸盐类岩石进行交代，在上覆泥质岩层的隔挡之下，矿化集中，交代彻底，易于形成工业矿体。本区主要萤石矿层发育于文笔山组之下（Y-1 萤石矿带）、栖霞组泥灰岩（P_2q^2 标志层）之下（Y-2 萤石矿带）、栖霞组与岩体接触带（Y-3 萤石矿带）。岩层厚、质地纯的碳酸盐类岩石形成大理岩矿体，质地不纯的硅质灰岩层则形成硅灰石矿体。

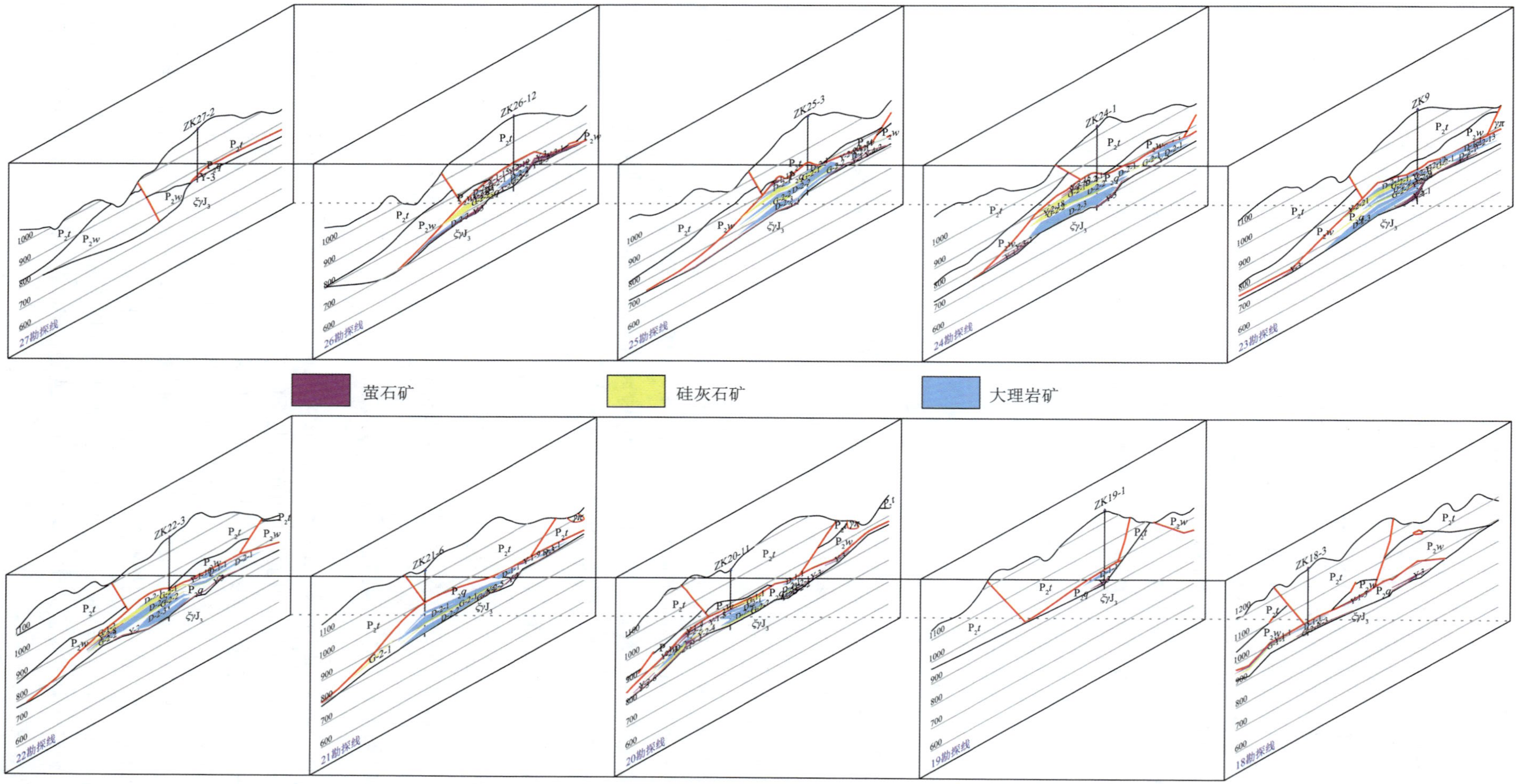

图4.7 凤山矿段18-27线联合剖面图

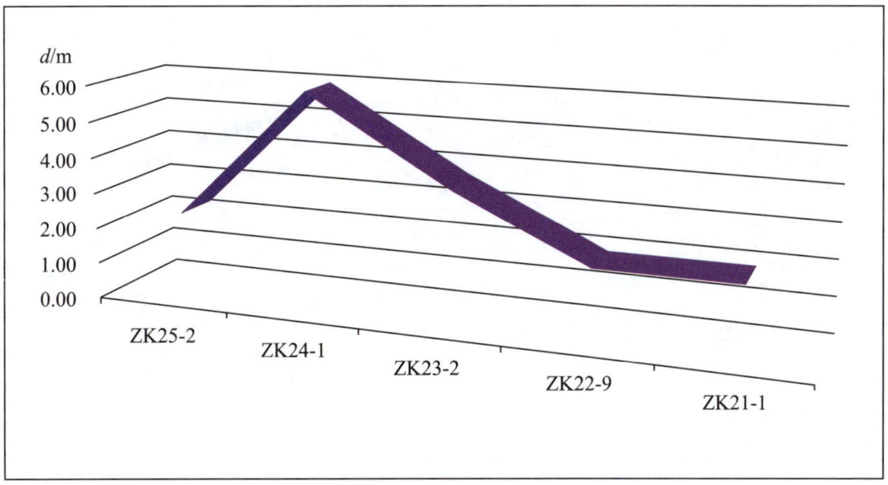

图 4.8　Y-3-1 萤石矿体 A-A′走向厚度变化图

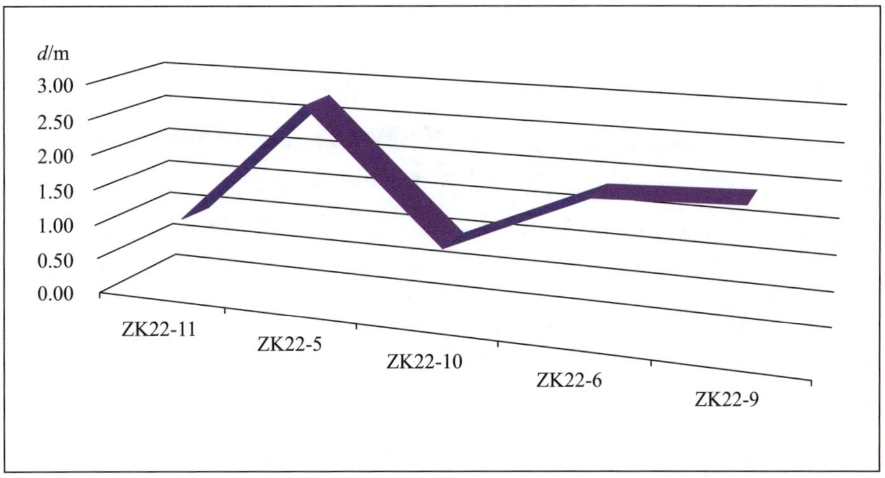

图 4.9　Y-3-1 萤石矿体 22 线倾向厚度变化图

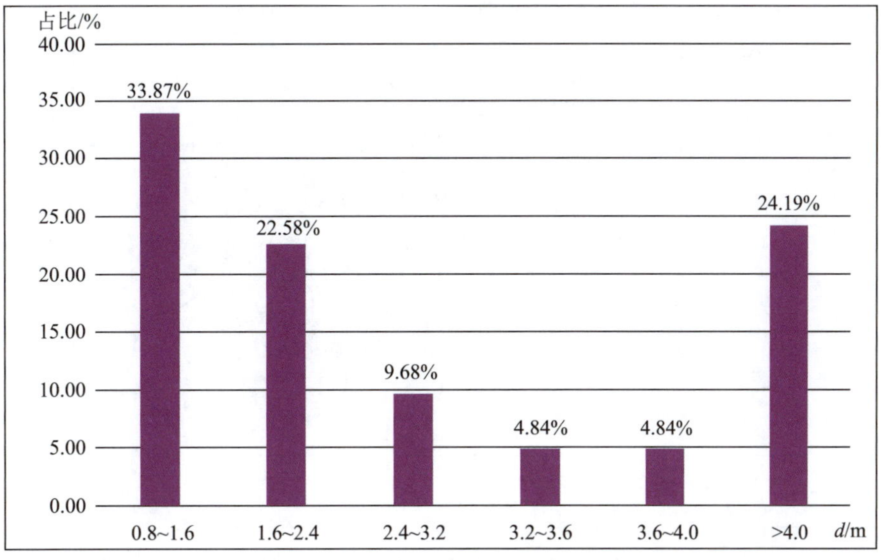

图 4.10　Y-3-1 萤石矿体厚度比例图

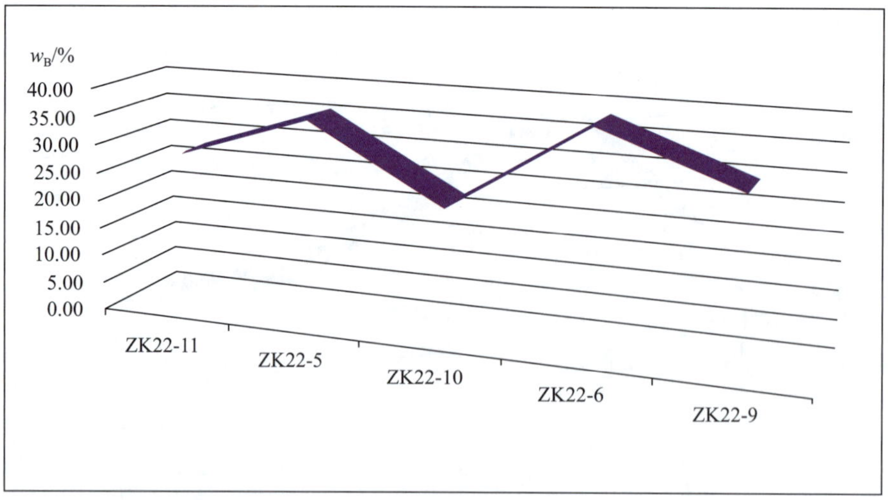

图 4.11　Y-3-1 萤石矿体沿 22 线倾向 CaF_2 含量变化图

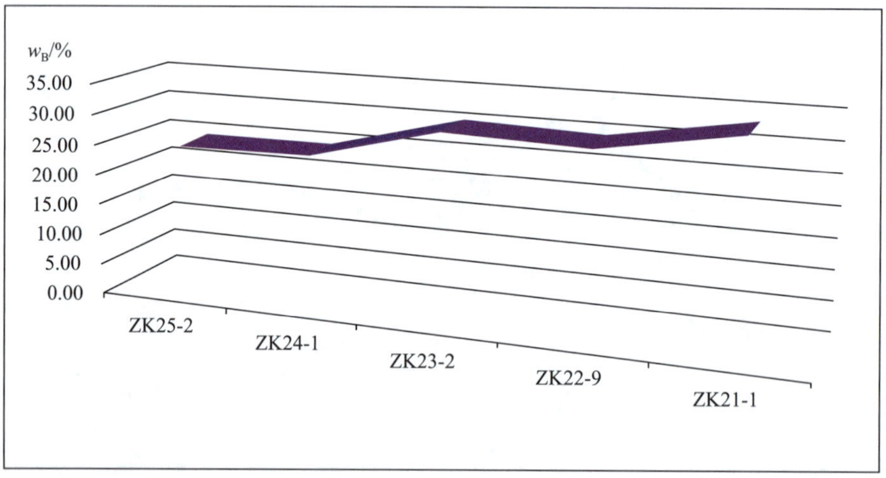

图 4.12　Y-3-1 萤石矿体 A-A′走向 CaF_2 含量变化图

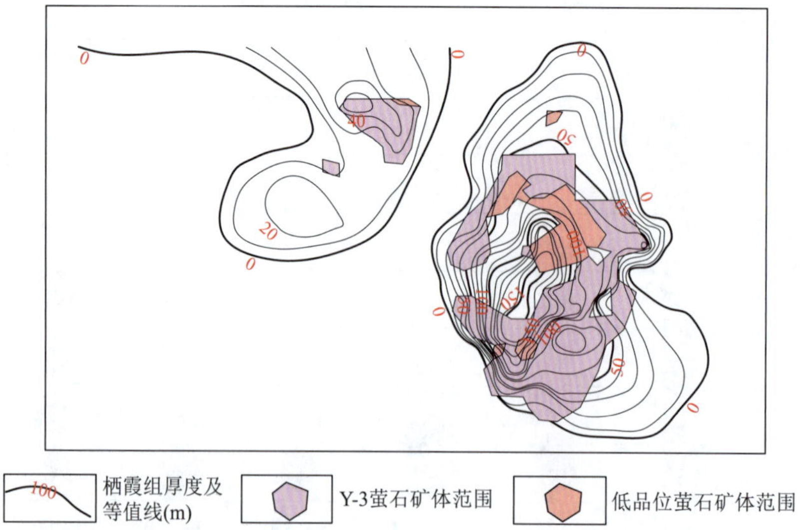

图 4.13　栖霞组厚度等值线与 Y-3-1 萤石矿体叠合图

4.3 岩体成因

4.3.1 凤山矿区与赤坂场矿区岩体成因联系

本次研究获得凤山岩体主体细粒斑状二长花岗岩的 LA-ICP-MS 锆石 U-Pb 年龄平均为 157.1±2.4 Ma，赤坂场岩体主体中细粒斑状二长花岗岩的锆石 U-Pb 年龄为 160.1±2.0 Ma。本书的定年结果表明，凤山岩体和赤坂场岩体为同一期岩浆活动的产物。凤山岩体与赤坂场岩体密切的时空关系暗示两者可能存在成因联系。在以 SiO_2 含量为横坐标的一系列哈克图解中（图 4.14），2 个岩体的主要氧化物和代表岩浆演化的 Rb、Sr 和 Ba 与 SiO_2 具有明显的线性关系。从凤山岩体到赤坂场岩体，TiO_2、$Fe_2O_3^T$、MnO_2、P_2O_5、CaO、Sr 和 Ba 含量降低，Rb 含量增加，并且 2 个岩体之间具有明显的成分间断，暗示形成赤坂场岩体的岩浆经历了的分离结晶作用或部分熔融作用，并且赤坂场岩体与凤山岩体之间可能还存在分异程度介于两者之间的岩体，只是由于剥蚀和保存状况及矿床勘探深度，尚不能确定中间分异岩体的位置。如果地壳深处的某一岩浆源区由于物理化学条件的变化而发生部分熔融作用，其早期形成的岩浆势必是接近花岗岩体系最低共结点的富硅花岗岩，随着温度升高或熔融程度升高，岩浆成分逐渐偏离最低共结点而向镁铁质方向演化，从而形成从早到晚岩浆成分从长英质到镁铁质的变化趋势。综上，我们认为凤山和赤坂场岩体是同一期岩浆活动的产物，赤坂场岩体结晶略早，形成赤坂场岩体的残余岩浆经过不止一次的部分熔融，最终形成了具有斑状结构的凤山细粒二长花岗岩。

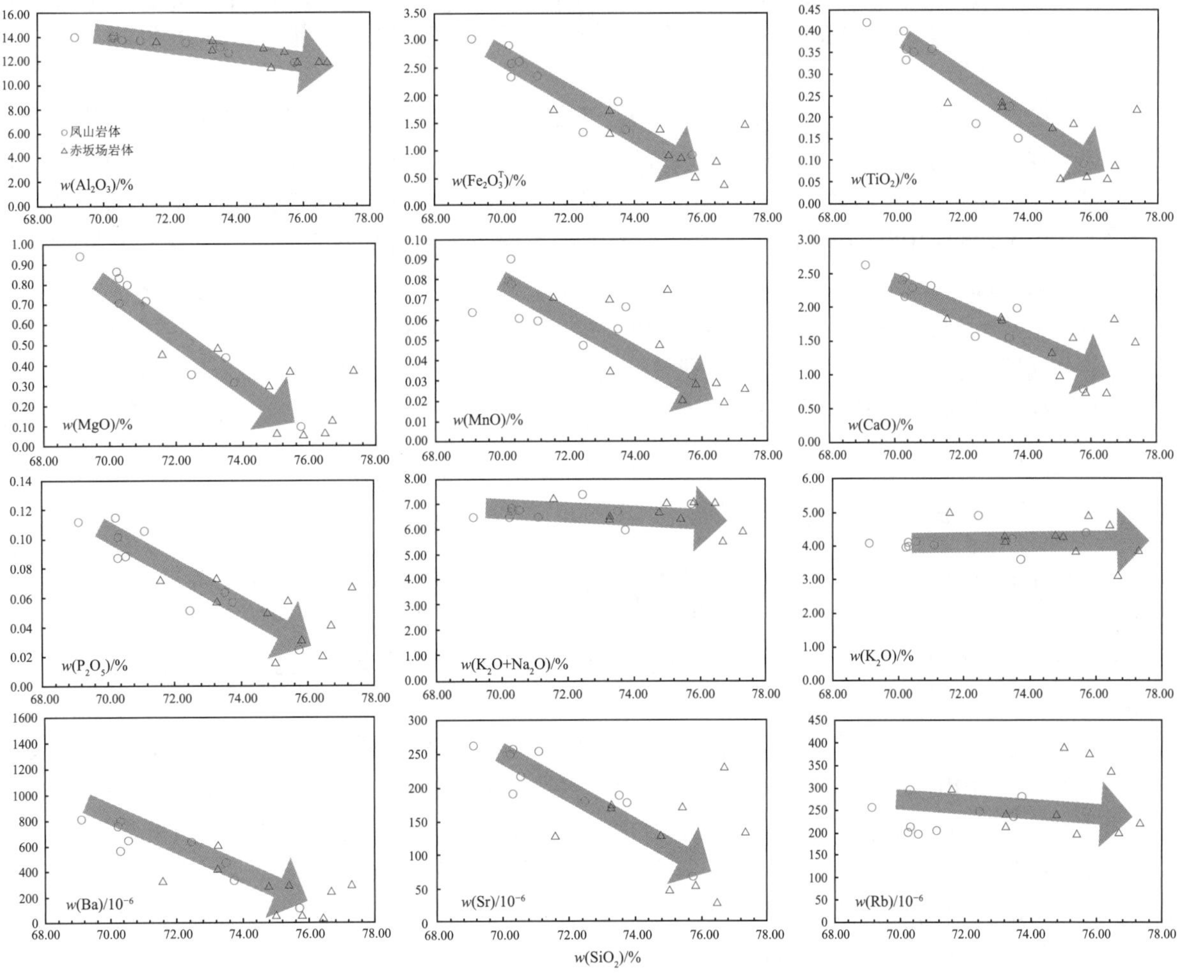

图 4.14　凤山和赤坂场岩体哈克图解

4.3.2 岩体的成因类型及源区

当前花岗岩的研究主要将其成因类型划分为I型、S型、M型和A型4种，前3种主要依据源岩性质划分，而A型花岗岩代表产于伸展构造背景中的高温无水的花岗岩。A型花岗岩被定义为碱性（alkaline）、贫水（anhydrous）和非造山（anorogenic）的花岗岩，以3个英文词的首字母“A”命名，不涉及物质来源，以此区别于由 Chappell et al.（1974）定义的I型和S型花岗岩。Loiselle（1979）在GSA年会上提出A型花岗岩这一定义后，A型花岗岩受到广泛关注（张旗等，2012）。I-S-M-A的花岗岩分类体系虽然存在一些缺点，但迄今仍是使用最广泛和最有效的成因分类方案。对于经历了高度分异结晶作用之后的花岗质岩石，因其主量元素和矿物相趋向于最低共熔点组分，所以用I-S-M-A这一分类方案对演化程度高的花岗岩进行分类，通常比较困难（King et al.，2001）。

A型花岗岩一般含有钠闪石-钠铁闪石、霓石-霓辉石、铁橄榄石等碱性暗色矿物，其化学组成通常具有高SiO_2、富Na_2O+K_2O及Rb、Ga、Zr、Nb、Ce、Y等微量元素含量高的特征，Whalen et al.（1987）提出一系列以Ga/Al（$\times10^4$）为横坐标的图解，用于区分A型花岗岩和其他类型的花岗岩。A型花岗岩最重要的意义在于该类岩石形成温度较高，指示伸展拉张的构造环境（吴福元等，2007）。M型花岗岩是指直接由俯冲洋壳或上覆地幔熔融形成的花岗岩（Whalen，1985；White，1979），在大陆地壳中M型花岗岩分布很少。实验岩石学研究表明，地幔超基性岩部分熔融不能产生花岗质岩浆（Wyllie et al.，1984）。因此，M型花岗岩主要是由地幔来源的基性岩浆分离结晶形成，如大洋斜长花岗岩。值得注意的是，无论是I型、S型或者A型花岗岩，在经历高度分异结晶作用之后，其矿物组成和化学成分都趋近低共结点的花岗岩，使得通过简单矿物组合和化学成分鉴定这3类岩石变得困难，研究与高分异花岗岩相关的偏镁铁质的岩石是解决这一难题的可靠途径（吴福元等，2007）。

如果一个花岗岩同时具有$10000\times Ga/Al>2.6$，和$Zr+Nb+Ce+Y>350\times10^{-6}$的特征，从地球化学角度判断，基本可以确定为A型花岗岩。在本书研究中部分样品（包括样品FS-6，FS-10和CBC-3，详见附表14）满足上述A型花岗岩地球化学判别标准；但其余的测试样品仅满足$10000\times Ga/Al>2.6$或$Zr+Nb+Ce+Y>350\times10^{-6}$，研究区主体类型均为二长花岗岩，两者均具有高硅、富碱、富钾贫钠的特征，岩石均展现了强烈的Eu和Ce负异常，轻重稀土分馏程度较弱。岩相学研究显示，两个岩体并未发现典型的S型花岗岩中特有的富铝矿物（如堇青石和石榴子石），并且样品的P_2O_5含量随SiO_2的升高而降低，与典型S型花岗岩特征明显不同。研究区花岗岩样品的地球化学特征显示出较为混乱的特征，很难有效识别它们的成因类型。因此，需要分析它们的岩浆演化方式和初始岩浆的特征来综合判定。

4.3.2.1 研究区花岗岩体的部分熔融作用及源区

本书研究的凤山及赤坂场两组花岗岩的Rb含量较高，Rb/Sr和Rb/Ba值都很高，同时，两组花岗岩体的SiO_2含量也很高（69.12%~76.69%，均值73.33%），P_2O_5含量非常低（0.02%~0.12%，均值0.06%）。一般而言，上述组分的变化可能是由于岩浆结晶分异造成，也有可能是受控于部分熔融或者岩浆混合过程。前人研究发现，在结晶分异、部分熔融和岩浆混合作用等不同的岩浆作用过程中，一些不相容元素的含量和元素比值往往表现出不同的变化方式，可以用来区分这3种过程（Schiano et al.，2010）。在C_H/C_M-C_H图解中（C_H为典型的不相容元素H的含量，H包括Rb、Ba、Th以及U等；C_M为典型的更不相容的元素M的含量，M包括Nd、Sm、Sr、Hf及Zr等元素）：部分熔融过程呈现为两个变量沿斜率为D_{OM}/C_{OM}（C_{OM}为元素M在源区中的浓度；D_{OM}为源区部分熔融过程中元素M的固熔体分配系数）的一条直线演化；而分离结晶过程中C_H/C_M值几乎保持不变，呈现为一条水平直线（Schiano et al.，2010）。因此，我们选取不相容元素Th和Nd进行判别，将所有测试的花岗岩样品投影到Th/Nd-Th判别图解中，所有的样品显示出部分熔融的演化趋势（图4.15）。

地壳岩石发生部分熔融过程产生的花岗质系列岩浆中，初始熔融出来的岩浆相对偏长英质，由于

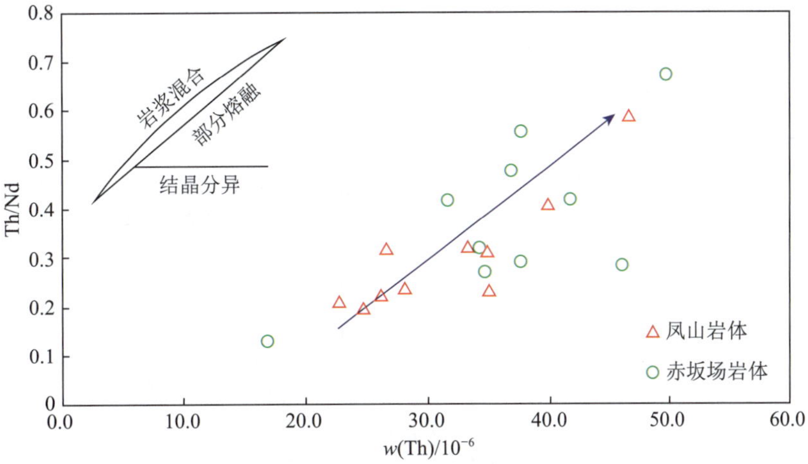

图 4.15　研究区花岗岩的 Th/Nd-Th 图解
（据 Schiano et al.，2010）

其温度较低，一般含有较多的继承锆石，随着温度的增加，部分熔融程度随之增加，继承锆石的含量也随之降低，并且产生的熔体中镁铁质含量相对增加。因此，不同部分熔融程度和阶段产生的整个花岗质岩石系列中，铁镁质含量相对较高的端员中继承锆石的数量较少甚至消失。与之相反，结晶分异过程产生的花岗质系列岩浆中，继承锆石和早期结晶的岩浆锆石易于与熔体发生分离，保存在岩浆早期结晶的相对高温的、铁镁质含量相对较高的端员岩石中继承锆石相对较多，而晚期相对低温岩浆结晶的、长英质组分含量相对较高的岩石中很少或者几乎不含继承锆石。

锆石矿物最高的封闭温度可达 900℃，并且在岩浆结晶的早期形成，因此可利用锆石的饱和温度来探讨岩浆形成的早期温度。应用 Waston et al.（1983）提出的锆石饱和温度计计算的凤山矿区锆石饱和温度 T_{Zr} 为 738～804℃，平均为 774.3℃，而在临近区赤坂场矿区长英质含量相对较高的二长花岗岩样品中，很少或几乎没有继承锆石，其锆石饱和温度为 734～845℃，平均为 784.8℃，高于凤山矿区的二长花岗岩样品，表明其为结晶自降温过程中发生了部分熔融作用的岩浆。此外，结合两个矿区花岗岩的形成时代相同（157～160 Ma）、具有相似的 $\varepsilon_{Hf}(t)$ 值的特征（附表 13），我们认为凤山矿区的赤坂场矿区花岗岩应形成于同源岩浆部分熔融的不同演化阶段，其中含长英质组分相对最高的，赤坂场矿区样品（CBC-10）的岩浆锆石饱和温度 845℃可近似代表岩浆的初始温度，属于高温岩浆。

因此，由上述元素和锆石的演化特征可以判断，研究区岩体中的锆石含量和元素变化主要受控于部分熔融作用，而不是受控于岩浆结晶分异作用。研究区中花岗岩锆石所计算出来的岩体温度即可代表形成温度。岩体中部分熔融较弱的、长英质含量相对较高的二长花岗岩样品（CBC-10）倾向于携带接近初始岩浆的信息。

4.3.2.2　岩石成因类型

在 10000×Ga/Al-（Na_2O+K_2O）判别图和 10000×Ga/Al-Y 判别图上（图 4.16），凤山和赤坂场岩体除个别样品外，全部投影在 A 型花岗岩区域。对于 A 型花岗岩成因一般认为是下地壳部分熔融的结果。大部分 A 型花岗岩同位素组成同俯冲阶段和后碰撞阶段镁铁质岩浆岩近似，显示其可能与新生下地壳相关。一般来说，A 型花岗岩具有较高的形成温度，这种较高的热源，可能来自镁铁质岩浆的底侵作用，底侵的玄武质岩浆诱发下地壳发生熔融，并经历广泛的 MASH（熔融、同化、存储和均一过程），从而产生占主体的具有壳源地球化学信号的长英质岩石（张招崇等，2022），这或许能为闽西南地区广泛发育的双峰式火山岩组合提供一个合理的解释。所以凤山及赤坂场矿区晚侏罗世 A 型花岗岩可能为镁铁质岩浆底侵下地壳熔融残留并使其部分熔融的产物。

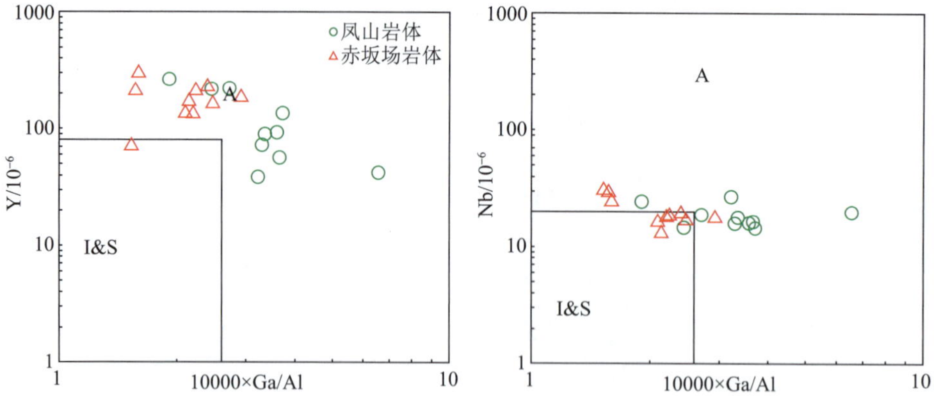

图 4.16　花岗岩成因类型判别图解

（底图据 Whalen et al.，1987）

A 型花岗岩又分为两个亚类：A1 和 A2（Eby，1992）。A1 型花岗岩形成于非造山的裂谷环境，经常出现同生的铁镁质岩石，它们是地幔柱和热点活动的产物；A2 型花岗岩来源于地壳，地壳物质可以通过俯冲作用进入花岗岩形成的源区。同时，Eby 认为 A2 型花岗岩形成环境比较复杂，可以是岛弧、陆陆碰撞以及后碰撞的构造环境，也可以形成于非造山的构造环境。本区 A 型花岗岩在图 4.17 中的投影点均落在 A2 分区内，由此可见本区 A2 型花岗岩可能形成于后碰撞的拉张构造环境。

从上述两点分析进一步证实了赤坂场-凤山的二长花岗岩体是北西向永安-晋江断裂带活动形成的产物，是断裂带南西盘向北东盘俯冲碰撞，并造成部分地壳熔融上升形成的产物。

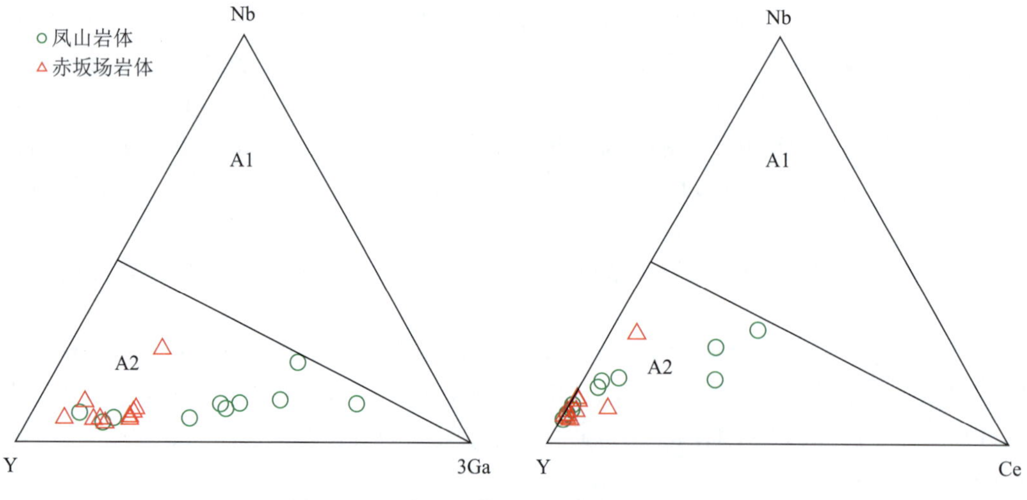

图 4.17　研究区岩体 A 型花岗岩亚类判别图

（底图据 Eby，1992）

4.4　成矿物质来源

本次研究的萤石样品取自两个矿区、主成矿期中不同矿物共生组合，具有一定的代表性。分别选取 5 件赤坂场和 3 件凤山萤石样品开展萤石稀土元素分析，该矿床的萤石稀土元素球粒陨石标准化分布型式见图 3.18，凤山萤石样品 ∑REE 含量为 21.23×10^{-6} ~ 39.93×10^{-6}，平均为 32.68×10^{-6}，稀土元素球粒陨石配分曲线均呈现微弱的重稀土富集（LREE/HREE = 1.14 ~ 2.32，平均 1.55；La_N/Yb_N 值为0.54~1.97，平均为1.58）；赤坂场萤石样品∑REE含量为42.43×10^{-6}~82.51×10^{-6}，平均为59.64×10^{-6}。萤石轻/重稀土元素的富集和亏损不明显（LREE/HREE=0.76~2.03，平均为1.16；La_N/Yb_N值为0.92~2.81，平均为0.9）。赤坂场萤石样品∑REE含量明显高于凤山萤石样品，Sm和Nd化学性质十分相似，不易分离，故Sm/Nd值能较好地反映出源区的特征。凤山和赤坂场萤石样品的Sm/Nd值为0.35~0.52，平均为0.41，研究区花岗岩岩体的Sm/Nd值在0.14~0.23之间，平均为0.21，研究区萤石的Sm/Nd值和岩体均十分接近，推测萤石的成矿物质与矿区花岗质岩体有着一定的关系，而两个矿区萤石稀土元素的差异指示两者可能为同源不同期次的产物。此外，凤山-赤坂场岩体基本分析成果显示，岩体F元素含量普遍较高，最高为66106.4×10^{-6}，平均达18726.50×10^{-6}（表4.2），远远高于中国东南部花岗岩类F元素丰度（601×10^{-6}）（史长义等，2015），能够为萤石成矿提供丰富的F来源。此外，研究区花岗质围岩萤石矿具有相似的稀土元素配分曲线展布形式，均表现出重稀土富集的特征，因此，我们认为二长花岗岩围岩为萤石成矿提供了丰富的F来源，而赋矿层中二叠统栖霞组海相碳酸盐岩为萤石成矿提供了丰富的Ca来源。

表4.2 凤山-赤坂场萤石矿床部分二长花岗岩围岩样品F元素含量数据

孔号	深度/m	F元素含量/10^{-6}	孔号	深度/m	F元素含量/10^{-6}	孔号	深度/m	F元素含量/10^{-6}
ZK18-2	287.9	1460.01	ZK26-8	293.48	51767.7	ZK22-2	270.37	13237.45
ZK17-2	273.93	4616.69	ZK26-10	204.85	66106.4	ZK22-3	358.58	31528.1
ZK9	398.96	24528.22	ZK28-5	376.12	12458.78	ZK22-5	293.2	6464.1
ZK18-3	286.54	1460.01	ZK12	358.31	55369.24	ZK22-6	371.95	24011.08
ZK18-9	298.3	37541.72	ZK12	357.21	41891.93	ZK22-9	356.73	23944.21
ZK20-9	338.11	2725.36	ZK46	259.24	29870.09	ZK22-10	362.3	6521.39

成矿流体中稀土元素的分馏是两种地质过程的结果（Bau，1991，1992），一种是吸附和解附的过程，稀土元素在流体的迁移过程中吸附和解附于流体中微粒的表面；另一种是配合的过程，稀土元素在流体中主要以配合物的形式存在和迁移。如果流体中稀土元素主要是受吸附作用控制，那么就会导致轻稀土元素的富集；反之，如果稀土元素主要是以配合物形式存在的，那么流体中就会表现出重稀土元素相对富集的特征。两个矿床的萤石样品轻稀土元素，重稀土相对平坦，具有较好的一致性，指示萤石从中结晶的流体物质构成是基本均一的（Subías et al.，1995），且稀土元素在流体中主要是以配合物形式存在和运移（Bau，1992），说明研究区萤石矿成矿过程中的水-岩反应下流体性质无明显变化，表明其成矿物源稳定且单一。

5 成矿模式

5.1 成矿地质过程

5.1.1 深部岩浆动力学过程

华南板块中生代爆发了大规模的区域性岩浆-热液成矿事件，其成矿峰期主要集中在3个阶段，即晚三叠世（230~210 Ma）、中晚侏罗世（170~150 Ma）和早中白垩世（134~80 Ma）(毛景文等，2007，2008)。这些岩浆活动过程往往与区域上的动力学背景密不可分，例如，在中晚侏罗世（170~150 Ma）由于（古）太平洋板块的持续挤压，地壳加厚，并发生大规模部分熔融与壳幔岩浆混合作用，形成了相应的成矿作用；而在早白垩世晚期（130~90 Ma）则主要表现为加厚岩石圈出现的伸展变形，并在持续伸展以及走滑机制的控制下，形成了一系列的火山-潜火山活动，并伴随着沿海地区独特的火山-潜火山热液型金属成矿作用（张达等，2010）。

前人研究显示，华南板块发育大量萤石矿床，属于大规模岩浆活动和成矿作用的产物，这与该地区中生代以来一直受到（古）太平洋板块俯冲影响直接相关（Lu et al.，2003）。Yan et al.（2021）总结了中国东南部超过240个萤石矿床的时空分布特征，总结出3条大型萤石成矿带，其对应成矿期分别为165~150 Ma、150~130 Ma及110~70 Ma，均与中生代长英质或碱性岩浆密切相关，突出了氟迁移/沉淀与（古）太平洋板块俯冲的潜在联系。此外，不同年龄萤石矿床的空间分布特征还可指示俯冲类型和样式的变化，古太平洋板块在低角度俯冲过程中向东北方发生回卷，形成了晚侏罗世和早白垩世的萤石成矿带（165~130 Ma），而晚白垩世古太平洋板块相对高角度的西北向热俯冲过程形成了110~70 Ma的萤石成矿带（Yan et al.，2021）。

矿山地质勘查显示，凤山-赤坂场主要发育二长花岗岩与钾长花岗岩两种花岗岩类型。LA-ICP-MS锆石U-Pb年代学结果显示凤山岩体主体形成于157.1±2.4 Ma，赤坂场岩体主体形成于160.1±2.0 Ma，二者在误差范围内基本一致，代表了同一动力学背景下同一个岩浆房的产物。凤山-赤坂场主要发育矽卡岩型的萤石矿化，尽管还发育一些产于围岩地层中的热液脉型矿化，但是均代表了同一矽卡岩成矿作用的产物。因此，基本可以利用矽卡岩的蚀变年龄来约束萤石的成矿年龄。矽卡岩最常见的矿物（石榴子石）的LA-ICP-MS U-Pb年代学结果显示，凤山石榴子石形成于161.5±3.3 Ma，赤坂场石榴子石形成于159.0±2.6 Ma，二者在误差范围内年龄一致，同时也与凤山-赤坂场的岩浆岩的成岩时代趋于一致。因此，从年代学的角度进一步证明了凤山-赤坂场的萤石矿化是与矿区内岩浆热液作用密切相关的矽卡岩型萤石矿床，同时也代表了华南板块晚侏罗世（165~150 Ma）重要的大规模岩浆-热液萤石成矿事件（毛景文等，2007，2008；Yan et al.，2021）；其成矿动力学机制主要与（古）太平洋板块俯冲作用密切相关（Yan et al.，2021）。

在大洋板片的俯冲作用过程中，氟（F）主要赋存于沉积孔隙流体、沉积物、蚀变洋壳和蛇纹石化地幔中（John et al.，2011）。随着俯冲作用进行，上述储层会将氟带至深部地幔或弧岩浆源区。富氟矿物会在不同温压条件下发生分解，从而产生富氟流体（Yan et al.，2021）。而相对高温的热俯冲在较浅的位置即可导致所有富氟矿物的分解，从而形成富氟流体和相关熔体，俯冲板片后撤模式也具有类似的效果。富氟流体/熔体从俯冲板块向上覆地幔和浅部地壳的输送经历一系列复杂的岩浆热液过程。因此俯冲作用驱动的岩浆作用和相关的富氟热液活动导致氟的循环和富集，有利于在地壳浅部形成萤石矿床（Ding et al.，2018）。此外，长英质上地壳主要由（变）沉积岩和花岗岩组成，含有更多的磷灰石、角闪石和云母族矿物，因此更加富集氟元素（上地壳氟平均含量为611×10^{-6}）。因此当上地壳中富氟的（变）沉积岩或花岗岩发生熔融时，可以产生中酸性富氟岩浆，随着岩浆的结晶分异过程，形成富氟热液（Ballouard et al.，2023）。这样的富氟花岗岩浆上升到地壳浅部，分异出富氟流体，流入富钙围岩（如碳酸盐岩），导致矽卡岩型萤石沉淀成矿（Haschke et al.，2021；刘金宇等，2024）。

风山-赤坂场岩浆岩的锆石ε_{Hf}（t）全部为负值（-8.5~-12.1），暗示花岗岩源区可能主要为浅部地壳物质；两阶段Hf模式年龄落在古元古界地壳演化线内（1.5~2.0 Ga），说明其物质起源主要为古元古界下地壳物质。因此，参与风山-赤坂场矿床成岩-成矿作用的岩浆主要来源于地壳物质的部分熔融，在此过程中，地壳中的富氟的（变）沉积岩由于富含富氟的矿物，如磷灰石、云母族矿物等，他们的熔融作用可以产生中酸性富氟岩浆，进而上升到地壳浅部为后续的萤石成矿提供物质基础（Ballouard et al.，2023）。

5.1.2 浅部矽卡岩成矿过程

矽卡岩矿床的形成过程是从中酸性岩浆侵入碳酸盐类围岩、分泌大量气水酸性溶液开始的。岩浆侵入时所带来的大量热能，为化学性质活泼的碳酸盐类围岩与气-液中某些组分进行交代反应创造了条件。在这个基础之上，开始了矿床的形成过程。通常，矽卡岩矿床具有“两期五阶段”的成矿模式（翟裕生等，2011），而国外主要流行进化矽卡岩阶段和退化矽卡岩阶段来解析矽卡岩成矿过程（Meinert et al.，2005）。但不管哪种方式，都需要基于基础地质事实，因此本书在经典矽卡岩成矿模型的基础上，结合所风山-赤坂场的实际地质情况，推测矽卡岩萤石矿床的演化过程。

（1）干矽卡岩阶段

干矽卡岩阶段具有典型的高温特征，主要形成以石榴子石、辉石、硅灰石，少量钙长石等为主体的矽卡岩。Baker et al.（2004）指出干矽卡岩阶段石榴子石一般形成于450~650℃。电子探针结果显示，风山-赤坂场的石榴子石以钙铁榴石组分含量居多，其次为钙铝榴石，少量的锰铝榴石、铁铝榴石和镁铝榴石，属于钙铁榴石-钙铝榴石固溶体系列（$And_{68.26\sim100}Gro_{0\sim31.74}Spa_{0.44\sim1.70}$）。梁祥济（1994）经实验模拟得出钙铁榴石形成于温度为450~600℃、pH=4.0~11.0的氧化-弱氧化条件下。钙铝榴石的形成温度则更高，达到550~700℃，中-酸性条件的弱氧化-弱还原环境。风山-赤坂场的石榴子石与辉石主体为钙铁榴石（Fe^{3+}）与（富Mg）透辉石的共生组合，指示了干矽卡岩形成过程中整体低酸性、高温、高氧逸度的环境（Einaudi et al.，1981；梁祥济，1994）。也由于在这一阶段温度较高，许多成矿元素尚很活动，未构成矿石沉淀，即使是铁，也只能与硅酸盐等组分构成含铁的硅酸盐矿物，不能单独构成铁矿物。因此，此阶段不出现有用的矿石矿物，因此又称“无矿阶段”。

（2）湿矽卡岩阶段

随岩浆流体演化，温度进一步降低，发生物相分离，水解作用逐渐增强，发生强烈的早期退化蚀变作用（Meinert et al.，2005；祝新友等，2015）。溶液中开始富集大量的H_2S、CO_2等挥发分，并交代早期高温相的无水硅酸盐矿物，产生大量含水硅酸盐，如绿帘石、绿泥石、透闪石、阳起石等。

$$\underset{\text{石榴子石}}{Ca_3(Fe,Al)_2Si_3O_{12}}+5/4O_2+HCO_3^- = \underset{\text{方解石}}{CaCO_3}+\underset{\text{绿帘石}}{Ca_2(Fe,Al)_2Si_3O_{12}(OH)}+\underset{\text{赤铁矿}}{1/2Fe_2O_3}$$

$$\underset{\text{辉石}}{4Ca(Fe,Mg)Si_2O_6}+2H_2O+3CO_2=\underset{\text{透闪石/阳起石}}{Ca_2(Mg,Fe)_5Si_8O_{22}(OH)_2}+\underset{\text{方解石}}{CaCO_3}+\underset{\text{石英}}{2SiO_2}$$

在该阶段后期，温度降低到近临界温度，且高氧逸度的碱性条件（赵一鸣等，1990）。因此矿液中的铁质部分不再参加到硅酸盐矿物的晶格中，铁元素的活动性减弱，构成单独的磁铁矿（翟裕生等，2011）。

$$FeCl_3+2H_2O=Fe(OH)_2+2HCl$$

$$2Fe(OH)_2+FeCl_3=Fe_3O_4+2HCl+H_2$$

此外，磁铁矿也可以通过交代石榴子石（Seward et al.，1997）、辉石等矽卡岩矿物形成。此外，在磁铁矿形成过程中，微量的白钨矿也在该阶段从流体中晶出。

$$3Ca_3Fe_2Si_3O_{12}+9CO_2=9CaCO_3+6Ca^{2+}+9SiO_2+1/2O_2+2Fe_3O_4$$

石榴子石　　方解石　　石英　　磁铁矿

（3）萤石-石英-硫化物阶段

在萤石-石英-硫化物阶段时，由于温度大大降低，多在300℃以下。凤山-赤坂场的萤石流体包裹体测试结果也显示，该阶段的成矿流体具有中低温、低盐度的特征，其体系属于低密度的 $NaCl-H_2O$ 体系。此时，SiO_2 不再和Ca、Mg、Al、Fe等结合形成矽卡岩矿物，由于活泼性减弱，因此独立形成大量的石英。中温热液交代早期矽卡岩矿物形成绿泥石、绢云母、碳酸盐矿物、石英等。由于温度降低以及前期Fe的沉淀导致成矿流体中Cu/Fe值变大，同时形成的低氧逸度和低pH值的条件，使以高价态（S^{6+}、S^{4+}）存在的S易于被还原，形成大量的还原性 S^{2+}，都促使体系中的部分金属元素（如Fe、Cu、Pb、Zn等）在流体中的溶解度降低（Hezarkhani et al.，1999），金属元素的卤化物/配合物解体，以硫化物形式在该阶段大量沉淀。凤山-赤坂场的主要硫化物包括黄铁矿、磁黄铁矿、方铅矿、闪锌矿，少量到微量黄铜矿、辉钼矿等。值得一提的是，由于体系中富氟，高氟含量导致流体出溶过程延长，降低了热液的出溶温度，热液不需经过很长距离就可以通过与地下水混合或其他机制使流体中的铅锌元素发生冷却沉淀（Chang et al.，2008）。

韦绍裔（2017）和裴秋明（2018）总结了萤石矿的沉淀机制，主要包括：富氟流体与富钙围岩发生水-岩反应（Constantopoulos et al.，1988）；减压导致 CaF_2 溶解度下降（Catherine et al.，1984）；两种或多种物理化学性质存在差异的含矿流体相混合（Ruiz，1985）；以及pH值低而盐度高的含矿流体的温度降低（Deloule et al.，1982）。聂凤军等（2008）探讨了苏莫查干萤石矿床的成因，提出燕山中期中酸性岩浆活动供给了充足的物质、动力以及热量，使成矿过程不断推进，在晚阶段经历了流体混合和水-岩反应后，萤石得以沉淀成矿。孙祥等（2009）认为辽西义县萤石矿成矿流体主要来源于中侏罗世髫髻山旋回岩浆热液，在成矿过程为岩浆热液与围岩（主要为白云质灰岩和灰岩）的相互作用，并有大气降水的混入。王旭东等（2023）对垄上矽卡岩型锡多金属矿床中的伴生萤石开展研究，认为萤石中流体包裹体特征显示在250~370℃温度区间，随着温度降低，盐度没有明显变化，表明在此阶段流体经历了自然冷却过程；但在150~200℃温度区间，萤石中包裹体的均一温度和盐度呈较连续的降低趋势，两者具有较好的线性相关性，表明在此温度区间内，流体经历了混合作用。因此，综上所述，不同阶段流体的自然降温、水-岩反应和流体混合可能是萤石沉淀的最主要机制。

凤山-赤坂场矿床中萤石与矿区岩体在微量元素、稀土元素地球化学特征上存在较多的相似性，表明凤山-赤坂场矿区在岩浆期后热液活动阶段，聚集的富氟等挥发分热液流体在迁移过程中与碳酸盐岩围岩发生了水-岩反应，从围岩中萃取钙质成分。在于围岩（碳酸盐岩）水-岩反应的过程中，方解石发生分解，产生 CO_2，致使流体中 CO_2 的分压增加，而含 CO_2 的富氟热液与围岩（碳酸盐岩）接触时，围岩中溶解出来的钙与氟结合，会促进萤石沉淀成矿（Payne et al.，2023）。此外，萤石流体包裹体氢氧同位素分析结果表明萤石矿床成矿流体来源于岩浆水与大气降水的混合，因此成矿流体的混合作用是凤山-赤坂场矿床萤石沉淀成矿的又一重要的控制因素。

（4）萤石-碳酸盐±石英阶段

随着成矿流体进一步运移，温度逐渐较低，难以达到矽卡岩形成的高温特征，因此，在围岩地层中（栖霞组灰岩）难以再形成规模化的矽卡岩矿体。但受到断裂、裂隙的控制作用，以及大气降水的进一步加入，F和Ca在流体中的溶解度降低，导致在灰岩中形成了受裂隙控制的热液脉状萤石矿体（化）。在此过程中，F的含量进一步被消耗殆尽，流体中的Ca与 CO_3^{2-} 结合沉淀出热液脉状方解石。

综上所述，凤山-赤坂场的萤石成矿作用是指同一次岩浆气-液在渗滤前进中，温度逐渐降低之下的活动过程，因而各阶段的产物，从距离侵入体远近来说，就有了不同的分布。在接触带靠近侵入岩体部位常形成透辉石类、石榴子石类的矽卡岩带（干矽卡岩带）；往外则出现各种含 OH^- 的硅酸盐类矿物（闪长岩、绿帘石、绿泥石、阳起石等）带（湿矽卡岩带）；再往外，则为碳酸盐岩围岩，受热力影响而出现的大理岩带或硅灰石矿带，其中岩层厚、质地纯的碳酸盐类岩石形成大理岩矿体，质地不纯的灰岩层则形成硅灰石矿体；再往外，则为原来的砂质泥岩（煤层）围岩，受热力变质成角岩及石墨矿。这种分带现象常控制着不同矿产的分布，如近端矽卡岩带（干矽卡岩、湿矽卡岩）常有磁铁矿，微量白钨矿、萤石等矿产的赋存，而远端矽卡岩带则常有大量的萤石，少量的硫化物，如黄铁矿、黄铜矿、闪锌矿、方铅矿等产出。

5.2 控矿因素

5.2.1 岩浆岩

岩浆岩的类型对矽卡岩的成矿作用类型具明显的成矿专属性。例如，铁矿床往往和石英闪长岩、闪长岩有关；铜矿床、铅锌矿床大多和花岗闪长岩、石英二长岩有关；钨、锡、钼矿床主要和花岗岩类有关（Meinert et al.，2005）。成矿专属性的最主要控制因素还是与岩浆的源区紧密相关。来自上地幔的部分熔融作用或上地幔-下地壳同熔型花岗岩类，形成 Fe、Cu、Mo、Au 矿床；而来自地壳中、上部与改造型花岗岩有关，多形成 W、Sn、Be、Bi、Pb、Zn 矿床。从地球化学演化来看，从与铁矽卡岩矿化有关的相对基性钙质侵入体到与金、铜、锌矽卡岩矿化有关的侵入体，与钨、钼矽卡岩矿化有关的侵入体，再到演化程度更高的与锡矽卡岩矿化有关的侵入体，它们大致呈线性排列（Meinert et al.，2005）。

近年来，高分异花岗岩（又称 Li-F 花岗岩）的成矿作用备受关注（吴福元等，2017；Wang et al.，2017）。高分异花岗岩是指经历过高程度结晶分异形成的花岗岩，通常具有高硅（$w(SiO_2)>74\%$）、过铝、富碱、富含 H_2O、F、B、P 等挥发性组分，以及低 Sr（通常 $<50\times10^{-6}$）、稀土元素四分组效应和强负 Eu 异常等特征（赵振华等，1992；朱金初等，2002；陈斌等，2015）。挥发分，尤其是 F 的富集，可以降低体系的粘度和固相线温度，从而使岩浆能够更充分演化（Manning，1981；London et al.，1993）。因此，该类花岗岩最典型的特征是随着岩浆结晶分异演化显示不同程度的分带性。在化学成分上，F、Li、Rb、Cs、Be、Ta、Nb、Sn、W 等元素含量有逐渐增多的趋势（伟晶岩壳和石英壳除外）。在矿物成分上，钾长石多为微斜长石，甚至出现天河石（富铷钾长石）；斜长石逐渐减少，并向富钠方向演化；云母中锂含量增多，伴随出现锂云母、锂辉石、透锂长石、萤石、黄玉、电气石和磷灰石等特征矿物（Yin et al.，1995；Huang et al.，2002；朱金初等，2002）。因此，从岩浆的挥发分含量（F 的含量）来说，相对高演化的花岗岩的 F 含量更高，更有利于萤石的成矿。

凤山-赤坂场矿区成矿岩浆岩主体为二长花岗岩，产于矿床深部，呈岩基状侵入中二叠统栖霞组海相晶粒灰岩中，地表在北坑场见有出露，且在北坑场发育斑岩型钼矿化，结合 Mo 的成矿作用的专属性，可以就此判断，其岩浆岩经历了较高的演化作用。岩石地球化学分析结果进一步显示，矿区内二长花岗岩体均具有富硅（SiO_2）、富碱以及富钾贫钠的特点，为钙碱性系列岩石，属于过铝质花岗岩，微量及稀土元素变化特征具明显协调性，稀土元素四分组效应明显，展示出明显的“M-W”复合型分布特征，均为 A 型花岗岩。这些岩石地球化学特征与上述提到的高分异花岗岩（Li-F 花岗岩）较为相似。此外，凤山-赤坂场花岗岩 $\varepsilon_{Hf}(t)$ 全部为负值（-8.5～-12.1），暗示花岗岩源区可能主要为地壳物质。进一步结合岩浆岩的成岩时代（约 160 Ma）及其对应的深部动力学过程，暗示成矿岩体与晚侏罗世受到（古）太平洋板块俯冲作用有关。

因此，从岩浆岩的成矿专属性来看，区域矽卡岩萤石矿床的成矿岩浆岩应该具备如下几个特征：①成矿时代约 160 Ma，即形成于晚侏罗世（165～150 Ma），与古太平洋板块的俯冲作用密切相关；②成矿岩浆岩应该是高度或者较高程度分异的中酸性或酸性岩浆岩，其岩性主要包括二长花岗岩、白云母花岗岩、钾长花岗岩等，黑云母花岗岩、花岗闪长岩或者闪长岩类不是相关的成矿岩体；③在地球化学特征方面具备富硅（SiO_2）、富碱、过铝质特征，且稀土元素四分组效应明显；④岩石成因分类属于A型花岗岩，但不排除部分S型花岗岩成矿的可能；⑤岩浆岩的物质来源主要以壳源为特征；⑥最直观的分析是岩浆岩的F含量较高；⑦与之共生的金属矿化多为W、Sn、Mo矿化，少量的亦有Pb-Zn矿化；此外稀有金属，如Li、Rb、Be等矿化亦经常共/伴生（陈斌等，2015）。

5.2.2 灰岩

经典的矽卡岩成矿理论显示，最有利的围岩是碳酸盐类岩石，如石灰岩、白云质灰岩，白云岩等碳酸盐类岩石；这类岩石以其化学性质活泼、脆性较大，渗透性强和富含CaO或MgO而易被交代，形成各种类型的矽卡岩，作为后期矿质沉淀的有利围岩。但是越来越多的资料显示，薄层碳酸盐岩或成分不纯的碳酸盐岩，特别是薄层灰岩和其物理化学性质有明显差异的火山岩或页岩呈互层时，常常是富矿赋存的场所（刘妍等，2011）。围岩的成分往往影响了矽卡岩的种类，最典型的是交代灰岩形成钙质矽卡岩，而交代白云岩形成以镁质为主的矽卡岩矿物组合。

此外，对于矽卡岩型萤石矿床（CaF）来说，碳酸盐岩作为围岩不仅仅有利形成矽卡岩矿物，更重要的是，碳酸盐岩是萤石的直接成矿物质来源（Ca）。例如，Ruiz（1985）和Barbieri et al.（1987）分别对墨西哥马德雷山脉萤石矿和意大利西西里岛西北部萤石矿进行了Sr同位素研究，结果显示碳酸盐围岩是成矿Ca元素的主要供给源。Kesler（1977）在研究墨西哥科阿韦拉北部曼托萤石矿床的地球化学特征时所总结的成矿模式中也表明，成矿Ca元素主要来源于碳酸盐围岩。在国内，大多数学者研究表明Ca亦主要来源于赋矿围岩（碳酸盐岩、富Ca火山-沉积岩或钙质变质岩）（赵省民等，2002；孙祥等，2008；古立峰，2013；张寿庭等，2014；Pei et al.，2019）。

凤山-赤坂场矿区主要的围岩地层包括：中二叠统栖霞组海相晶粒灰岩、文笔山组细粉砂岩、童子岩组含煤细石英砂岩、上二叠统翠屏山组含煤细砂或细粉砂岩和下三叠统溪口组硅质泥灰岩、上侏罗统长林组和南园组喷发火山碎屑岩以及第四系砂砾岩。矿区的萤石矿体均赋存于中二叠统栖霞组中，隐伏于矿区深部。因此，栖霞组的这套浅海相碳酸岩沉积，岩性包括浅灰、青灰、灰白色石灰岩，含燧石条带，为本区萤石矿形成提供丰富的钙源。此外，栖霞组在本区分为上、下两段，中间为含碳泥岩。因F_0断层破坏，造成栖霞组上段断失部分地层，同时断层带灰岩形成较多溶蚀孔及溶洞，为后期的充填形成萤石矿提供容矿空间。

值得注意的是，通过选取凤山矿区Y-3萤石矿体与栖霞组地层厚度进行叠合、分析后发现，栖霞组厚度在20~60 m时，萤石矿的厚度及品位最佳。因此，初步推断，岩层厚、质地纯的碳酸盐类岩石并不利于形成萤石矿工业矿体。这可能是因为交代作用普遍，矿液大面积散开，不利于成矿物质的富集集中。而质地不纯的含有泥质夹层的碳酸盐类岩石最有利于成矿，是因为成矿流体发生了选择性地只和碳酸盐类岩石进行交代，在上覆泥质岩层的隔挡之下，矿化集中，交代彻底，易于形成工业矿体。

因此，从围岩的特征来看，栖霞组为成矿提供了必要的Ca，是直接的成矿地层；同时在矽卡岩化的过程中，溶蚀了大量的灰岩，产生了容矿空间，因此栖霞组亦是直接的赋矿围岩。但需要指出的是，当栖霞组厚度在20~60 m时，可能是直接的、具体的萤石矿体赋矿空间。

5.2.3 构造

构造条件主要控制了矽卡岩及矿体的产状，往往还为矽卡岩提供了良好的导矿以及容矿的封闭条件。侵入体与围岩的接触带构造按性质分主要有简单接触带、混染接触带、构造叠加接触带、多次侵入接触带；按产状分主要有平盖接触带和超覆接触带。此外，不同岩性岩层之间的层间剥离、层间破碎带及构造裂隙，对矽卡岩矿体具重要控制意义，往往形成多层矿体，如翟裕生等（2011）指出发育显著层理的围岩，以及不同岩性岩层之间的层间剥离、层间破碎带及构造裂隙等对矽卡岩矿床形成具有特殊意义。唐菊兴等（2012）指出冈底斯成矿带东段的甲玛、知不拉、帮浦外围、蒙亚啊等矽卡岩及矽卡岩矿体明显受到硅铝质-钙质岩石岩性界面及层间构造的控制。江化寨等（2011）、陈雷等（2012）提到冈底斯南缘的努日铜钨钼矿床具有层状矽卡岩的特点。王守旭等（2008）、顾雪祥等（2008）分别通过对云南中甸红山矽卡岩铜矿与山东沂南金-铜-铁矿床研究后亦指出矽卡岩及矿化呈层状的特点。在褶皱轴附近或翼部，褶皱轴面发生弯曲处、褶皱倾伏端及褶皱的方向和性质发生变化处以及断裂构造中与接触带重合及相交的断裂，有利于岩浆的侵入和与其伴随的矿化。对于火成岩中的捕虏体，或岩浆侵入时顶盖的残留体，往往可以形成相当规模的矿体。因为这些捕虏体与岩浆成分相差极大，易发生强烈的交代作用和物质的交换反应，它们在岩浆侵入挤压改造下，构造裂隙十分发育，因此这些捕虏体常常有利于矿床的形成，有时在捕虏体的边部，有时整个捕虏体都被交代成矿。岩体内部灰岩等捕虏体的接触带构造，规模大小不等，矿化常沿捕虏体边部断续分布，有时整个捕虏体都被交代，形成相当规模的矿体（翟裕生等，2011）。

凤山-赤坂场矿区内构造整体表现为一倾向北西西的单斜构造，产状较平缓，单斜构造由一对宽缓的复式背、向斜组成，背、向斜两翼地层沿倾向呈波状起伏。区内发育有一区域性断层——F_0 滑覆断层，受 F_0 滑覆断层及深部岩浆侵入影响，F_0 断层上盘及 F_0 断层下盘构造形状不一致，F_0 断层上盘构造以宽缓褶皱和高角度断裂为主，F_0 断层下盘构造以宽缓褶皱为主。断裂主要有走向北东正断层和走向西北 F_1、F_2、F_3 断层及 F_0 缓倾角断层。

矿区南部的永安-晋江断裂带横切了矿区的南部地层，有效地阻止和限制了成矿流体继续往南活动迁移，构成了萤石矿的南部边界。矿区东部的太华-长塔背斜核部把核部两侧的地层分开，背斜东部是否有萤石矿赋存，为今后找矿提供了方向。背斜西部在栖霞组顶、底各发育有两条缓倾角断层，构成矿区萤石矿最有利的赋矿构造，因此，研究区的西部和北部是最有利的找矿方向。

5.2.4 盖层

凤山-赤坂场栖霞组海相晶粒灰岩的上覆地层有中二叠统文笔山组细粉砂岩、中二叠统童子岩组含煤细石英砂岩、上二叠统翠屏山组含煤细砂或细粉砂岩、下三叠统溪口组硅质泥灰岩、上侏罗统长林组和南园组喷发火山碎屑岩等。文笔山组在矿区东部、西南部及西部有小面积出露，大部分隐伏于矿区深部，为一套由细粉砂岩、砂质泥岩、粗粉砂岩组成的浅海-滨海相沉积。童子岩组大面积出露于凤山矿田内，总体呈北东向展布，局部为北西向，赤坂场矿区中、东部大面积出露，总出露面积大于 4.0 km^2，为一套海陆交互相童子岩组（$P_2t.$）沉积地层，厚度大于 198 m。根据岩性、岩相、含矿性和相旋回组合特征，结合龙永煤田区域地层特征，将童子岩组自上而下分为 3 个段。

通过总结矿区内盖层的厚度，以及与区域的矽卡岩萤石矿化，如将乐何坑-际下矿区、大田张地矿区中无盖层且裸露的石灰岩的厚度、品位对比分析，推测栖霞组灰岩顶部厚层的文笔山组和童子岩组泥岩的密闭性致使热液长期处在相对封闭状态，有效地避免和阻止了成矿流体运移过程中 F、CO_2 等活性组分的逸散和流失，对成矿流体在相对松弛的构造环境中聚集十分有利。

5.3 成矿模式

凤山-赤坂场萤石矿床的矿石类型主要有矽卡岩型和石英（±方解石）-萤石型两种，其中以矽卡岩型萤石矿为主，占总资源量的 89%，而石英（±方解石）-萤石型萤石矿仅零星见于溶洞及断层裂隙中，以及可见呈脉状、细脉状，少量呈浸染状发育于岩浆岩的裂隙中。进一步通过对矿体的空间分布规律研究，发现本区萤石主要矿赋存于栖霞组与二长花岗岩接触带、栖霞组下部及 F_0 断层周围或栖霞组上部地层中的 3 个萤石矿化带。栖霞组与二长花岗岩接触带区萤石矿体为本区 Y-3 萤石主矿体，矿石类型为矽卡岩型；栖霞组下部萤石矿化带由编号 Y-2-1～Y-2-23 等多个中小矿体组成，矿石类型以矽卡岩型为主；F_0 断层周围或栖霞组 I_0 上部地层萤石矿化带由编号 Y-1-1～Y-1-13 等多个萤石小矿体组成，矿石类型以石英（±方解石）-萤石型为主。

以 Y-3 矿体为例，总结矽卡岩萤石矿体的分布特征与成矿规律。该矿体为萤石矿主矿体，萤石矿资源量占全区萤石矿总资源量的 83%。赋存于二长花岗岩-栖霞组灰岩接触带，矿体形态、产状受晚侏罗世二长花岗岩与栖霞组灰岩接触面控制，呈似层状、脉状产出，容矿岩石主要为矽卡岩、含黄铁矿矽卡岩；矿体顶板一般为含黄铁矿矽卡岩、大理岩、硅灰石、矽卡岩，通常较为致密完整，底板为二长花岗岩、矽卡岩。矿体连接依据主要是二长花岗岩接触带、含黄铁矿矽卡岩、含磁黄铁矿矽卡岩（找矿标志）、矿石类型为矽卡岩型萤石矿，矿体连接可靠度高。

因此，结合上述地质特征与控矿因素，可以概括凤山-赤坂场矽卡岩型萤石矿成矿模式（图 5.1）。中-晚侏罗世期间（165~150 Ma），古太平洋板块持续向大陆板块俯冲挤压，这一地质活动不仅形成了平行陆缘的东南沿海火山岩带，还导致了整个华南大陆的构造-岩浆活化（胡斯敏等，2023）。在这一时期，闽西南地区地壳增厚并产生大量逆冲推覆构造，并伴随着大量中晚侏罗世过铝质壳源花岗质岩浆的侵位（张振杰等，2015）。富氟（F）且富含挥发分岩浆在高度分异演化的过程中，一方面形成了花岗质侵入体，另一方面含氟配合物随岩浆-流体演化不断迁移、富集，这些矿产的形成与高分异花岗质侵入体有着密切的成因联系。凤山-赤坂场矿床内断裂的空间分布也符合这一特征，主要为北东向和北西向两组断裂构造，在持续伸展及走滑机制下，发育于研究区内深部区域性滑覆断层 F_0 为成矿流体的运移提供了通道，与区域上岩石圈拉张环境相吻合。

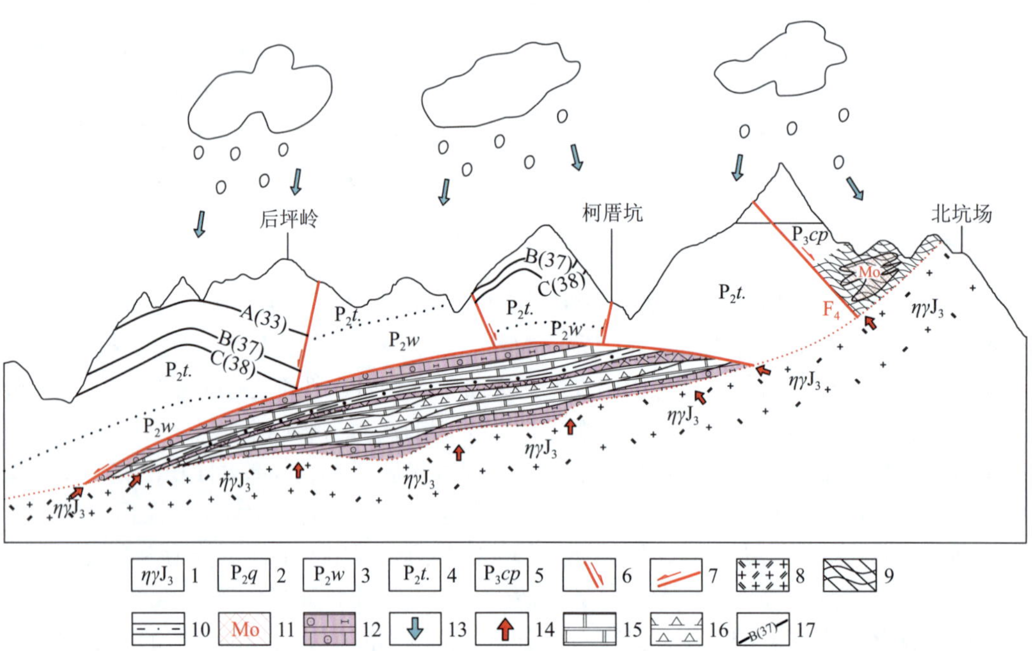

图 5.1　研究区成矿模式图

1—燕山期侵入岩体；2—栖霞组；3—文笔山组；4—童子岩组；5—翠屏山组；6—正断层；7—滑脱断层；8—二长花岗岩；9—硅质角岩；10—栖霞组上下段分界标志层（含碳泥岩）；11—钼矿体；12—透辉石-石榴子石-磁黄铁矿-萤石-矽卡岩带；13—大气降水；14—岩浆热液方向；15—大理岩；16—硅灰石；17—石墨矿层

凤山-赤坂场矿区处于闽西南坳陷及闽东火山断坳带两大构造单元的交合部位，位于政和-大埔北东向断裂带西侧、永安-晋江北西向断裂带北侧，太华-长塔背斜的中北部。在晚石炭世至早二叠世该区位于海侵区域，沉积了船山组和栖霞组的滨海-碳酸盐岩，此套岩性为区内大理岩矿、硅灰石矿、萤石矿成矿提供了物源。凤山萤石矿、大理岩、硅灰石矿体均赋存于二叠系栖霞组中，隐伏于矿区深部。印支期以地壳褶皱隆升为主，造成压性构造作用，使先存的地层及断裂发生褶皱，形成了太华-长塔背斜。同时还发生了以缓断裂 F_0（文笔山组与栖霞组之间的滑覆断层）和 F_0 下（栖霞组灰岩之下的脱底断层）为主的构造作用，形成了对先存矿物质的改造作用。燕山期，地壳以断块式差异升降为主，形成了永安-晋江北西向断裂带，随着断裂带西南盘向北东盘俯冲，引起北东盘的隆起，至燕山晚期，钙碱性的似斑状二长花岗岩沿着断裂带向北东方向顺层侵入（岩体顶界线图显示岩体呈北西—南东走向隆起，与永安-晋江断裂带走向一致）。

在矿区东南部的北坑场为岩浆隆起中心，岩浆沿着栖霞组灰岩底部和栖霞组顶部 F_0 断层等软弱岩层侵入吞食。早期矽卡岩阶段在柯厝坑一带（该区栖霞组底部灰岩被岩浆吞食较多）岩浆与栖霞组灰岩进行气相交代形成以透辉石-钙铁辉石、钙铁-钙铝榴石、硅灰石等高温矿物为主的矽卡岩带，向西北方向因栖霞组灰岩保留较完整而矽卡岩化逐渐减弱；到 8 号孔一带，受上部 F_0 缓断层切割，栖霞组灰岩保留较薄，岩浆顺栖霞组灰岩顶底进行气相交代，又形成较厚的矽卡岩带。进入晚期矽卡岩阶段，含水岩浆热气对早期矽卡岩矿物进一步交代，形成岩体顶部的闪长岩、花岗闪长岩，和以阳起石、透闪石、绿帘石等矿物组合的矽卡岩，在矽卡岩与岩体交界处常形成一层磁铁矿，局部矽卡岩层中含有少量的锡石及白钨矿也是在这一阶段形成。随着温度逐渐降低，岩浆气相交代向热液交代转变，进入了石英硫化物阶段，先期形成的矽卡岩开始形成本区的萤石矿，同时在矽卡岩与岩体交界处 Y-3-1 萤石矿层之上常形成一层较厚的含黄铜矿的黄铁矿-磁黄铁矿层，在北坑场一带形成了有工业价值的辉钼矿，柯厝坑一带部分钻孔揭露的岩体裂隙中也见有辉钼矿。到硫化物阶段晚期，由于温度降低，开始出现大量的碳酸盐矿物（方解石等）和石英，这一阶段岩层厚、质地纯的碳酸盐类岩石形成大理岩矿体，质地不纯的岩质灰岩层则形成硅灰石矿体。在整个岩浆接触交代过程中，凤山-赤坂场一带岩体顶部的童子岩组煤层受热变质成石墨矿，前坪-横坑一带距离岩体较远，童子岩组煤层变质程度较低。

在垂直剖面上，从岩体→栖霞组灰岩→童子岩组煤系矽卡岩化变化为：似斑状二长花岗岩→混合花岗岩→萤石矿化矽卡岩（Y-3 矿体）→黄铁矿化萤石矿化矽卡岩→石榴子石矽卡岩→石榴子石透辉石矽卡岩（透辉石矽卡岩）→硅灰石化透辉石矽卡岩→大理岩→硅质角岩（变质粉砂岩）→大理岩→石英萤石矿（F_0 缓断裂带）。

6 矽卡岩型萤石矿找矿典型案例

6.1 找矿预测

6.1.1 成矿规律

根据风山-赤坂场矽卡岩型萤石矿的成矿模式的建立，结合福建省内已开展的和正在开展的矽卡岩型萤石矿山的成矿模式分析，提出矽卡岩型萤石矿成矿规律（表6.1，图6.1）。

风山-赤坂场矽卡岩型萤石矿的成矿条件：盖层+碳酸盐岩地层+碱性（碱长）花岗岩+断裂构造，按照这一条件对福建省已发现的矽卡岩型萤石矿山进行分析，得出如下成矿规律。

1）热液接触交代型矽卡岩萤石矿：主要表现为碳酸盐岩与碱性（碱长）花岗岩接触交代形成，有利的碳酸盐岩建造提供了大量的Ca和钙碱性岩浆活动提供了大量的F，再加上有利的接触带构造，不仅为成矿提供一定的物质来源，也形成了良好的成矿空间。福建省主要碳酸盐岩层有中石炭统经畲组和老虎洞组，二叠系船山组、栖霞组和长兴组，下三叠统溪口组。在这些地层分布区周边及下伏岩层中为后期碱性（碱长）花岗岩岩浆侵入，加上一定的盖层覆盖，均会形成一定规模的矽卡岩萤石矿，如漳平风山-赤坂场矿区Y3矿化带、大田张地矿区、漳平尾仑山矿区（图6.1）。

2）滑覆构造下矽卡岩萤石矿：在福建省闽西南坳陷带广泛发育滑覆构造，滑覆构造常具有“层位性”，主要造成地层中较“软弱”的岩层缺失。比如：二叠纪煤系地层与下伏的栖霞组普遍发育有滑覆构造，而这套地层周边及下伏岩层中受后期碱性（碱长）花岗岩岩浆侵入，其岩浆气液顺滑覆构造面顺层侵入与下伏的碳酸盐岩发生气液交代形成矽卡岩萤石矿，且具有一定的层位性，如漳平风山-赤坂场矿区Y1矿化带（图6.1）。

3）推覆构造（逆冲断层）下矽卡岩萤石矿：推覆构造（逆冲断层）与滑覆构造一样，在福建省闽西南坳陷带中也是广泛发育，主要造成老地层或老侵入岩逆推于新地层之上的大型推覆断层。推覆构造若发生于碳酸盐岩地层之上，且周边及下伏岩层中又受后期碱性（碱长）花岗岩岩浆侵入，其岩浆气液顺推覆构造（逆冲断层）面侵入与下伏的碳酸盐岩发生气液交代形成矽卡岩萤石矿，如德化前厝坑矿区、将乐何坑-际下矿区。

6.1.2 找矿标志

（1）地层标志

萤石赋矿地层为碳酸盐岩海相沉积地层，萤石矿体一般呈似层状分布于地层中，碳酸盐岩地层是寻找新的靶区的重要地层找矿标志。

（2）岩性界面（硅钙面）

风山矿区萤石矿受成矿结构面控制，矿体多赋存于岩相/岩性界面、构造结构面及物理化学不连续界面附近。以硅铝酸盐与碳酸盐岩之间的界面（硅钙面）为找矿方向，是一种直接有效的找矿方法，应用硅钙面理论在闽西南地区寻找矽卡岩型萤石矿具有重要的现实意义。

（3）围岩蚀变标志

风山矿区内围岩蚀变十分发育，尤以矽卡岩化最为发育、分布最为广泛，其次还有硅化、大理岩

表 6.1　矽卡岩型萤石矿找矿典型矿床信息一览表

矿区名称	风山-赤坂场矿区（研究区）	风山北矿区	张地矿区	前厝坑矿区	何坑-际下矿区	尾仑山矿区
位置	漳平市灵地乡	漳平市吾祠乡	大田县太华镇	德化县美湖镇	将乐县高唐镇	漳平市官田乡
勘查阶段	正在勘探	正在勘探	正在勘探	正在勘探	勘探	详查
区域构造	闽西南坳陷带东北部，政和-大埔北东向断裂带和永安-晋江北西向断裂带的交汇地段	闽西南坳陷带东北部，政和-大埔北东向断裂带和永安-晋江北西向断裂带的交汇地段	闽西南坳陷带东北部，政和-大埔断裂带中段西侧，长塔-太华复式背斜东翼	闽东火山断坳带西部，北东向政和-大埔及福安-南靖深大断裂之间，戴云山-石牛山东西向构造带南侧	闽西北隆起带的南部、南平-宁化北东东向构造-岩浆带之北侧，南北向将乐-华安断层带的北端	闽东火山断坳带西部，政和-大埔断裂带与闽江口-永定北东东向断裂带交汇处北东缘
盖层	中二叠统童子岩组、文笔山组	中二叠统童子岩组、文笔山组	晚侏罗世正长花岗岩	晚三叠世黑云母二长花岗岩	新元古界万全岩群下峰岩组	下三叠统溪口组
构造	滑覆构造	滑覆构造	推覆构造	逆冲断层	推覆构造	北西西向断裂
地层	栖霞组	栖霞组	船山组—栖霞组	栖霞组	溪口组	溪口组
岩浆岩	晚侏罗世二长花岗岩	晚侏罗世二长花岗岩	晚侏罗世正长花岗岩	晚侏罗世黑云母花岗岩	晚侏罗世正长花岗岩	晚侏罗世正长花岗岩
矿石	矽卡岩型萤石矿	矽卡岩型萤石矿	矽卡岩型萤石矿	矽卡岩型萤石矿	矽卡岩型萤石矿	矽卡岩型萤石矿
资源量情况	预测可提交萤石矿矿石资源量800多万吨，萤石矿物量300多万吨	预估算萤石矿潜在矿石资源量1000多万吨，潜在矿物量300多万吨	预计萤石矿石总资源量200多万吨，矿物量100多万吨	初步预测矽卡岩型萤石矿石总资源量260多万吨，CaF_2矿物量60多万吨，瓷石矿150多万吨	萤石矿推断资源量15万多吨，矿物量3万多吨，平均品位约为27%	资源量130多万吨，萤石矿物量50多万吨，平均品位约为40%

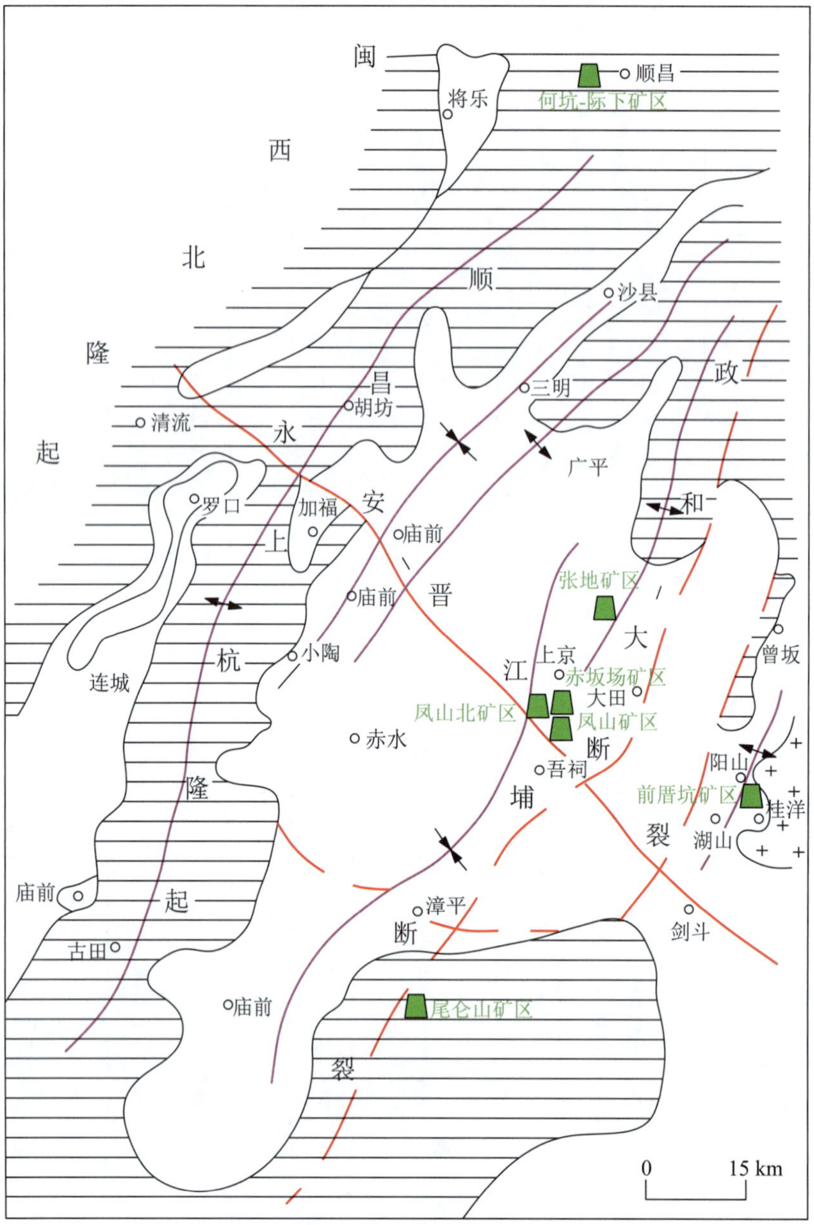

图 6.1　典型矿床分布图

化、角岩化、钾化、萤石化、方解石化、绢云母化、黄铁矿化等。矿体附近出现的硅化和大理岩化指示了硅钙面控矿作用的存在。

在凤山矿区 Y3 萤石主矿体的顶板有一层磁黄铁矿化矽卡岩，全区相对稳定，是萤石矿的良好找矿标志。

(4) 构造标志

构造破碎带膨大、转折或交叉部位，是成矿的有利部位，凤山矿区因 F_0 断层破坏，造成栖霞组上段断失部分地层，同时断层带灰岩形成较多溶蚀孔及溶洞，为后期的充填形萤石矿提供容矿空间。

(5) 岩浆岩标志

凤山矿区的萤石矿都是与花岗岩相关的萤石矿床，尤其是燕山晚期似斑状二长花岗岩是萤石矿中 F 主要来源，这类似斑状二长花岗岩类富 F 岩石是有利的找矿标志。

6.2 典型案例

6.2.1 漳平市凤山北矿区（老矿区外找矿）

6.2.1.1 矿区概况

凤山北矿区位于漳平市方位34°，直距约44 km处，行政区隶属漳平市吾祠乡管辖。地理坐标：东经117°36′32″~117°39′48″，北纬25°38′27″~25°40′15″，面积约9.15 km^2。矿区东边为赤坂场矿区，南边为凤山矿区。

凤山井田内有公路（水泥村道）通往漳平市吾祠乡、大田县上京镇，与漳平-大田县道连接，距离漳平麦园火车站38 km、漳平市98 km、大田县52 km。

6.2.1.2 以往地质工作

1）1965年，福建省区域地质测量队进行了1：20万永安幅区调，初步确定了本区地层的分布范围。

2）2012年，福建省地质调查研究院提交新桥幅1：5万矿产调查报告。通过1：5万水系沉积物测量、1：5万高精度磁测及地质等手段等，评价了区域矿产资源潜力。

3）2011年3月至2015年12月，福建省197地质大队在福建省漳平市赤坂场西矿区开展了煤矿预查（2010年度福建省地质勘查专项资金项目），进行了地质填图、钻探、测井、化验测试等工作，编写了《福建省漳平市赤坂场西矿区煤矿预查报告》，并通过了福建省地质勘查专项资金项目管理办公室组织的评审，提交了334型煤炭资源量670多万吨。

4）2012年4月至2022年3月，福建省197地质大队在凤山矿区（本区南侧）开展详查及勘探工作，进行了地质填图、钻探、测井、化验测试等工作，在矿区深部揭露了石墨矿、水泥用大理岩矿、硅灰石矿、萤石矿，编写了《福建省漳平市吾祠-灵地矿区凤山矿段水泥用大理岩矿、硅灰石矿、萤石矿勘探暨石墨矿资源储量地质报告》，提交石墨矿矿石总资源量（控制+推断）240多万吨；萤石矿（探明+控制+推断）矿石资源量750多万吨，萤石矿物量210多万吨，矿床CaF_2平均品位约为30%；硅灰石矿（探明+控制+推断）矿石资源量1400多万吨，硅灰石矿物量700多万吨，矿床平均品位为硅灰石含矿率约50%，硅灰石矿中伴生有萤石矿，CaF_2平均品位约为12%，伴生萤石矿物量150多万吨；硫铁矿推断资源量（矿石）130多万吨，平均品位S约28%；磁铁矿推断资源量（矿石）约10万吨，平均品位TFe 40%、mFe 24%。

5）2002年4月至今，福建省197地质大队在赤坂场矿区（本区东侧）开展地质找煤工作，进行了地质填图、钻探、测井、化验测试等工作，在矿区深部揭露了石墨矿、水泥用大理岩矿、硅灰石矿、萤石矿，目前已完成全部的野外工作，预测可提交萤石矿（探明+控制+推断）矿石资源量1000多万吨，萤石矿物量300多万吨，矿床平均品位约为32%。

6.2.1.3 矿区地质特征

矿区位于戴云山脉南麓，区域构造位置属闽西南坳陷带东北部，广丰-龙岩复式向斜中部东翼，太华-长塔复式背斜南段西翼，发育次级向、背斜褶曲。

受区内一级构造北东向政和-大埔断裂带和区内二级构造北西向永安-晋江断裂带的控制，区域内断裂构造较发育，主要为北东向和北西向两组断裂构造。

区域内地层由老到新有：下石炭统林地组，中二叠统栖霞组、文笔山组、童子岩组，上二叠统翠屏山组，下三叠统溪口组，上侏罗统长林组和南园组，其中栖霞组是萤石矿体的主要赋存地层。

区域内岩浆活动较为强烈，主要为晚侏罗世二长花岗岩及晚侏罗世花岗斑岩（图6.2）。

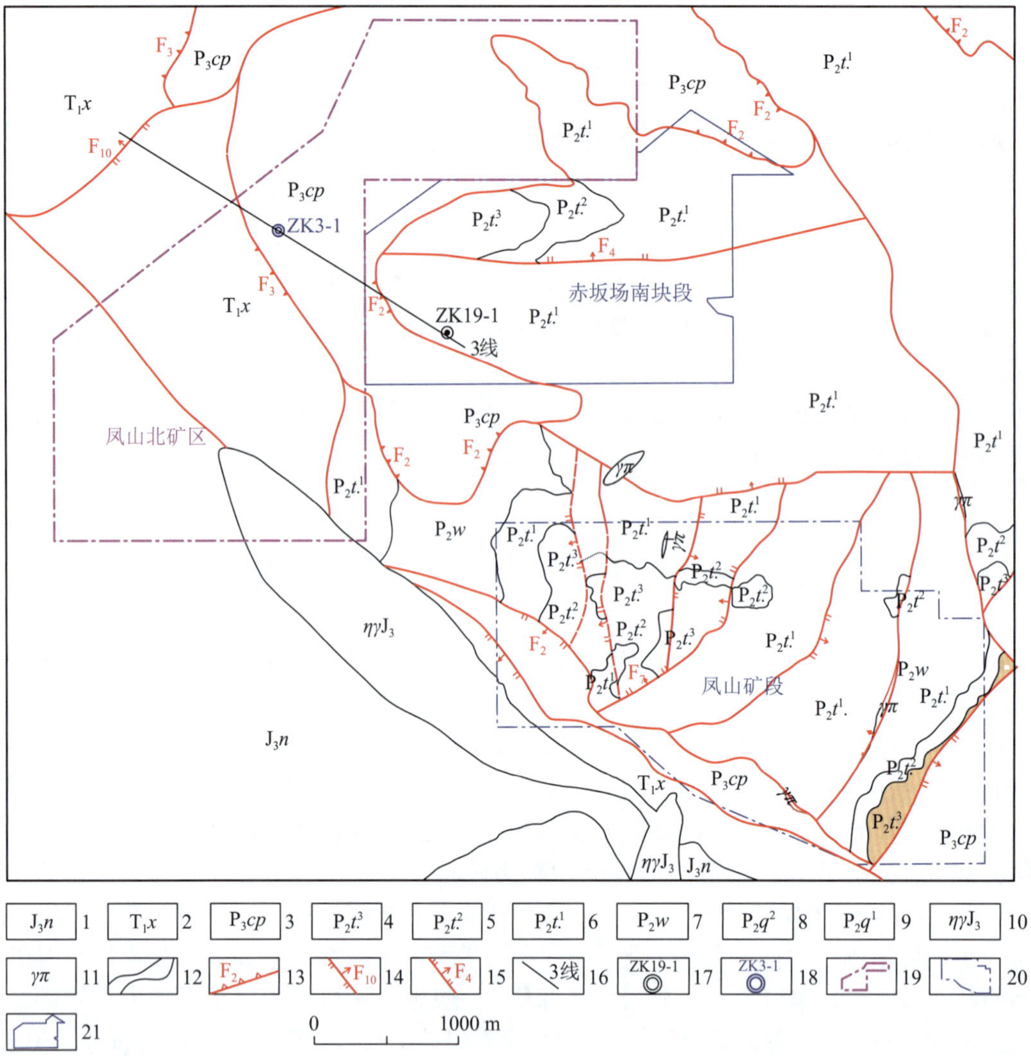

图 6.2　风山北矿区区域地质图

1—上侏罗统南园组；2—下三叠统溪口组；3—上二叠统翠屏山组；4—中二叠统童子岩组三段；5—中二叠统童子岩组二段；6—中二叠统童子岩组一段；7—中二叠统文笔山组；8—中二叠统栖霞组上段；9—中二叠统栖霞组下段；10—晚侏罗世二长花岗岩；11—花岗斑岩；12—地质界线、岩体界线；13—滑覆断层及编号；14—逆断层及编号；15—正断层及编号；16—勘探线及其编号；17—竣工钻孔及孔号；18—设计钻孔及孔号；19—风山北矿区范围及地质填图范围；20—风山矿段范围；21—赤坂场南块段范围

6.2.1.4　矿体地质特征

风山北矿区位于风山-赤坂场萤石成矿带的核心地带，风山位于矿区南东侧，赤坂场位于矿区东侧，赤坂场西（省专项资金煤炭勘查矿区）与本区部分重叠，具有较好的萤石成矿地质背景。矿区西部在找煤时已施工的 ZK6-1、ZK10-1 钻孔在深部揭露了栖霞组石灰岩地层，在矽卡岩中见团块浸染状萤石矿物。在风山矿区与赤坂场矿区之间的空白区施工了 18-9 孔、30-6 孔，其中 18-9 孔见 Y-1 矿体厚大于 3.5 m，CaF_2 38%；30-6 孔见 Y-3 矿体厚大于 12 m，CaF_2 32%。风山北矿区的矿体与风山-赤坂场矿区基本一致，主要为栖霞组灰岩与底部的晚侏罗世二长花岗岩接触交代形成的 Y-3 矿体和沿着缓断裂 F_0（文笔山组、童子岩组与栖霞组之间的滑覆断层）破碎带热液充填形成的 Y-1 矿体（图 6.3）。

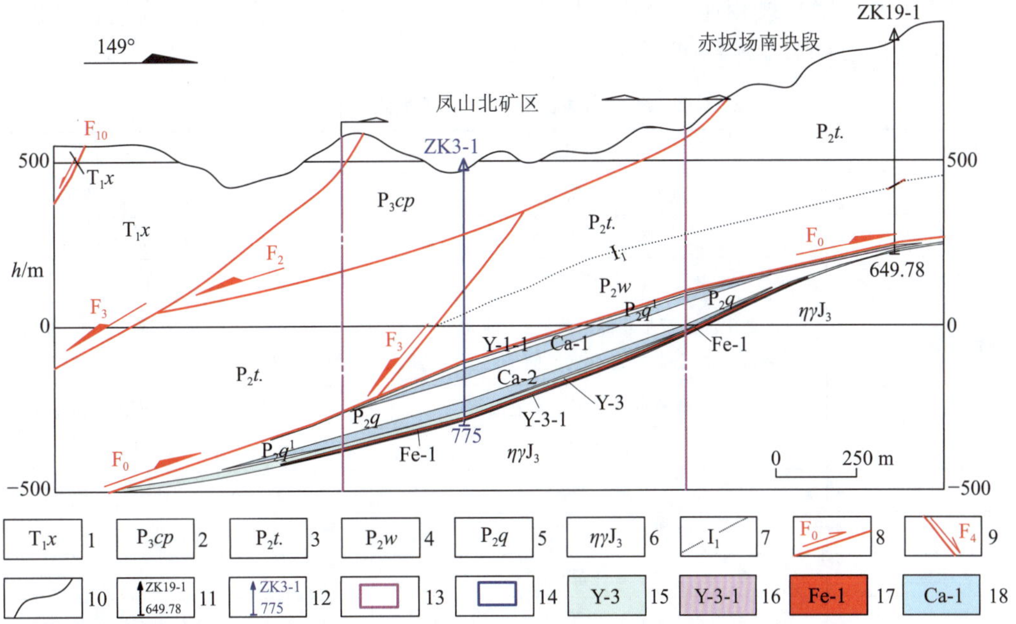

图 6.3　凤山北矿区 3 线地质剖面图

1—下三叠统溪口组；2—上二叠统翠屏山组；3—中二叠统童子岩组；4—中二叠统文笔山组；5—中二叠统栖霞组；6—晚侏罗世二长花岗岩；7—童子岩组地层标志层及其编号；8—滑覆断层及编号；9—正断层及编号；10—岩体界线、地层界线；11—钻孔及孔号；12—设计钻孔及孔号；13—凤山北矿区矿界；14—赤坂场南块段矿界；15—萤石矿带及其编号；16—萤石矿体及其编号；17—铁多金属矿体及其编号；18—水泥用灰岩矿体及其编号

6.2.1.5　资源前景

凤山-赤坂场萤石成矿区内赋矿地层为中二叠统栖霞组，栖霞组灰岩普遍矽卡岩化、萤石矿化、大理岩化、硅灰石化。栖霞组上覆上二叠统翠屏山组、中二叠统童子岩组、中二叠统文笔山组，底部的正长花岗岩呈岩基状侵入于栖霞组。本区地表揭露上二叠统翠屏山组、中二叠统童子岩组，深部赋存有一定厚度的栖霞组石灰岩，栖霞组灰岩为萤石矿物的形成提供了钙离子，预示矿区有较大的找矿潜力。

缓断裂 F_0（文笔山组、童子岩组与栖霞组之间的滑覆断层）和 F_0 下（栖霞组灰岩之下的脱底断层）是本区最重要的控矿构造，根据相邻凤山井田和赤坂场井田已施工钻孔，推测本区深部赋存缓断裂 F_0 和 F_0 下，本区构造具有与已知萤石矿床（体）相似的空间分布规律，矿区构造环境有利于成矿，是找矿的最佳远景区。

区内岩浆岩发育，根据凤山井田资料，区内花岗岩为成矿提供了氟源、温度。根据相邻凤山井田已施工钻孔，推测本区深部花岗岩与凤山井田花岗岩属于同个岩体，显示了区内热液接触交代（矽卡岩）成矿的可能性。

对比邻区漳平市凤山式矽卡岩型萤石矿成矿模式，本区盖层（童子岩组或文笔山组泥页岩）、钙源（石灰岩地层）、氟源（碱性花岗岩或碱长花岗岩）与漳平凤山式矽卡岩型萤石矿完全一致，成矿地质条件优越，是矽卡岩型萤石矿的重点找矿区（表 6.2）。

6.2.2　大田县张地矿区（接触交代成矿）

6.2.2.1　矿区概况

大田县张地矿区位于大田县城北西方位 323°，直距约 14 km 处。地理坐标：东经 117°44′15″~117°45′57″，北纬 25°47′30″~25°49′15″。行政区划隶属大田县太华镇管辖。矿山有乡村公路至太华镇与省道三（明）-郊（尾）线相连，公路里程约 5.0 km；泉（州）-三（明）高速在大田县境内设有多个互通。矿山距三明火车站约 110 km，交通便利。

表 6.2 漳平市凤山北矿区成矿模式特征对比

内容		成矿模式	对比矿区
矿区		凤山矿区（研究区）	凤山北矿区（案例区）
地理位置		漳平市吾祠乡	漳平市吾祠乡
工作程度		勘探	正在勘探
大地构造背景		闽西南坳陷带东北部，政和-大埔北东向断裂带和永安-晋江北西向断裂带的交汇地段	闽西南坳陷带东北部，政和-大埔北东向断裂带和永安-晋江北西向断裂带的交汇地段
成矿条件	盖层	中二叠统童子岩组、文笔山组	中二叠统童子岩组、文笔山组
	构造	滑覆构造	滑覆构造
	碳酸盐地层	栖霞组	栖霞组
	岩浆岩	晚侏罗世二长花岗岩	晚侏罗世二长花岗岩
	矿床成因	矽卡岩型萤石矿	矽卡岩型萤石矿
资源量		预测可提交萤石矿矿石资源量 800 多万吨，萤石矿物量 300 多万吨	预估算萤石矿潜在矿石资源量 1000 多万吨，潜在矿物量 300 多万吨

6.2.2.2 以往地质工作

1）1959 年 5 月，福建省地质局第三地质大队三〇三分队在太华一带开展地质普查工作，编写有《福建省大田县太华公社张地铁矿区铅锌矿普查报告》，求得 C_2 级铁矿石储量 343×10^4 t，磁黄铁矿矿石储量 28×10^4 t，铅锌矿矿石储量 70×10^4 t。

2）1974 年 12 月，由福建省地质二团八中队提交《福建省大田县东埔铁矿地质初查报告》，1975 年 3 月福建省革命委员会地质局以闽铁 11 号审查意见书批准本初查地质报告中的Ⅰ、Ⅱ、Ⅲ、Ⅵ和Ⅶ号矿体 C_2 级储量 40×10^4 t。

3）1987 年 6 月至 1988 年 11 月，闽西地质大队一分队对张地铁矿进行地质普查，提交了《大田县张地铁矿寒岭矿段普查地质报告》，经闽西地质大队核准，探明磁铁矿及混合型铁矿储量（C+D 级）34×10^4 t，其中 C 级储 20.9×10^4 t，D 级储量 12.0×10^4 t。另外探明褐铁矿石 D 级储量 23.0×10^4 t，磁铁矿石 D 级储量 0.01×10^4 t。

4）1999 年 10 月，大田县地矿局地质普查规划队对矿区保有储量进行核实，编写了《大田县张地铁矿铅锌矿区储量简测报告》，截至 1999 年 9 月底，保有磁铁矿及混合型铁矿储量（C+D 级）4.2×10^4 t，其中 C 级储量 3.7×10^4 t，D 级 0.5×10^4 t，保有褐铁矿（D 级）储量 10.5×10^4 t，铅锌矿保有储量（D 级）1.5×10^4 t。

5）1999 年 10 月，大田县地矿局地质普查规划队提交《大田县东埔铁矿铁炉坑西矿段储量简测报告》，工作程度较低（主要是采场测量），报告探求了Ⅴ、Ⅵ、Ⅶ、Ⅷ、Ⅺ号矿体矿石资源储量 90×10^4 t（均为 D 级储量），该报告已列入福建省矿产资源储量表（累计查明铁矿石资源储量 88×10^4 t）。两次相加扣除重复估算的矿体，截至 2002 年底，累计查明储量应为 80×10^4 t。

6）2004 年 10 月，太华铁矿委托福建省矿业协会对矿区及外围铁矿进行资源储量核实工作，2005 年 12 月，提交《福建省大田县张地矿区太华铁矿（扩大范围）资源储量核实报告》。提交的保有资源储量有：铁矿矿石资源储量 70 多万吨，其中磁铁矿矿石（122b+333）资源量 4 万多吨；混合型铁矿矿石（332+333）资源量 6×10^4 t；褐铁矿矿石（122b+331+332+333+334?）资源量 60 多万吨；硫铁矿石（333）资源量 0.02×10^4 t；新增异体共生矿产铅锌矿矿石（334?）资源量 0.3×10^4 t，铅金属量 261 t、锌金属量 298 t。

7）2005 年 7~9 月，福建省 196 煤田地质勘探队开展采区地质储量核实工作，于 2005 年 10 月编写提交《福建省大田县铁炉坑矿区铁矿储量核实报告》，提交铁炉坑采区褐铁矿矿石保有资源储量 35 多万吨，其中 122b 为 14×10^4 t（122b 占 37%），333 为 23×10^4 t。

8）2004 年 10 月至 2008 年 2 月，福建省 196 煤田地质勘探队对本区（包含张地西采区、张地西南矿段、张地西北矿段）开展地质普查工作，工作重点放在张地西采区，张地西南矿段及张地西北矿段基本未开展工作。2007 年 10 月，大田太华铁矿延续了福建省大田县张地西矿区铁矿详查勘查项目，至 2008 年 2 月对张地西采区开展详查工作，于 2008 年 3 月提交了《福建省大田县张地西矿区铁矿详查地质报告》，张地西采区内估算的褐铁矿矿石资源储量（332+333）为 190 多万吨，其中（332）为 120 多万吨，333 为 60 多万吨；张地西采区外（本次整合区外）褐铁矿石（332+333）资源量 4 万多吨，其中 332 为 1.5 万多吨、333 为 2.5 万多吨。

9）2010 年 11 月至 2011 年 6 月，中化地质矿山总局福建地质勘查院对该区铁矿资源储量整合核实工作。

10）2023 年 6 月至今，中化地质矿山总局福建地质勘查院地质分院通过生产巷道开拓、地表采场揭露、老孔编录采样及地质填图，在铁炉坑采区的北部发现 1 个萤石矿体，编号为Ⅰ-18，张地采区发现 1 个灰岩矿层和 4 个萤石矿体，编号分别为Ⅱ-20、Ⅱ-21、Ⅱ-22、Ⅱ-23、Ⅱ-24。新发现的灰岩矿、萤石矿矿石质量较好，其能较好满足各类矿种一般工业指标要求。

6.2.2.3 矿区地质特征

本区处于南武夷晚古生代坳陷区之大田-龙岩坳陷带东部，政和-大埔断裂带中段西侧，长塔-太华复式背斜东翼。矿区赋存于太华-长塔背斜与雄峰-大田向斜间，川石-南坑-上蔡铁多金属矿带之南东端（图 6.4）。

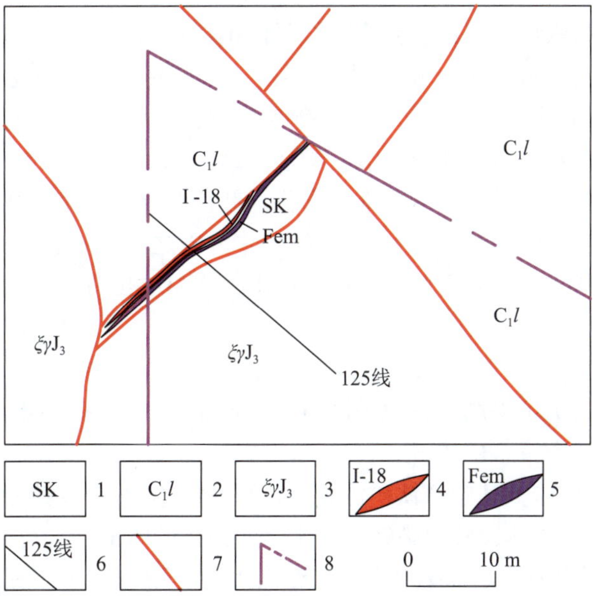

图 6.4 张地矿区铁炉坑矿段地质图

1—矽卡岩；2—下石炭统林地组；3—晚侏罗世正长花岗岩；4—萤石矿；5—磁铁矿；6—勘探线及编号；7—断层；8—研究区范围

出露的地层从古生界下石炭统至中生界侏罗系大部分都有。从老至新为：下石炭统林地组，下-中二叠统船山组—栖霞组，从中二叠统文笔山组至下三叠统溪口组（其间包括中二叠统童子岩组、上二叠统翠屏山组，为一整套基本上连续沉积的地层，岩性与省内其他地方基本相同）及第四系（图 6.5）。

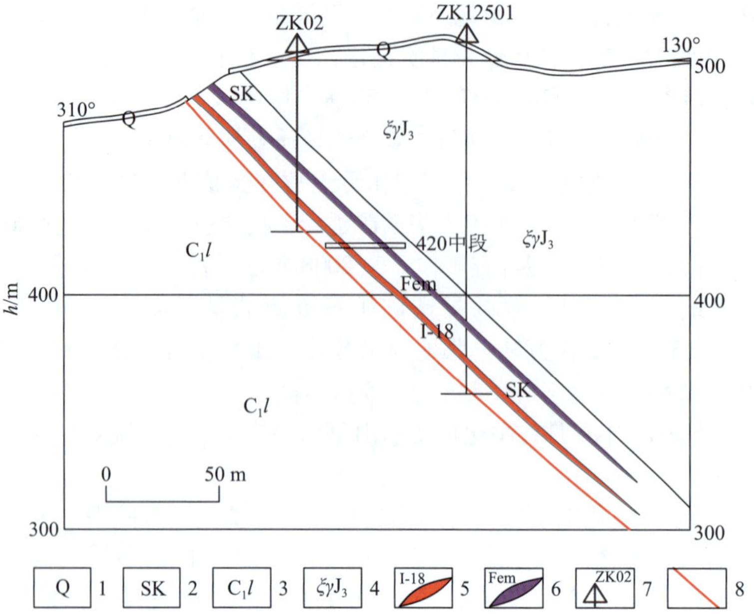

图 6.5　张地矿区 125 线地质剖面图

1—第四系；2—矽卡岩；3—下石炭统林地组；4—晚侏罗世正长花岗岩；
5—萤石矿；6—磁铁矿；7—钻孔及编号；8—断层

构造总体上呈倾向西北的单斜构造，褶皱不发育。构造以断裂为主，主要为一组北北东向和一组北西西向两组断裂，控制本区内的矿体赋存形态，同时也是火成岩侵入主要部位，为成矿提供有利地质构造条件。

区内出露的侵入岩体为张地岩体：主要为晚侏罗世正长花岗岩、石英斑岩和石英脉。花岗岩岩性为酸性中细粒含黑云母正长（或二长）花岗岩。肉红色-灰白色，中细粒花岗结构、粒径 0.5~5 mm，矿物成分：钾长石（40%~45%）、斜长石（20%~30%）、石英（20%~30%）及少量的黑云母（1%~5%）。分布在矿区的中东部及东南大部分，沿着构造断裂侵入，在侵入的过程中与船山组—栖霞组、文笔山组的接触处形成波状接触带，岩石局部见硅化、钾长石化、绿帘石化，岩体中常见矽卡岩的捕虏体，以平缓的倾角倾伏在矽卡岩之下，但局部覆在矽卡岩之上，在接触带上易形成矿体。石英斑岩：灰白色斑状结构，块状构造，岩石坚硬，脉状产出，零星的出露在区内的断裂带上。

6.2.2.4　矿体地质特征

张地矿区重新划分为铁炉坑采区、张地采区与张地西采区。全区共圈定有 56 个矿体，其中新发现 1 个水泥用灰岩矿体和 5 个萤石矿体。

铁炉坑采区共有 18 个矿体，其中磁铁矿体 2 个，褐铁矿体 14 个，铁锰矿体 1 个，新发现 1 个萤石矿体。张地采区共有 28 个矿体，其中磁铁矿体 4 个，铅锌矿体 1 个（已采空），硫铁矿体 1 个，混合型铁矿体 7 个，褐铁矿体 10 个，灰岩矿体 1 个，新增萤石矿体 4 个。张地西采区共圈定 10 个矿体，其中褐铁矿体 9 个，熔剂用灰岩矿 1 个。

萤石矿石，半自形-自形粒状变晶结构，块状构造。萤石矿中的矿石成分主要为萤石，脉石矿物主要为方解石、石英，次为石榴子石、透辉石等。萤石矿石有用组分主要为 CaF_2，平均 CaF_2 含量 37.13%~44.71%。

矿区富含成矿热液正长（二长）花岗岩侵入体沿断裂侵入与船山组—栖霞组灰岩接触交代作用形成了矽卡岩型铁矿。矿区内大面积出露的正长（二长）花岗岩侵入体同样富含挥发分组分（F），副矿物显示萤石矿化较强，岩浆期后热液蚀变作用较明显，显示与区内萤石矿成矿关系密切，为萤石矿的形成提供了成矿热液和物质来源，沿断裂侵入与船山组—栖霞组灰岩接触交代作用形成了矽卡岩萤石矿。矿石呈粒状结构、交代结构，块状、浸染状、条带状构造。矿石成分主要为萤石，脉石矿物主要为方解石、石英，次为石榴子石、透辉石等。因此，区内萤石矿床成因类型为矽卡岩型萤石矿床（表6.3）。

表6.3　大田县张地矿区成矿模式特征对比

内容		成矿模式	对比矿区
矿区		凤山矿区（研究区）	张地矿区（案例区）
地理位置		漳平市吾祠乡	大田县太华镇
工作程度		勘探	正在勘探
大地构造背景		闽西南坳陷带东北部，政和-大埔北东向断裂带和永安-晋江北西向断裂带的交汇地段	闽西南坳陷带东北部，政和-大埔断裂带中段西侧，长塔-太华复式背斜东翼
成矿条件	盖层	中二叠统童子岩组、文笔山组	晚侏罗世正长花岗岩
	构造	滑覆构造	推覆构造
	碳酸盐地层	栖霞组	船山组—栖霞组
	岩浆岩	晚侏罗世二长花岗岩	晚侏罗世正长花岗岩
矿床成因		矽卡岩型萤石矿	矽卡岩型萤石矿
资源量		预测可提交萤石矿矿石资源量800多万吨，萤石矿物量300多万吨	预计萤石矿石总资源量200多万吨，矿物量100多万吨

6.2.2.5　资源前景

矿区目前还在勘探中，初步预测矽卡岩型萤石矿石总资源量约200×10^4 t，矿物量约100×10^4 t。

6.2.3　德化县前厝坑矿区（逆冲断层下找矿）

6.2.3.1　矿区概况

矿区位于德化县城方位291°，直距约19 km处，行政区划隶属德化县美湖镇阳山村管辖。矿区面积：5.0163 km^2，开采标高：+1386～+750 m。矿区有多条简易公路与县道X346相连接，距德化县龙湖汽车站运距约20 km，距兴泉铁路盖德站运距约15 km，交通便利。

6.2.3.2　以往地质工作

1）1977年，福建省区域地质测量队开展1∶20万德化幅区域地质矿产调查，覆盖全区。

2）1987—1990年，福建省区测队开展1∶5万赤水幅、德化幅区调联测，提交有相应图幅地质图说明书。

3）1973年，国家计委航磁大队907队，开展了福建省东部地区航磁调查，提交有《福建省东部地区航空物探成果报告》，覆盖全区，对区内研究区域地质构造有重要参考价值。

4）1992—1995年，福建省地质勘查技术院开展1∶20万德化幅水系沉积物测量工作，编写了《1∶20万德化幅地球化学图说明书（水系沉积物测量）》。

5）2001—2004年，福建省地质调查研究院开展对包括本区在内的1∶25万龙岩市幅区域地质调查，对本区的地层、构造、岩浆岩等成矿条件进行了较系统的调研，对本区的沉积-改造型铜（铁）多金属矿的形成条件进行了分析。

6）1998年至今，福建省197地质大队在金竹坑-前厝坑-岐山-青年场一带长期开展高岭土、瓷石、钾长石、萤石等矿的地质勘查工作，取得一定成果，为本次研究提供了丰富的资料。

7）1986—1987年，福建省闽东南地质大队在本矿区及周围开展金竹坑高岭土矿地质普查工作，提交了《福建省德化县金竹坑高岭土矿区普查地质报告》。探明了高岭土矿 D 级储量 2.73×10^4 t，E 级储量 4.99×10^4 t；瓷石矿 D 级储量 4 万多吨，E 级储量 3×10^4 t 左右。

8）2003 年 5 月，福建省闽东南地质大队受德化县美龙矿业有限公司的委托，提交了《福建省德化县前厝坑陶瓷土矿区勘查地质报告》和《福建省德化县苏坑园陶瓷土矿区勘查地质报告》，探明了前厝坑陶瓷土矿区陶瓷土 333 资源量 24 万多吨，苏坑园陶瓷土矿区瓷石矿（333）资源量 7 万多吨。

9）2004 年 12 月，福建省闽东南地质大队受德化县美湖乡林建乐先生的委托，对前厝坑陶瓷土矿区进行资源普查工作，提交了《福建省德化县前厝坑陶瓷土（瓷石）矿普查地质报告》，探明了前厝坑陶瓷土（瓷石）矿瓷石 333 资源量 12 万多吨。

10）2011 年 10 月，福建省第二地质勘探大队受德化县美龙矿业开发有限公司委托对苏坑园内瓷石矿、德化县美湖乡阳山村金竹坑前厝坑瓷石矿和前厝坑瓷石矿三个矿整合为一个主体。提交了《福建省德化县前厝坑矿区陶瓷矿资源储量核实报告》，整合区内保有（332+333）资源储量矿石量 80 多万吨。其中 332 资源量 50 多万吨，333 资源量 30 多万吨。

11）2021 年 4 月至今，福建省 197 地质大队受德化县美龙矿业开发有限公司委托在该区开展瓷石矿生产勘探，通过地质填图、槽探揭露、生产矿井刻槽采样及钻探揭露，发现一条走向大于 2000 m、倾向大于 150 m、厚 20 m，富含瓷石、铍、萤石的矽卡岩矿体，该矽卡岩矿的发现进一步丰富了矽卡岩型萤石矿的类型。

6.2.3.3　矿区地质特征

区域上处于闽东火山断坳带（Ⅳ-$5^{2(1)}$）西部、北东向政和-大埔及福安-南靖深大断裂之间，戴云山-石牛山东西向构造带南侧，尤溪东华-永春天湖山北东向褶皱带之次级构造带的交汇处。

矿区地层较简单，主要为中二叠统童子岩组和下石炭统林地组，均分布于工作区西部。童子岩组地层分布呈走向 340°~350°，倾向北东，倾角 40°~45°。下部以石英细砂岩为主夹少量粉砂岩，石英细砂岩呈浅灰-灰色，厚-巨厚层状；粉砂岩夹层呈薄-中厚层状，层理不明显。上部为碳质、泥质粉砂岩夹少量石英砂岩，局部夹煤线及钙质粉砂岩。该组地层受岩体影响，均不同程度遭受变质作用，出现角岩化、钠长石化及后期高岭土化等。区内断裂以北东向为主，控制着花岗斑岩脉的展布，断裂倾向西、倾角 46°~80°，宽 8~20 m，长大于 3000 m，挤压破碎带发育，可见构造透镜体和构造角砾岩。主要表现为印支期片麻状黑云母二长花岗岩（桂洋岩体）推覆于中二叠统童子岩组—下石炭统林地组之上，矿体主要产于这一推覆断层中。

区内岩浆侵入活动频繁，主要岩体有印支期片麻状黑云母二长花岗岩（桂洋岩体）、燕山早期黑云母花岗岩（盖德岩体）、燕山晚期钾长花岗岩（苦坑仔岩体），均呈岩株状产出。后期见有花岗斑岩、正长岩、辉长岩及闪长玢岩呈脉状沿断裂充填（图 6.6）。

6.2.3.4　矿体地质特征

从 2021 年至今，福建省 197 地质大队一直在该区开展地质勘查工作，施工的钻孔和硐探工程均揭露有矽卡岩型瓷石-铍-萤石矿和硫铁矿化矽卡岩型萤石矿，该矿体出露于印支期片麻状黑云母二长花岗岩（桂洋岩体）与中二叠统童子岩组—下石炭统林地组之间的推覆断层中（图 6.7）。随着侏罗纪似斑状二长花岗岩的侵入，岩浆侵入时所带来的大量气液顺着推覆断层侵入，为化学性质活泼的碳酸盐类围岩与富含 F 的气-液进行交代反应形成该类型的萤石矿（表 6.4）。

前厝坑矿区已施工 50 多个钻孔，大部分钻孔见矽卡岩型萤石矿，以 ZK2、ZK15 见矿为著（图 6.8，图 6.9）。矿体走向 170°，倾向西，倾角 50°~70°；矿体走向长大于 2000 m，倾向大于 150 m，厚度 3.0~60.0 m，平均 20 m。矿石品位：Al_2O_3 13%~28%、CaF_2 15%~58%、BeO 0.02%~0.93%。经过见矿钻孔的采样分析发现，BeO 含量与 Al_2O_3、CaF_2 含量的相关性极为明显，Al_2O_3 与 CaF_2 含量高则 BeO 含量也高，单 Al_2O_3 含量高或单 CaF_2 含量高则 BeO 含量较低（以 ZK12-1 孔为例，见表 6.5）。

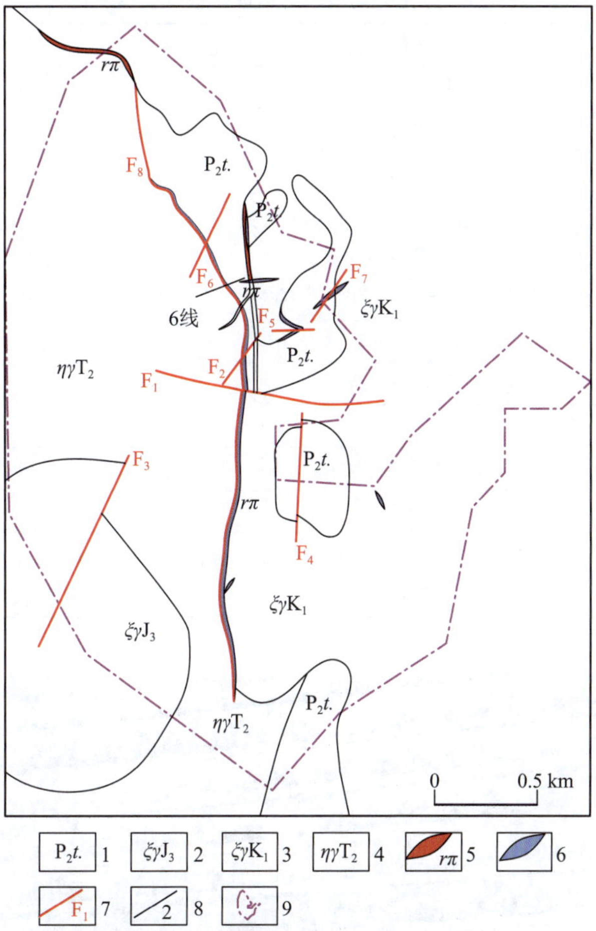

图 6.6 前厝坑矿区地质图

1—中二叠统童子岩组；2—晚侏罗世黑云母花岗岩；3—早白垩世钾长花岗岩；4—晚三叠世黑云母二长花岗岩；5—花岗斑岩脉；6—瓷石矿体；7—断层及编号；8—勘探线及编号；9—矿区范围

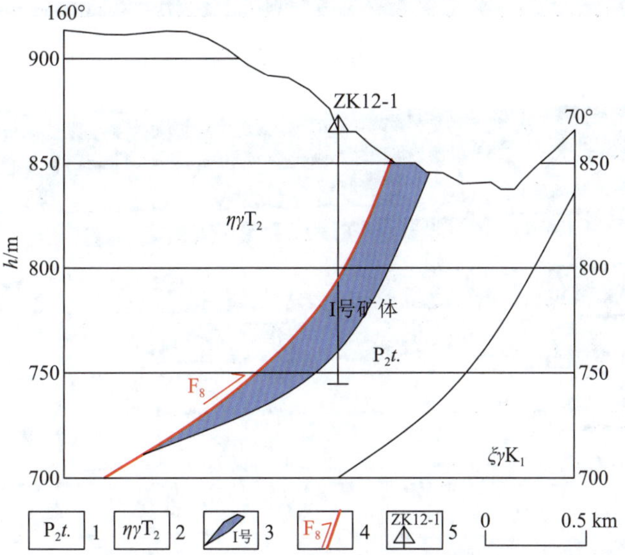

图 6.7 前厝坑矿区 12 线地质剖面图

1—中二叠统童子岩组；2—晚三叠世黑云母二长花岗岩；3—萤石矿体及编号；

4—逆断层及编号；5—钻孔及编号

表 6.4 德化县前厝坑矿区成矿模式特征对比

内容		成矿模式	对比矿区
矿区		凤山矿区（研究区）	前厝坑矿区（案例区）
地理位置		漳平市吾祠乡	德化县美湖镇
工作程度		勘探	正在勘探
大地构造背景		闽西南坳陷带东北部，政和-大埔北东向断裂带和永安-晋江北西向断裂带的交汇地段	闽东火山断坳带西部，北东向政和-大埔及福安-南靖深大断裂之间，戴云山-石牛山东西向构造带南侧
成矿条件	盖层	中二叠统童子岩组、文笔山组	晚三叠世黑云母二长花岗岩
	构造	滑覆构造	逆冲断层
	碳酸盐地层	栖霞组	栖霞组
	岩浆岩	晚侏罗世二长花岗岩	晚侏罗世黑云母花岗岩
矿床成因		矽卡岩型萤石矿	矽卡岩型萤石矿
资源量		预测可提交萤石矿矿石资源量 800 多万吨，萤石矿物量 300 多万吨	初步预测矽卡岩型萤石矿石总资源量 260 多万吨，CaF_2 矿物量 60 多万吨，瓷石矿 150 多万吨

图 6.8 前厝坑矿区 ZK2 钻孔萤石矿

图 6.9 前厝坑矿区 ZK15 钻孔萤石矿

表 6.5　BeO 与 Al_2O_3、CaF_2 含量相关性分析表（$w_B/\%$）

样品原号	Al_2O_3	CaF_2	BeO	Fe_2O_3	TiO_2	相关性
ZK12-1-H12	22.64	0.72	0.041	1.11	0.31	
ZK12-1-H13	22.72	0.88	0.039	1.50	0.40	
ZK12-1-H14	24.36	0.80	0.005	7.63	0.69	
ZK12-1-H15	23.91	2.30	0.056	2.89	0.43	
ZK12-1-H16	24.45	1.30	0.004	7.63	0.55	
ZK12-1-H17	26.50	14.05	0.18	0.43	0.20	好
ZK12-1-H18	23.38	1.05	0.007	7.63	0.42	
ZK12-1-H19	22.61	15.96	0.19	0.42	0.14	好
ZK12-1-H20	15.42	5.88	0.086	1.07	0.19	
ZK12-1-H21	17.43	8.63	0.052	0.87	0.21	
ZK12-1-H22	22.74	24.87	0.10	0.73	0.16	好
ZK12-1-H23	23.67	23.54	0.079	0.84	0.18	好
ZK12-1-H24	22.91	9.88	0.099	2.25	0.30	好
ZK12-1-H25	17.50	3.05	0.039	4.73	0.62	
ZK12-1-H26	17.05	1.88	0.046	6.50	0.62	
ZK12-1-H27	16.37	1.05	0.057	6.92	0.65	
ZK12-1-H28	16.22	1.05	0.025	6.55	0.65	
ZK12-1-H29	19.55	0.88	0.015	4.80	0.60	
ZK12-1-H30	23.98	10.80	0.072	2.60	0.65	好
ZK12-1-H31	22.28	16.79	0.095	1.78	0.45	好
ZK12-1-H32	19.28	2.22	0.062	5.55	0.49	

图 6.10　ZK13-3 揭露的断层构造带（矽卡岩化）

6.2.3.5　资源前景

矿区目前还在勘探中，初步预测矽卡岩型萤石矿石总资源量 260 多万吨，CaF_2 矿物量 60 多万吨，瓷石矿 150 多万吨，及共伴生一定的铍资源量。在矿区的北部金竹坑、九户林矿区和南部永春岐山矿区也发现有伴生铍的矽卡岩型萤石矿，具有一定的找矿前景。

6.2.4 将乐县何坑-际下矿区（推覆体下找矿）

6.2.4.1 矿区概况

矿区位于将乐县城北东 30°方位，直距约 18 km 处，隶属将乐县高唐镇楼杉村管辖。地理坐标：东经 117°32′55″~117°34′49″，北纬 26°52′15″~26°53′32.50″。南北长 268~1189 m，东西宽 688~3146 m，面积 2.76 km^2。区内有简易公路与顺昌至将乐 S204 省道相连，行程约 13 km，交通较为方便。

6.2.4.2 以往地质工作

1）2004—2006 年，福建省闽西地质大队在福建省将乐县际下-曹地矿区铁多金属矿开展普查工作时，在曹地发现低品位褐铁矿化带。

2）2006 年 7 月至 2008 年 9 月，将乐县富源矿产品经营部委托福建省地质调查研究院在际下-曹地矿区开展普查工作，开展了地质修测、综合分析等工作。

3）2008 年 8 月至 2010 年 5 月，福建省地质调查研究院对何坑-曹地矿区开展了普（详）查工作，普查面积为 10.92 km^2，详查面积为 1.33 km^2，主要开展了地质修测、土壤化探、槽探、钻探以及测试分析工作，了解了土壤异常分布范围。

4）2010 年 12 月至 2017 年 1 月，福建省闽北地质大队对何坑-曹地矿区铁多金属矿开展普查、详查工作，开展了地质填图（修测）、老硐清理、样品采集、综合分析等工作，初步圈定矿化蚀变分布范围。

5）2016 年 10 月至 2018 年 8 月，福建省 196 地质大队开展了 1∶5 万福建富文地区矿产远景调查（2016 福建省地质勘查专项资金项目），覆盖本区，提交了《福建富文地区矿产远景调查报告》。确立了测区含矿建造构造（包括地层、构造、侵入岩 3 个方面），大致查明了与成矿有关的南山岩组，栖霞组，溪口组灰岩、钙硅质泥岩段，焦坑组（角）砾等重要层位的空间分布特征和岩性组合，圈定了 3 处找矿远景区。

6）2017 年 2 月至 2019 年 1 月，福建省 196 地质大队对何坑-曹地矿区开展地质工作，主要开展了地质填图（修测）、室内整理综合研究等，未开展进一步地质工作。

7）2020 年 10 月至 2023 年 9 月，福建省 197 地质大队在何坑-曹地矿区际下矿段开展地质详查、勘探工作，主要工作对象为际下矿段内方解石矿，先后开展了钻探、测量、水工环地质、样品测试等工作，提交《福建省将乐县何坑-曹地矿区际下矿段方解石矿勘探地质报告》，提交了探明+控制+推断矿石总资源量 1500 万多吨，平均品位 CaO 55%，MgO 0.45%，白度 89%；矿段内萤石矿推断资源量 11 多万吨，CaF_2 矿物量 3 万多吨。

6.2.4.3 矿区地质特征

矿区位于闽西北隆起的南部、闽西北隆起和闽西南坳陷之间的南平-宁化北东东向构造-岩浆带之北侧，南北向将乐-华安断层带的北端。矿区出露地层从老到新有：新元古界万全岩群下峰岩组片岩段、下三叠统溪口组、下侏罗统梨山组上段（图 6.11）。

矿区内褶皱不发育，构造以断裂为主，总体构造形态为南东倾向的单斜构造，倾角 20°~50°。主要断层以北东向断裂为主，次为北西向、近南北向断裂。其中，控制下三叠统溪口组灰岩展布的逆冲推覆断层，主要表现为新元古界万全岩群下峰岩组推覆于下三叠统溪口组之上，该断层也是本区矽卡岩型萤石矿的容矿空间。

矿区侵入岩较发育，主要有中生代晚侏罗世正长花岗岩、闪长岩、花岗斑岩、闪长玢岩、石英斑岩等。随着该期岩体的侵入，带来了大量的热量，岩体外接触带的溪口组灰岩发生了强烈的接触热变质作用，普遍大理岩化、矽卡岩化，产生方解石重结晶现象、褪色作用，形成了白色方解石矿体（表 6.6）。

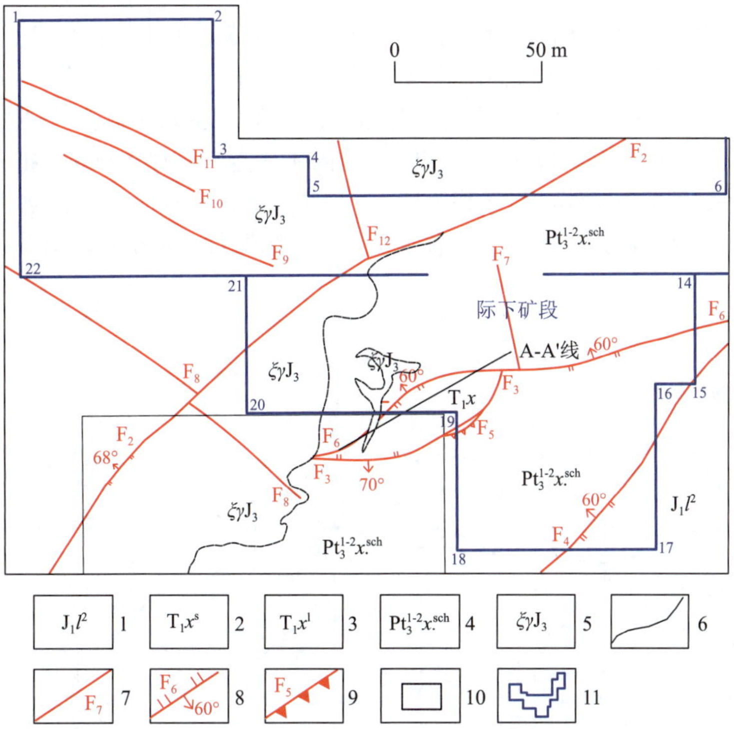

图 6.11　何坑-际下矿区地质图

1—下侏罗统梨山组上段；2—上三叠统溪口组石碧溪泥岩段；3—上三叠统溪口组兰田灰岩段；4—新元古界万全岩群下峰岩组片岩段；5—晚侏罗世含斑中细粒含黑云母正长花岗岩；6—实测地质界线；7—性质不明断层及编号；8—逆断层及编号、倾角；9—推覆断层及编号；10—际下铜矿采矿权范围；11—矿界范围

表 6.6　将乐县何坑-际下矿区成矿模式特征对比

内容		成矿模式	对比矿区
矿区		凤山矿区（研究区）	何坑-际下矿区（案例区）
地理位置		漳平市吾祠乡	德化县美湖镇
工作程度		勘探	正在勘探
大地构造背景		闽西南坳陷带东北部，政和-大埔北东向断裂带和永安-晋江北西向断裂带的交汇地段	闽东火山断坳带西部，北东向政和-大埔及福安-南靖深大断裂之间，戴云山-石牛山东西向构造带南侧
成矿条件	盖层	中二叠统童子岩组、文笔山组	晚三叠世黑云母二长花岗岩
	构造	滑覆构造	推覆构造
	碳酸盐地层	栖霞组	栖霞组
	岩浆岩	晚侏罗世二长花岗岩	晚侏罗世黑云母花岗岩
矿床成因		矽卡岩型萤石矿	矽卡岩型萤石矿
资源量		预测可提交萤石矿矿石资源量 800 多万吨，萤石矿物量 300 多万吨	萤石矿推断资源量 15 万多吨，矿物量 3 万多吨。平均品位约为 27%

6.2.4.4　矿体地质特征

矿区共圈定方解石矿体 3 个，分别为 Ⅰ、Ⅱ-1、Ⅱ-2 号方解石矿体，赋存于下三叠统溪口组兰

田灰岩段（图6.12）。萤石矿体2个，编号为Y-1、Y-2号，其中Y-1萤石矿带分布于际下矿段南西侧外围，10~11线之间，赋存于溪口组上部，为矽卡岩型萤石矿化带；Y-2萤石矿带广泛分布于10~17线之间，赋存于溪口组底部与花岗岩外接触带中，为矽卡岩型萤石矿化带。Y-1萤石矿带中赋存Y-1-1、Y-1-2两个萤石矿体；Y-2萤石矿带中赋存Y-2萤石矿体。Y-2号矿体呈似层状、透镜状，走向北东东向，倾向南东，倾角20°~40°。区内矿体走向长度300 m，推测延深约120 m，厚度0.39~3.86 m。Y-2号萤石矿体矿石矿物为萤石，占比20%~45%，脉石矿物主要为透辉石、石榴子石、绿帘石、阳起石等，此外，矿石中还有少量石英、绿泥石、磁铁矿、磁黄铁矿等。矿石平均品位为CaF_2 27%。

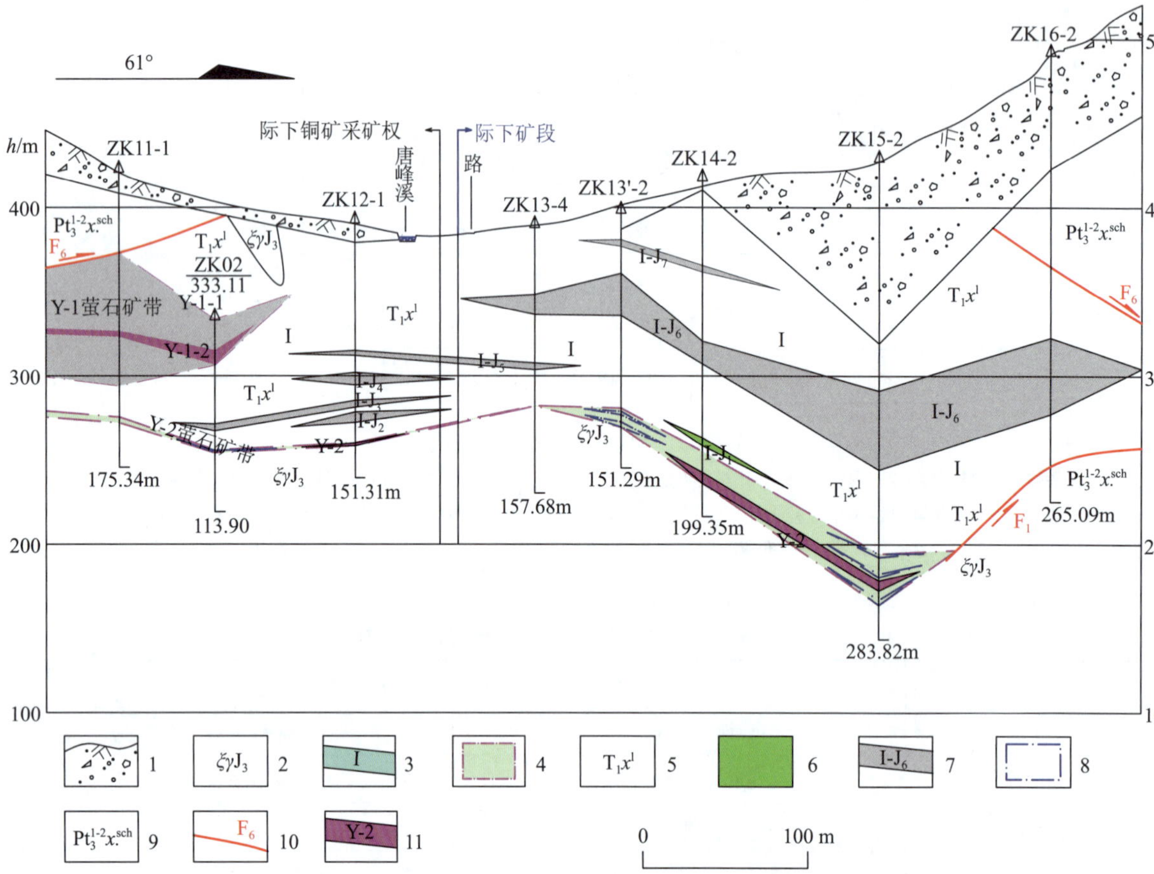

图6.12 何坑-际下矿区A-A'线地质剖面图

1—残坡积层；2—晚侏罗世含斑中细粒含黑云母正长花岗岩；3—方解石矿体及编号；4—Y-2萤石矿带范围；5—下三叠统溪口组兰田灰岩段；6—闪长岩；7—夹石；8—低品位萤石矿化带；9—新元古界万全岩群下峰岩组片岩段；10—断层及编号；11—萤石矿体及编号

6.2.4.5 资源前景

际下矿段3个方解石矿体（即Ⅰ、Ⅱ-1、Ⅱ-2号矿体）获得探明+控制+推断矿石总资源量1500多万吨，平均品位CaO 55%，MgO 0.45%，白度89%。矿段内萤石矿推断资源量15万多吨，CaF_2矿物量3万多吨。

6.2.5 漳平市尾仑山矿区（接触交代成矿）

6.2.5.1 矿区概况

矿区位于福建省漳平市城区177°方位，直距约33 km，隶属福建省漳平市官田乡管辖。矿区范围：东经 117°25′43″～117°26′19″；北纬 24°59′01″～24°59′45″，面积 1.37 km^2。矿区距 308 省道约 8 km，距华安火车站约 14 km，与漳平市以及龙岩市等有省道及县级公路相通，交通十分方便。

6.2.5.2 以往地质工作

1）1961 年，福建省区调队进行过 1∶20 万漳州幅、东山幅区域地质矿产调查，对矿区地层、构造、岩浆岩分布有了初步了解。

2）1993 年 10 月，福建省第八地质大队在该区开展锂皂石矿普查，初步确定工作区地层层序，大致了解工作区的构造形态，大致了解岩浆岩的岩性、特征，发现一个硅灰石矿体。

3）2002 年，福建省地质调查研究院完成 1∶25 万厦门市幅、东山县幅区域地质调查，其中厦门市幅包含矿区，对区域上地层、构造、岩浆岩分布有了较为系统的了解。

4）2016 年，福建省地质调查研究院完成福建省 1∶5 万永福镇幅、华安县幅、高安圩幅、新圩幅、利水幅区域地质调查，其中高安圩幅包含本区，对地层、构造、岩浆岩及矿产进行了较详细的调研。

5）2013 年 10 月至 2018 年 8 月，福建省第二地质勘探大队受业主委托在该区开展地质勘查工作，提交了《福建省漳平市尾仑山矿区硅灰石、萤石矿普查报告》，于 2018 年 8 月 9 日通过福建省国土资源评估中心评审（闽国土资储评字〔2018〕16 号），提交资源量为：硅灰石矿 334 矿石资源量约为 4×10^4 t，平均品位：CaO 38%、SiO_2 48%、Fe_2O_3 0.5%；萤石矿体（333+334）矿石资源量为 110×10^4 t，平均品位：CaF_2 40%，矿物量为 50×10^4 t。

6）2019 年 3 月至 2019 年 12 月，福建省 121 地质大队受业主委托在该区普查报告基础上开展地质详查工作，于 2020 年通过福建省国土资源评估中心评审，提交资源储量：矿区萤石矿（332+333）矿石资源量 130 多万吨，萤石矿物量 50 多万吨，矿床平均品位为 40%，萤石矿床规模为中型；矿区共生硅灰石矿 333 矿石资源量合计为 10000 多吨，矿床平均品位为 CaO 38%、SiO_2 46%、Fe_2O_3 0.5%，矿床规模为小型。

6.2.5.3 矿区地质特征

尾仑山矿区位于寿宁-华安断隆带，政和-大埔断裂带与闽江口-永定北东东向断裂带交汇处北东缘，长期的构造运动，最终造就了区域上北北东向、近南北向断裂为主，近东西向断裂零星分布的构造格局。

区内出露地层主要为中二叠统童子岩组，下三叠统溪口组兰田灰岩段和石碧溪泥岩段，区内构造主要为区域北北东向张性断裂 F_1 和区内北西向张性断裂 F_2，断层对矿体影响不大。

晚侏罗世侵入岩为区内主要岩浆岩，多呈岩基、岩株状产出，其岩性复杂，地表出露及钻孔揭露的岩体主要为正长花岗岩、二长花岗岩以及花岗闪长岩。晚侏罗世侵入岩，特别是晚侏罗世正长花岗岩为区内重要的成矿母岩，岩浆侵入活动不仅为成矿作用提供了热液，还为萤石、硅灰石矿床带来了丰富的矿源，区内萤石、硅灰石矿体主要赋存于其与下三叠统溪口组兰田灰岩段接触带形成的矽卡岩、大理岩中（图 6.13）。

6.2.5.4 矿体地质特征

本区萤石、硅灰石矿体赋存于晚侏罗世正长花岗岩与下三叠统溪口组兰田灰岩段接触带中，区内圈定大小不等的萤石矿体 4 个，矿体编号分别为Ⅱ、Ⅱ-1、Ⅱ-2、Ⅱ-3，其中Ⅱ号萤石矿体为矿区主矿体；圈定硅灰石矿体 4 个，编号分别为Ⅰ、Ⅲ-1、Ⅲ-2、Ⅲ-3，均为单工程控制小矿体（图 6.14）。

区内主矿体为Ⅱ号萤石矿体，矿体形态、产状严格受晚侏罗世正长花岗岩与下三叠统溪口组兰田灰岩段接触带控制，分布于 20～26 线间，地表由 3 条探槽控制，深部由 16 个钻孔控制。矿体最大长度 380 m，最大延深达 245 m，赋存标高 623～733 m，埋深 0～165 m；矿体形态较简单，呈透镜状；矿

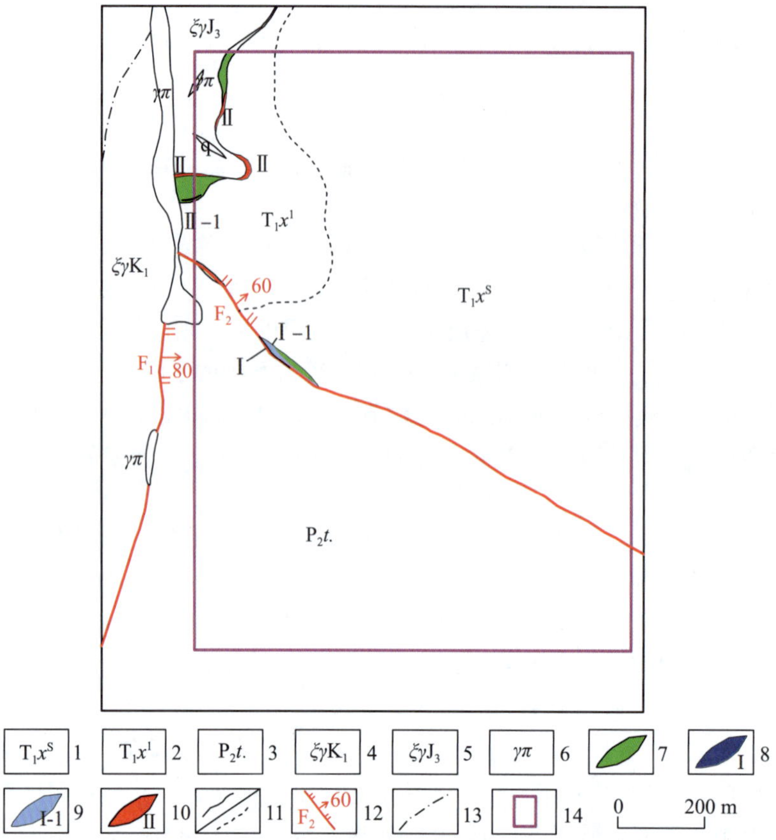

图 6.13　尾仑山矿区地质图

1—下三叠统溪口组石碧溪泥岩段；2—下三叠统溪口组兰田灰岩段；3—中二叠统童子岩组；4—早白垩世正长花岗岩；5—晚侏罗世正长花岗岩；6—花岗斑岩；7—矽卡岩；8—硅灰石矿体及编号；9—硅灰石矿化体及编号；10—萤石矿体及编号；11—实测地质界线/推测地质界线；12—正断层及编号；13—脉动接触界线；14—矿区范围

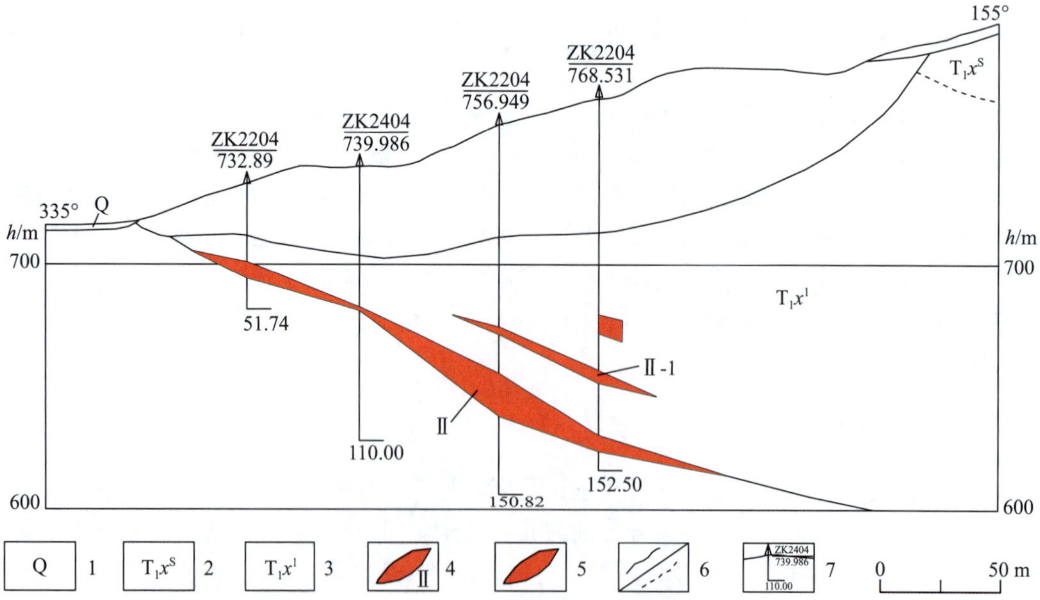

图 6.14　尾仑山矿区 25 号勘探线地质剖面图

1—第四系；2—下三叠统溪口组石碧溪泥岩段；3—下三叠统溪口组兰田灰岩段；4—萤石矿体及编号；5—低品位萤石矿体；6—实测/推测地质界线；7—钻孔孔号/孔口标高（m）

体在 TC2001-1 以北走向为 10°左右，倾向 100°左右，倾角 20°～30°，矿体在 TC2001-1 以南走向 60°～100°，倾向 150°～190°，倾角 30°～45°；矿体真厚度 0.73～18.19 m，总体表现为由近地表向深部厚度逐渐变厚再变薄直至尖灭为特征，厚度变化系数 73.6%；矿体平均品位 CaF_2 39.33%，品位变化系数 13.4%。矿体与围岩接触面清楚，容矿岩石主要为矽卡岩；矿体顶板一般为大理岩、矽卡岩，在近地表多为岩溶充填物掩盖，底板为黑云母花岗岩、矽卡岩。其他矿体均为小矿体，大致与主矿体平行，分布于主矿体顶、底板围岩中。根据蚀变类型、矿物组合特征，矿区矿床主要成因类型为接触交代矽卡岩成因（表 6.7）。

表 6.7　漳平市尾仑山矿区成矿模式特征对比

内容		成矿模式	对比矿区
矿区		凤山矿区（研究区）	尾仑山矿区（案例区）
地理位置		漳平市吾祠乡	漳平市官田乡
工作程度		勘探	详查
大地构造背景		闽西南坳陷带东北部，政和-大埔北东向断裂带和永安-晋江北西向断裂带的交汇地段	闽东火山断坳带西部，政和-大埔断裂带与闽江口-永定北东东向断裂带交汇处北东缘
成矿条件	盖层	中二叠统童子岩组、文笔山组	溪口组
	构造	滑覆构造	北西西向断裂
	碳酸盐地层	栖霞组	溪口组
	岩浆岩	晚侏罗世二长花岗岩	晚侏罗世正长花岗岩
矿床成因		矽卡岩型萤石矿	矽卡岩型萤石矿
资源量		预测可提交萤石矿矿石资源量 800 多万吨，萤石矿物量 300 多万吨	资源量 130 多万吨，萤石矿物量 50 多万吨，平均品位约为 40%

6.2.5.5　资源前景

矿区萤石矿（332+333）矿石资源量 130 多万吨，萤石矿物量 50 多万吨，矿床平均品位约为 40%，萤石矿床规模为中型。

7 结　　论

漳平凤山-赤坂场矿区发现多层矽卡岩型萤石矿，预计可提交2处大型萤石矿产地，萤石矿石资源量达2000×10^4 t以上，矿物资源量达600×10^4 t以上。此外，研究区内近年来也陆续发现并勘查了多处同类型萤石矿床。2023年7月，福建省197地质大队与福州大学紫金地质与矿业学院联合开展以凤山-赤坂场矿区为重点矿床解剖，兼顾将乐、德化和大田等地的矿床（点）进行了矿产勘查学、地球化学、矿物学、岩石学和矿床学等多学科综合研究，在总结成矿规律的基础上建立成矿模型；结合找矿标志，制定适合于区域找矿的矽卡岩型萤石矿床评价准则，指导下一步找矿勘查工作。主要成果总结如下。

1）凤山-赤坂场萤石矿床为受低渗透性盖层+缓倾角断裂+富氟壳源花岗岩+碳酸盐岩共同控制的矽卡岩型矿床。

2）矽卡岩主要为渗透交代型矽卡岩，其次为扩散交代型矽卡岩，以石榴子石、辉石、硅灰石、绿帘石、绿泥石、角闪石等为主；矿石类型划分为花岗岩型、矽卡岩型、铁多金属型和石英-方解石-萤石脉型；成矿过程可以划分为4个阶段：干矽卡岩阶段、湿矽卡岩阶段、萤石-石英-硫化物阶段以及萤石-碳酸盐-石英阶段。

3）成矿年龄为159.0~161.5 Ma，与成矿岩体的年龄基本一致，表明岩浆期后热液活动阶段富氟热液流体在迁移过程中与碳酸盐岩围岩发生了水-岩反应，从围岩中萃取钙质成分，钙与氟结合促进萤石沉淀成矿。

4）与晚侏罗世（古）太平洋板块俯冲作用有关的成矿岩体具有明显的岩石学特征：①岩浆岩的物质来源主要为壳源；②具有高度或者较高程度分异的中酸性岩浆岩，其岩性主要包括二长花岗岩、钾长花岗岩等；③具备富硅、富碱、过铝质特征，且稀土元素四分组效应明显。

5）最有利的围岩是碳酸盐类岩石，如中二叠统栖霞组海相晶粒灰岩等。

6）与成矿密切相关的矿物组合从早到晚依次为：钙铁榴石-钙铝榴石+透辉石-钙铁辉石+硅灰石、铁闪石+斜黝帘石+富铁绿泥石、磁铁矿+磁黄铁矿+黄铁矿，成矿流体主要为低温、低盐度、低密度、富液相$NaCl-H_2O$体系，来源于岩浆水与大气降水的混合。

7）在区域成矿学指导下，本研究综合分析了研究区内的矿床学特征，并认为成矿期圈闭构造，包括闭合式的断裂构造、矿体上覆极低渗透性岩层，以及浅成乃至超浅成的盖层条件，同样是成矿的有利因素。

8）以上述控矿因素和成矿客观条件为准则，建立成矿模式，对重点研究区以外的漳平市凤山北矿区、大田县张地矿区、德化县前厝坑矿区、将乐县何坑-际下矿区和漳平市尾仑山矿区进行了全面的成矿学对比研究，还开展了除矽卡岩型萤石矿外的大理岩矿、硅灰石矿、石墨矿找矿预测，展示出良好的找矿前景。

主要参考文献及资料

曹俊臣，李新安. 1988. 天然萤石的热释光研究[J]. 矿物学报，(03)：237～244.

陈斌，马星华，王志强，等. 2015. 高分异花岗岩的成因与成矿[C]. 中国地球科学联合学术年会.

陈雷，秦克章，李光明，等. 2012. 西藏冈底斯南缘努日铜钨钼矿床地质特征与矽卡岩矿物学研究[J]. 矿床地质，31(3)：417～437.

丁振举，姚书振，刘丛强，等. 2003. 东沟坝多金属矿床喷流沉积成矿特征的稀土元素地球化学示踪[J]. 岩石学报：792～798.

古立峰. 2013. 浙江常山高坞山萤石矿的成矿特征与成矿机制研究[D]. 中国地质大学(北京).

顾雪祥，董树义，王银宏，等. 2008. 不整合面控制内生金属成矿的新实例：山东沂南金铜铁矿床[J]. 现代地质，22(2)：151～161.

韩文彬，张文育，黄文明，等. 1992. 浙江武义萤石矿田同位素地球化学研究[J]. 地球化学，(04)：354～365.

胡斯敏，单业华，剑郑，等. 2023. 闽西南拗陷中部中-晚三叠世构造变形特征[J]. 大地构造与成矿学，3(47)：506～522.

江化寨，曾海良，吴志山. 2011. 西藏山南努日矿区层矽卡岩型铜钨钼矿床地质特征及深部找矿预测[J]. 地质与勘探，47(1)：71～77.

李长江，蒋叙良. 1989. 浙江武义-东阳地区萤石矿床的锶同位素地球化学研究[J]. 矿床地质，(03)：65～74+42.

李长江，蒋叙良. 1991. 中国东南部两类萤石矿床的成矿模式[J]. 地质学报，(03)：263～274.

梁祥济. 1994. 钙铝-钙铁系列石榴子石的特征及其交代机理[J]. 岩石矿物学杂志，13(4)：342～352.

刘斌. 2018. 流体包裹体测定计算和分析[M]. 北京：科学出版社.

刘德良，陶士振，张宝民. 2005. 包裹体在确定成藏年代中的应用及应注意的问题[J]. 天然气地球科学，(01)：16～9.

刘金宇，舒启海，张为，等. 2024. 岩浆热液系统氟的富集与成矿[J]. 岩石学报，40(06)：1943～1958.

刘妍，赵元艺，王瑞江，等. 2010. 西藏拉屋锌铜多金属矿床岩矿相学特征及意义[J]. 矿床地质，29(6)：1054～1078.

刘英俊. 1987. 元素地球化学导论[M]. 北京：地质出版社.

卢焕章. 2004. 流体包裹体[M]. 北京：科学出版社.

毛景文，谢桂青，郭春丽，等. 2007. 南岭地区大规模钨锡多金属成矿作用：成矿时限及地球动力学背景[J]. 岩石学报，(10)：2329～2338.

毛景文，谢桂青，郭春丽，等. 2008. 华南地区中生代主要金属矿床时空分布规律和成矿环境[J]. 高校地质学报，14(04)：510～526.

聂凤军，许东青，江思宏，等. 2008. 内蒙古苏莫查干敖包特大型萤石矿床地质特征及成因[J]. 矿床地质：10：1～13.

裴秋明. 2018. 大兴安岭南段萤石矿成矿规律及隐伏-半隐伏矿体预测[D]. 中国地质大学(北京).

彭建堂，胡瑞忠，漆亮，等. 2002. 晴隆锑矿床中萤石的稀土元素特征及其指示意义[J]. 地质科学，(03)：277～287.

饶红娟，罗平，阳正熙，等. 2010. 塔里木盆地西克尔萤石地球化学特征及成因讨论. 沉积学报[J]，28：821～831.

邵洁涟，梅建明. 1986. 浙江火山岩区金矿床的矿物包裹体标型特征研究及其成因与找矿意义[J]. 矿物岩石，(03)：103-111.

史长义，迟清华，冯斌，等. 2015. 中国花岗岩类地球化学图的多元素区域分布模式研究[J]. 地质论评，61(02)：417～424.

孙祥，杨子荣，刘敬党，等. 2008. 义县萤石矿床稀土元素地球化学特征及其指示意义[J]. 矿床地质：579～586.

孙祥，杨子荣，徐大地. 2008. 基于模糊神经网络的义县萤石成矿预测[J]. 地质找矿论丛，(02)：149～152.

唐菊兴，多吉，刘鸿飞，等. 2012. 冈底斯成矿带东段矿床成矿系列及找矿突破的关键问题研究[J]. 地球学报，33(4)：393～410.

王国芝，胡瑞忠，刘颖，等. 2003. 黔西南晴隆锑矿区萤石的稀土元素地球化学特征[J]. 矿物岩石，(02)：62～65.

王吉平，商朋强，熊先孝，等. 2015. 中国萤石矿床成矿规律[J]. 中国地质，42(01)：18～32.

王守旭，张兴春，冷成. 2008. 中甸红山矽卡岩铜矿稳定同位素特征及其对成矿过程的指示[J]. 岩石学报，24(3)：480～488.

王旭东，袁顺达，吴胜华，等. 2023. 湘东垄上矽卡岩型锡多金属矿床流体包裹体特征及成矿机制研究[J]. 岩石学报，39(6)：1743～1756.

王一川，段登飞. 2021. 矽卡岩中石榴子石的稀土配分特征及其成因指示[J]. 北京大学学报(自然科学版)，57(3)：446～458.

王玉荣，梁伟义，顾复，等. 1990. 浙江武义地区萤石矿矿源(岩)层和成矿机制的实验研究[J]. 地球化学，(01)：21～31.

王中刚，于学元. 1989. 稀土元素地球化学[M]. 北京：科学出版社.

韦绍裔. 2017. 内蒙古乌力吉敖包萤石矿成矿地质条件与成矿预测[D]. 成都理工大学.

吴福元，李献华，郑永飞，等. 2007. Lu-Hf 同位素体系及其岩石学应用. 岩石学报[J]：185～220.

吴福元，刘小驰，纪伟强，等. 2017. 高分异花岗岩的识别与研究[J]. 中国科学：地球科学(07)：5～25.

徐少康，殷友东. 2001. 我国单一萤石矿床地质概要[J]. 化工矿产地质. (03)：1～7.

许成，黄智龙，漆亮，等. 2001. 四川牦牛坪稀土矿床成矿流体来源与演化初探——萤石稀土地球化学的证据[J]. 地质与勘探，(05)：24～28.

许东青. 2009. 内蒙古苏莫查干敖包超大型萤石矿化区形成环境、地质特征及成矿机理研究[D]. 中国地质科学院.

于玉帅，杨竹森，田世洪，等. 2013. 西藏尼雄矿田滚纠铁矿成矿作用机制：来自矿物学和稳定同位素证据[J]. 岩石学报，29(11)：3815～3827.

翟裕生，姚书振，蔡克勤. 2011. 矿床学(第 3 版)[M]. 北京：地质出版社.

张达，吴淦国，刘乃忠，等. 2010. 福建漳平北坑场钼多金属矿床辉钼矿 Re-Os 同位素年龄及其地质意义[J]. 地质学报，84(10)：1428～1437.

张德会，徐九华，余心起，等. 2011. 成岩成矿深度：主要影响因素与压力估算方法[J]. 地质通报，30(01)：112~125.
张旗，冉皞，李承东. 2012. A型花岗岩的实质是什么？[J]. 岩石矿物学杂志，31：621~626.
张寿庭，曹华文，郑硌，等. 2014. 内蒙古林西水头萤石矿床成矿流体特征及成矿过程[J]. 地学前缘，21(05)：31~40.
张招崇，侯通，程志国. 2022. 大火成岩省的成矿效应[J]. 地质学报，96(01)：131~54.
张振杰，左仁广. 2015. 闽西南地区大地构造演化和矿床时空分布规律[J]. 岩石学报，31(1)：217~229.
章永加. 1996. 浙江武义盆地萤石矿成因分析[J]. 成都理工学院学报，(04)：48~51.
赵省民，聂凤军，江思宏，等. 2002. 内蒙古东七一山萤石矿床的稀土元素地球化学特征及成因[J]. 矿床地质，(03)：311~317.
赵一鸣，林文蔚. 1990. 中国矽卡岩矿床[M]. 北京：地质出版社.
赵一鸣，李大新. 2003. 中国矽卡岩矿床中的角闪石[J]. 矿床地质，22(4)：345~359
朱金初，饶冰，熊小林，等. 2002. 富锂氟含稀有矿化花岗质岩石的对比和成因思考[J]. 地球化学，31(2)：141~152.
朱启象. 2024. 闽西南凤山-赤坂场矽卡岩型萤石矿床地球化学特征及成因[J]. 福州大学学报(自然科学版)，52(2)：236~244.
祝新友，王京彬，王艳丽，等. 2015. 浆液过渡态流体在矽卡岩型钨矿成矿过程中的作用：以湖南柿竹园钨锡多金属矿为例[J]. 岩石学报，31(3)：891~905.
邹灏，徐旃章，张寿庭，等. 2013. 重庆彭水火石垭重晶石-萤石矿床控矿因素与成因[J]. 成都理工大学学报(自然科学版)，40(01)：89~96.
Andersen T, Griffin W L, Sylvester A G. 2007. Sveconorwegian crustal underplating in southwestern Fennoscandia: LAM-ICPMS U-Pb and Lu-Hf isotope evidence from granites and gneisses in Telemark, southern Norway[J]. Lithos, 93: 273~287.
Baker T, Achterberg E V, Ryan C G, et al. 2004. Composition and evolution of ore fluids in a magmatic-hydrothermal skarn deposit[J]. Geology, 32(2): 117~120.
Ballouard C, Couzinié S, Bouilhol P, et al. 2023. A felsic meta-igneous source for Li-F-rich peraluminous granites: insights from the Variscan Velay dome (French Massif Central) and implications for rare-metal magmatism[J]. Contributions to Mineralogy and Petrology, 178(11): 75.
Barbieri M, Bellanca A, Neri R, et al. 1987. Use of strontium isotopes to determine the sources of hydrothermal fluorite and barite from northwestern Sicily(Italy)[J]. Chemical Geology: Isotope Geoscience section, 66: 273~278.
Bau M. 1991. Rare-earth element mobility during hydrothermal and metamorphic fluid-rock interaction and the significance of the oxidation state of europium[J]. Chemical Geology, 93(3): 219~230.
Bau M. 1992. Fraktionierung der seltenen Erd-Elemente in metamorphogenen hydrothermoclen Calciten, Magnesiten and Sideriten[J]. Mineralogy and Petrology, 45: 231~246.
Baupeter M, Dulski P. 1995. Comparative study of yttrium and rare-earth element behaviours in fluorine-rich hydrothermal fluids[J]. Contributions to Mineralogy and Petrology, 119: 213~223.
Bischoff J L. 1991. Densities of liquids and vapors in boiling NaCl-H_2O: A PVTX summary from 300℃ to 500℃[J]. American Journal of Science, 291: 309~338.
Bodnar R J. 1983. A method of calculating fuid inclusion vohmesbased on vapor bubble diareters and p-V-T-X properties of inclusion fuids[J]. Economic Geology, 78: 535~542.
Burrus R C. 1981. Analysis of phase equilibrium in C-O-H-S fluid inclusions[J]. Mineralogical Association of Canada Short Course Handbook. 6: 39~74.
Carlson W D, Gale J D, Wright K. 2014. Incorporation of Y and REEs inaluminosilicate garnet: Energetics from atomistic simulation[J]. American Mineralogist, 99(5-6): 1022~1034.
Cathelineau M. 1988. Cation site occupancy in chlorites and illites as a function of temperature[J]. Clay Minerals, 23(4): 471~485.
Catherine K, Richardson, et al. 1984. The chemical and thermal evolution of the fluids in the Cave-in-Rock fluorspar district, Illinois; mineralogy, paragenesis, and fluid inclusions[J]. Economic Geology, 79: 1833~1856.
Chang Z, Meinert L D. 2008. Zonation in skarns: complexities and controlling factors[C]. PacRim 2008 Congress At: Gold Coast, Australian Insitute of Mining and Metallurgy, Conference Abstract.
Chappell B W, White A. 1974. Two contrasting granite type[J]. Pacific Geology, 8: 173~174.
Constantopoulos J. 1988. Fluid inclusions and rare earth element geochemistry of fluorite from south-central Idaho[J]. Economic Geology, 83: 626~636.
Dawes R L, Evans B W. 1991. Mineralogy andgeothermobarometry of magmatic epidote-bearing dikes, Front Range, Colorado[J]. Geological Society of America Bulletin, 103 (8): 1017~1031.
Deer W A, Howie R A, Iussman J. 1962. Rock-forming Minerals: Sheet Silicates[M]. London: Longman, 1~270.
Deer W A, Howie R A, Zussman J. 1982. Rock forming minerals: orthosilicates[J]. Geological Society of London: 467~698.
Deloule E. 1982. The genesis of fluorspar hydrothermal deposits at Montroc and Le Burc, the Tarn, as deduced from fluid inclusion analysis[J]. Economic Geology, 77: 1867~1874.
Dill H G. 2010. The "chessboard" classification scheme of mineral deposits: Mineralogy and geology from aluminum to zirconium[J]. Earth-Sci-

ence Reviews, 100(1): 1~420.

Ding X, Harlov D E, Chen B, et al. 2018. Fluids, metals, and mineral/ore deposits[J]. Geofluids 2018, 1~6.

Duan Z P, Jiang S Y, Su H M, et al. 2020. Trace and Rare Earth Elements, and Sr Isotopic Compositions of Fluorite from the Shihuiyao Rare Metal Deposit, Inner Mongolia: Implication for Its Origin[J]. Minerals, 10(10): 882.

Eby N G. 1992. Chemical subdivision of the A-type granitoids: Petrogenetic and tectonic implications[J]. Geology, 20: 641~644.

Einaudi M T, Meinert L D, Newberry R J. 1981. Skarn deposits[C]. ECONOMIC GEOLOGY 75TH Anniversary Volume, 317~391.

Ferreira V P, Sial A N, De Sά Ef Jardim. 1998. Geochemical and isotopic signatures of Proterozoic granitoids in terranes of the Borborema structural province, northeastern Brazil[J]. Journal of South American Earth Sciences, 11(5): 439~455.

Hall D L, Sterner S M, Bodnar R. 1988. Freezing point depression of $NaCl-KCl-H_2O$ solutions[J]. Economic Geology, 83(1): 197~202.

Haschke S, Gutzmer J, Wohlgemuth-Ueberwasser, et al. 2021. The niederschlag fluorite-(barite) deposit, erzgebirge/germany—a fluid inclusion and trace element study[J]. Mineralium Deposita. 56(6): 1071~1086.

Huang X L, Wang R C, Chen X M, et al. 2002. Vertical variations in the mineralogy of the Yichun topaz-lepidolite granite, Jiangxi Province, southern China[J]. The Canadian Mineralogist, 40(4): 1047~1068.

Inoue A. 1995. Formation of Clay Minerals in Hydrothermal Environments[M]. Springer, Berlin,Heidelberg.

Jiang C Y, An S Y. 1984. On chemical characteristics of calcic amphiboles from igneous rocks and their petrogenedid significance[J]. Journal of Mineralogy and Petrology, (3): 1~9.

Jochum K, Weis U, Stoll B, et al. 2011. Determination of reference values for NIST SRM 610-617 glasses following ISO Guidelines[J]. Geostandards and Geoanalytical Research, 35: 397~429.

John T, Scambelluri, M, Frische M, et al. 2011. Dehydration of subducting serpentinite: implications for halogen mobility in subduction zones and the deep halogen cycle[J]. Earth and Planetary Science Letters, 308(1-2): 65~76.

Kesler S E. 1977. Geochemistry of manto fluorite deposits, northern Coahuila, Mexico[J]. Economic Geology, 72: 204~218.

King P L, Chappell B W, Allen C, et al. 2001. Are A-type granites the high-temperature felsic granites? Evidence from fractionated granites of theWangrah Suite[J]. Australian Journal of Earth Sciences, 48(4): 501~514.

Li D F, Fu Y, Hollings P, et al. 2022. PL57 garnet as a new natural reference material for in situ U-Pb isotope analysis and its perspective for geological applications[J]. Contributions to Mineralogy and Petrology, 177(2): 1.

Loiselle M C. 1979. Characteristics and origin of anorogenic granites[J]. Geological Society of America Abstracts with Programs,11(7): 468.

Mayanovic R A, Jayanetti S, Anderson A J, et al. 2002. The structure of Yb^{3+} aquo ion and chloro complexes in Aqueous Solutions at up to 500 ℃ and 270 MPa. The Journal of Physical Chemistry A, 106(28): 6591~6599.

Meinert L D, Dipple G M, Nicolescu S. 2005. World skarn deposits[C]. Economic Geology 100th Anniversary Volume: 299~336.

Möller P, Parekh P P, Schneider H J. 1976. The application of Tb/Ca-Tb/La abundance ratios to problems of fluorspar genesis[J]. Mineralium Deposita, 11: 111~116.

Paton C, Hellstrom J, Paul B, et al. 2011. Iolite: freeware for the visualisation and processing of mass spectrometric data[J]. Journal of Analytical Atomic Spectrometry, 26(12): 2508~2518.

Payne M, Gysi A P, Hurtig C N. 2023. Hydrothermal fluorite solubility experiments and mobility of REE in acidic to alkaline solutions from 100 to 250℃[J]. Chemical Geology, 617. 121256.

Peccerillo A, Taylor S R. 1976. Geochemistry of eocene calc-alkaline volcanic rocks from the Kastamonu area, Northern Turkey[J]. Contributions to Mineralogy & Petrology, 58: 63~81.

Pei Q, Zhang S, Hayashi K, et al. 2019. Nature and genesis of theXiaobeigou fluorite deposit, Inner Mongolia, Northeast China: Evidence from fluid inclusions and stable isotopes[J]. Resource Geology. 69 (2): 148~166.

Richardson C K, Holland H D. 1979. Fluorite deposition in hydrothermal systems[J]. Geochimica et Cosmochimica Acta, 43(8): 1327~1335.

Ripp G S, Izbrodin I A, Doroshkevich A G, et al. 2016. Carbonates and sources of fluids in ores and metasomatites of the Ermakovka fluorite-bertrandite-phenacite deposit (western Transbaikalia)[J]. Russian Geology & Geophysics, 57: 1288~1297.

Ruiz J. 1985. Strontium isotope geochemistry of fluorite mineralization associated with fluorine-rich igneous rocks from the Sierra Madre occidental, Mexico: possible exploration significance[J]. Economic Geology, 80: 33~42.

Samson I, AndersonA, Marshall D. 2003. Fluid inclusions: analysis and interpretation[J]. Mineralogical Association of Canada, 39: 402~403.

Schiano P, Monzier M, Eissen J P, et al. 2010. Simple mixing as the major control of the evolution of volcanic suites in the Ecuadorian Andes [J]. Contributions to Mineralogy and Petrology, 160: 297~312.

Seward T M, Barnes H L, 1997. Metal Transport by Hydrothermal Ore Fluids[J]. Geochemistry of Hydrothermal Ore Deposits, 3: 435~486.

Shimizu H, Ozawa H. 1977. Hydrogel and production thereof[P]. JPH0286838A.

Steele-Macinnis M, Ridley J, Lecumberri-Sanchez P, et al. 2016. Application of low-temperature microthermometric data for interpreting multicomponent fluid inclusion compositions[J]. Earth-Science Reviews, 159: 14~35.

Stuart F M,Burnard P G, Taylor R P, et al. 1995. Resolving mantle and crustal contributions to ancient hydrothermal fluids: He-Ar isotopes in fluid inclusions from Dae Hwa W-Mo mineralisation, South Korea[J]. Geochim Cosmochim Acta, 59(22): 4663~4673.

Subías I, Fernάndez-Nieto C. 1995. Hydrothermal events in the Valle de Tena (Spanish Western Pyrenees) as evidenced by fluid inclusions and trace-element distribution from fluorite deposits[J]. Chemical Geology, 124: 267~282.

Sun S S, Mcdonough W F. 1989. Chemical and Isotopic Systematics of Oceanic Basalts: Implications for Mantle Composition and Processes[J]. Geological Society of London Special Publications, 42: 313~345.

Taylor R P, Fryer B J. 1982. Rare eearth element geocehmistry as an aid to interpreting hydrothermal ore deposits[J]. Metallization Associated with Acid Magmatism, 357~365.

Tian Z D, Leng C B, Zhang X C, et al. 2019. Chemical composition, genesis and exploration implication of garnet from the Hongshan Cu-Mo skarn deposit, SW China[J]. Ore Geology Reviews, 112: 103016.

Vermeesch P, 2018. IsoplotR:A free and open toolbox for geochronology[J]. Geoscience Frontiers, 5: 1479~1493.

Wang R C, Wu F Y,Xie L, et al. 2017. A preliminary study of rare metal mineralization in the Himalayan leucogranite belts, South Tibet[J]. Science China Earth Sciences, 60: 1655~1663.

Watson E B, Harrison T M. 1983. Zircon saturation revisited: temperature and composition effects in variety of crustal magma types[J]. Earth and Planetary Science Letters, 64: 295~304.

Whalen J B, Currie K L, Chappell B W. 1987. A-type granites: geochemical characteristics, discrimination andpetrogenesis[J]. Contributions to Mineralogy and Petrology, 95(4): 407~419.

Williams-Jones A E, Samson I M,Olivo G R. 2000. The Genesis of Hydrothermal Fluorite-REE Deposits in the Gallinas Mountains, New Mexico [J]. Economic Geology, 95: 327~341.

Wyllie P J, Morrison M. 1984. The Relative Contributions of Mantle, Oceanic Crust and Continental Crust to Magma Genesis II Constraints Imposed by Experimental Petrology on Possible and Impossible Magma Sources and Products[and Discussion][J]. Philosophical Transactions of the Royal Society of London, 310: 439~456.

Yan H B, Ding X, Ling M X, et al. 2021. Three late-mesozoic fluorite deposit belts in southeast china and links to subduction of the (paleo-) pacific plate[J]. Ore Geology Reviews, 129. 104755.

Yin L, Pollard P J, Hu S X, et al. 1995. Geological and geochemical characteristics of theYichun Ta-Nb-Li deposit, Jiangxi Province, South China[J]. Economic Geology, 90: 577~585.

Zane A, Weiss Z. 1998. A procedure for classifying rock-forming chlorites based on microprobedata[J]. Rendiconti Lincei, 9: 51~56.

附表1　漳平萤石矿床石榴子石电子探针分析结果(%)

石榴子石	点位	CaO	MgO	TiO_2	SiO_2	Al_2O_3	FeO	MnO	Cr_2O_3	K_2O	Na_2O
Grt Ⅰ	CZK4-1-4-4.1	33.51	0.11	0.06	36.62	0.55	27.40	0.44	0.00	0.00	0.01
Grt Ⅰ	CZK4-1-4-4.2	33.58	0.09	0.02	36.85	0.69	27.16	0.37	0.00	0.00	0.00
Grt Ⅰ	CZK4-1-4-4.3	33.77	0.06	0.03	36.83	1.69	26.21	0.36	0.00	0.00	0.00
Grt Ⅰ	CZK4-1-4-4.4	33.33	0.16	0.01	36.56	0.02	28.20	0.54	0.00	0.00	0.02
Grt Ⅰ	CZK4-1-4-4.5	33.23	0.14	0.00	36.29	0.02	28.22	0.51	0.00	0.00	0.03
Grt Ⅰ	CZK4-1-4-4.6	33.25	0.10	0.01	36.46	0.02	28.47	0.59	0.00	0.00	0.00
Grt Ⅰ	CZK4-1-4-4.7	33.24	0.13	0.02	36.58	0.02	28.43	0.56	0.00	0.00	0.01
Grt Ⅰ	CZK4-1-4-4.8	33.92	0.05	0.05	36.96	1.50	26.37	0.45	0.00	0.00	0.00
Grt Ⅰ	CZK4-1-4-4.9	33.66	0.12	0.05	36.61	0.39	27.75	0.36	0.00	0.00	0.00
Grt Ⅰ	CZK4-1-4-4.10	33.21	0.14	0.02	36.54	0.00	28.22	0.69	0.00	0.00	0.02
Grt Ⅰ	CZK4-1-4-4.11	33.61	0.03	0.00	36.88	0.52	27.78	0.35	0.00	0.00	0.00
Grt Ⅰ	CZK4-1-10-1.1	33.65	0.13	0.00	37.10	0.03	28.32	0.62	0.01	0.00	0.00
Grt Ⅰ	CZK4-1-10-1.2	33.60	0.19	0.03	36.60	0.03	28.04	0.66	0.03	0.00	0.00
Grt Ⅰ	CZK4-1-10-1.3	33.65	0.16	0.00	36.68	0.01	28.18	0.68	0.01	0.00	0.00
Grt Ⅰ	CZK4-1-10-1.4	33.62	0.12	0.03	36.79	0.06	27.97	0.55	0.00	0.00	0.00
Grt Ⅰ	CZK4-1-10-1.5	33.76	0.16	0.08	36.89	0.01	28.18	0.57	0.03	0.00	0.00
Grt Ⅰ	CZK4-1-10-1.6	33.55	0.20	0.03	36.84	0.04	28.45	0.63	0.00	0.00	0.01
Grt Ⅰ	CZK4-1-10-1.7	33.62	0.14	0.00	36.64	0.01	27.55	0.68	0.02	0.00	0.00
Grt Ⅰ	CZK4-1-10-1.8	33.65	0.20	0.00	36.71	0.01	27.85	0.65	0.00	0.00	0.00
Grt Ⅰ	CZK4-1-10-2.1	33.54	0.05	0.04	37.09	0.04	28.72	0.87	0.00	0.00	0.00
Grt Ⅰ	CZK4-1-10-2.2	32.54	0.12	0.00	36.59	0.02	27.77	1.85	0.02	0.00	0.00
Grt Ⅰ	CZK4-1-10-2.3	33.20	0.12	0.00	37.01	0.01	27.86	1.52	0.01	0.00	0.02
Grt Ⅰ	CZK4-1-10-2.4	33.77	0.12	0.09	36.67	0.05	27.50	0.64	0.00	0.00	0.00
Grt Ⅰ	CZK4-1-10-2.5	33.86	0.13	0.01	36.71	0.09	28.33	0.63	0.05	0.00	0.01
Grt Ⅰ	CZK4-1-10-2.6	33.67	0.15	0.02	37.12	0.16	27.57	0.64	0.00	0.00	0.00
Grt Ⅰ	CZK4-1-10-2.7	33.86	0.17	0.00	36.65	0.18	27.65	0.72	0.03	0.00	0.02
Grt Ⅰ	CZK4-1-10-2.8	33.72	0.11	0.03	36.91	0.04	27.99	0.75	0.00	0.00	0.00
Grt Ⅰ	CZK4-1-10-2.9	33.59	0.13	0.00	36.76	0.14	27.50	0.65	0.00	0.00	0.00
Grt Ⅰ	CZK4-1-10-2.10	33.87	0.17	0.00	36.77	0.05	27.75	0.74	0.05	0.00	0.00
Grt Ⅱ	ZK18-12-22A1.1	33.81	0.01	0.00	37.92	2.66	25.10	0.30	0.03	0.00	0.01
Grt Ⅱ	ZK18-12-22A1.2	34.13	0.02	0.18	38.00	5.61	20.79	0.43	0.00	0.00	0.02
Grt Ⅱ	ZK18-12-22A1.3	33.74	0.03	0.20	38.06	4.19	22.79	0.50	0.12	0.00	0.00
Grt Ⅱ	ZK18-12-22A1.4	33.81	0.00	0.30	38.07	5.89	20.91	0.63	0.01	0.00	0.00
Grt Ⅱ	ZK18-12-22A1.5	33.01	0.04	0.00	36.97	0.03	28.51	0.45	0.06	0.00	0.02
Grt Ⅱ	ZK18-12-22A1.6	33.68	0.03	0.45	38.16	5.14	21.51	0.62	0.00	0.00	0.00
Grt Ⅱ	ZK18-12-22A1.7	33.91	0.04	0.06	37.99	5.15	21.74	0.63	0.07	0.00	0.00
Grt Ⅱ	ZK18-12-22A1.8	33.27	0.09	0.03	37.17	0.16	28.35	0.37	0.04	0.00	0.00
Grt Ⅱ	ZK18-12-22A1.9	34.11	0.00	0.01	38.08	5.71	21.20	0.63	0.04	0.00	0.00
Grt Ⅱ	ZK18-12-22A1.10	34.01	0.04	0.10	38.35	5.98	20.81	0.64	0.02	0.00	0.00
Grt Ⅱ	ZK18-12-22A1.11	34.26	0.04	0.18	38.28	6.16	20.51	0.62	0.03	0.00	0.00
Grt Ⅰ	ZK18-12-22A1.12	33.37	0.09	0.06	37.16	0.23	28.12	0.38	0.01	0.00	0.00

续表

石榴子石	点位	CaO	MgO	TiO_2	SiO_2	Al_2O_3	FeO	MnO	Cr_2O_3	K_2O	Na_2O
Grt Ⅰ	ZK18-12-22A1.13	33.03	0.10	0.00	37.26	0.14	28.19	0.44	0.00	0.00	0.01
Grt Ⅰ	ZK18-12-22A1.14	33.19	0.13	0.00	36.72	0.00	28.51	0.31	0.02	0.00	0.00
Grt Ⅰ	ZK18-12-22A1.15	33.22	0.11	0.00	37.26	0.00	28.51	0.34	0.00	0.00	0.01
Grt Ⅱ	ZK18-12-22A1.16	33.83	0.06	0.18	38.11	5.85	20.90	0.57	0.02	0.00	0.01
Grt Ⅰ	ZK18-12-22A1.17	33.23	0.07	0.00	37.05	0.11	28.39	0.37	0.02	0.00	0.00
Grt Ⅰ	ZK18-12-22A1.18	33.44	0.11	0.00	37.18	0.35	27.43	0.28	0.02	0.00	0.00
Grt Ⅱ	ZK18-12-22A1.19	34.09	0.02	0.00	38.10	4.34	23.06	0.39	0.01	0.00	0.02
Grt Ⅱ	ZK18-12-22A1.20	34.25	0.02	0.00	38.19	5.93	20.95	0.40	0.00	0.00	0.00
Grt Ⅱ	ZK18-12-22A1.21	33.26	0.05	0.00	36.77	0.01	28.44	0.22	0.04	0.00	0.00
Grt Ⅱ	ZK18-12-22A1.22	34.20	0.02	0.13	37.94	5.46	21.64	0.43	0.03	0.00	0.00
Grt Ⅱ	ZK18-12-22A1.23	33.93	0.01	0.12	37.84	4.83	22.27	0.45	0.00	0.00	0.00
Grt Ⅱ	ZK18-12-22A1.24	34.05	0.02	0.23	37.93	5.76	20.84	0.50	0.08	0.00	0.00
Grt Ⅱ	ZK18-12-22A1.25	34.08	0.02	0.16	37.80	5.79	21.09	0.61	0.03	0.00	0.01
Grt Ⅱ	ZK18-12-22A1.26	33.87	0.04	0.09	37.85	3.98	23.10	0.48	0.00	0.00	0.00
Grt Ⅱ	ZK18-12-22A1.27	33.52	0.06	0.06	37.31	1.20	26.69	0.42	0.00	0.00	0.00
Grt Ⅱ	ZK18-12-22A1.28	33.95	0.02	0.15	37.79	5.72	20.97	0.63	0.00	0.00	0.01
Grt Ⅱ	ZK18-12-22A1.29	33.90	0.00	0.35	37.97	5.85	20.85	0.67	0.00	0.00	0.00
Grt Ⅱ	ZK18-12-22A1.30	33.94	0.00	0.08	37.48	4.89	22.36	0.58	0.00	0.00	0.00
Grt Ⅱ	ZK18-12-22A1.31	33.94	0.03	0.14	37.39	4.05	22.85	0.59	0.00	0.00	0.00
Grt Ⅱ	ZK18-12-22A1.32	33.92	0.02	0.05	38.13	5.38	21.42	0.64	0.00	0.00	0.02
Grt Ⅱ	ZK18-12-22A1.33	33.78	0.04	0.03	37.89	5.10	21.44	0.61	0.00	0.00	0.00
Grt Ⅱ	ZK18-12-22A3-1	33.31	0.08	0.08	36.82	0.13	28.29	0.23	0.00	0.00	0.01
Grt Ⅱ	ZK18-12-22A3-2	33.84	0.00	0.15	37.82	5.38	21.54	0.47	0.02	0.00	0.00
Grt Ⅱ	ZK18-12-22A3-3	33.72	0.04	0.09	37.76	4.08	23.11	0.44	0.00	0.00	0.01
Grt Ⅱ	ZK18-12-22A3-4	33.82	0.00	0.50	37.67	5.05	21.46	0.58	0.00	0.00	0.00
Grt Ⅱ	ZK18-12-22A3-5	33.87	0.02	0.16	37.87	5.48	20.95	0.63	0.00	0.00	0.01
Grt Ⅱ	ZK18-12-22A3-6	33.91	0.01	0.14	37.74	5.83	20.65	0.61	0.00	0.00	0.02
Grt Ⅱ	ZK18-12-22A3-7	34.10	0.01	0.03	37.99	5.83	20.89	0.68	0.00	0.00	0.02
Grt Ⅱ	ZK18-12-22A3-8	33.89	0.06	0.02	37.85	4.45	22.76	0.60	0.00	0.00	0.00
Grt Ⅱ	ZK18-12-22A3-9	33.93	0.05	0.54	37.80	5.78	20.65	0.72	0.00	0.00	0.00
Grt Ⅱ	ZK18-12-22A3-10	33.97	0.04	0.01	37.75	6.27	19.89	0.65	0.00	0.00	0.00
Grt Ⅰ	ZK18-12-22A3-11	32.98	0.08	0.00	36.69	0.04	28.17	0.40	0.00	0.00	0.00
Grt Ⅰ	ZK18-12-22A3-12	33.65	0.04	0.14	37.31	1.84	25.75	0.34	0.04	0.00	0.00
Grt Ⅰ	ZK18-12-22-Di-1.25	34.11	0.09	0.00	36.84	0.15	28.07	0.24	0.00	0.00	0.00
Grt Ⅰ	ZK18-12-22-Di-1.26	34.16	0.11	0.00	36.74	0.20	27.65	0.26	0.00	0.00	0.00
Grt Ⅰ	ZK18-12-22-Di-1.27	33.96	0.06	0.03	36.41	0.15	28.24	0.23	0.00	0.00	0.00
Grt Ⅰ	ZK18-12-22-Di-1.28	33.88	0.02	0.00	36.84	1.04	27.17	0.26	0.00	0.00	0.01
Grt Ⅰ	ZK18-12-22-Di-1.29	34.56	0.04	0.04	37.33	2.78	24.81	0.30	0.19	0.00	0.00
Grt Ⅰ	ZK18-12-22-Di-7.1	34.05	0.09	0.00	36.63	0.06	28.01	0.27	0.00	0.00	0.01
Grt Ⅰ	ZK18-12-22-Di-7.2	34.19	0.06	0.00	36.53	0.14	28.00	0.20	0.00	0.00	0.00
Grt Ⅰ	ZK18-12-22-Di-7.3	34.27	0.05	0.04	36.72	0.55	27.64	0.19	0.02	0.00	0.01

续表

石榴子石	点位	CaO	MgO	TiO_2	SiO_2	Al_2O_3	FeO	MnO	Cr_2O_3	K_2O	Na_2O
Grt Ⅰ	ZK18-12-22-Di-7.4	33.82	0.00	0.06	36.93	1.07	27.24	0.42	0.04	0.01	0.03
Grt Ⅰ	ZK18-12-22-1.1	33.62	0.13	0.00	36.47	0.12	27.84	0.34	0.01	0.00	0.00
Grt Ⅰ	ZK18-12-22-1.2	33.88	0.11	0.03	36.57	0.03	27.69	0.27	0.06	0.00	0.01
Grt Ⅰ	ZK18-12-22-1.3	33.53	0.10	0.03	36.83	0.06	27.97	0.32	0.00	0.00	0.00
Grt Ⅰ	ZK18-12-22-1.4	33.65	0.11	0.00	36.84	0.01	28.33	0.32	0.05	0.00	0.00
Grt Ⅰ	ZK18-12-22-1.5	33.77	0.11	0.03	36.94	0.04	27.95	0.33	0.00	0.00	0.02
Grt Ⅰ	ZK18-12-22-1.6	33.79	0.10	0.01	36.88	0.02	28.14	0.30	0.00	0.00	0.00
Grt Ⅰ	ZK18-12-22-1.7	33.75	0.12	0.04	36.90	0.03	28.27	0.34	0.02	0.00	0.03
Grt Ⅰ	ZK18-12-22-1.8	33.54	0.09	0.00	36.85	0.20	27.92	0.74	0.00	0.00	0.04
Grt Ⅰ	ZK18-12-22-1.9	33.86	0.13	0.00	36.97	0.01	28.26	0.29	0.00	0.00	0.00
Grt Ⅰ	ZK18-12-22-1.10	33.93	0.12	0.00	36.75	0.05	27.89	0.29	0.00	0.00	0.01
Grt Ⅰ	ZK18-12-22-1.17	34.10	0.09	0.00	36.79	0.26	28.03	0.24	0.00	0.00	0.04
Grt Ⅰ	ZK18-12-22-1.18	33.98	0.11	0.00	36.96	0.07	27.97	0.25	0.00	0.01	0.01
Grt Ⅰ	ZK18-12-22-1.19	34.04	0.11	0.00	36.90	0.18	28.02	0.31	0.00	0.00	0.01
Grt Ⅰ	ZK18-12-22-1.20	34.20	0.03	0.07	37.10	1.32	26.78	0.26	0.06	0.00	0.03
Grt Ⅰ	ZK18-12-22-1.21	33.93	0.10	0.00	36.65	0.12	28.03	0.23	0.01	0.00	0.03
Grt Ⅰ	ZK18-12-22-1.22	34.16	0.06	0.00	37.14	0.99	27.09	0.24	0.02	0.00	0.00
Grt Ⅰ	ZK18-12-22-1.23	34.31	0.03	0.11	37.09	1.38	26.81	0.22	0.00	0.01	0.04
Grt Ⅱ	ZK18-12-22-1.11	34.58	0.04	0.04	38.08	6.36	19.99	0.55	0.02	0.00	0.01
Grt Ⅱ	ZK18-12-22-1.12	34.97	0.03	0.20	38.19	6.47	20.13	0.65	0.00	0.00	0.01
Grt Ⅱ	ZK18-12-22-1.13	34.56	0.05	0.20	37.78	5.89	20.58	0.68	0.00	0.00	0.02
Grt Ⅱ	ZK18-12-22-1.14	34.84	0.02	0.29	37.79	5.91	20.86	0.63	0.00	0.01	0.02
Grt Ⅱ	ZK18-12-22-1.15	34.67	0.03	0.12	37.61	4.45	22.58	0.40	0.05	0.01	0.01
Grt Ⅱ	ZK18-12-22-1.16	34.97	0.02	0.03	37.57	5.75	20.81	0.46	0.02	0.01	0.03
Grt Ⅱ	ZK18-12-20-3.1	26.94	0.01	0.11	39.12	19.41	5.85	10.10	0.00	0.00	0.01
Grt Ⅱ	ZK18-12-20-3.2	28.22	0.02	0.00	38.18	20.10	4.23	9.82	0.03	0.00	0.00
Grt Ⅱ	ZK18-12-20-3.3	33.39	0.00	0.04	37.32	19.96	3.83	4.59	0.01	0.00	0.00
Grt Ⅱ	ZK18-12-20-3.4	33.91	0.00	0.00	37.65	19.82	4.37	3.52	0.01	0.00	0.02
Grt Ⅱ	ZK18-12-20-3.5	24.42	0.06	0.06	38.14	20.00	4.43	12.72	0.00	0.00	0.00
Grt Ⅱ	ZK18-12-20-3.6	24.73	0.09	0.00	37.76	20.09	3.62	13.55	0.00	0.00	0.00
Grt Ⅱ	ZK18-12-20-3.7	20.01	0.10	0.22	37.79	19.67	3.86	18.50	0.00	0.00	0.00
Grt Ⅱ	ZK18-12-20-3.8	19.44	0.07	0.24	38.11	19.67	3.92	18.69	0.00	0.00	0.00
Grt Ⅱ	ZK18-12-20-3.9	23.76	0.04	0.04	37.24	20.43	3.05	15.03	0.00	0.00	0.01
Grt Ⅱ	ZK18-12-20-3.10	33.83	0.03	0.00	37.67	20.24	3.83	3.72	0.02	0.00	0.00
Grt Ⅱ	ZK18-12-20-3.11	29.75	0.01	0.00	38.83	18.84	6.33	7.35	0.04	0.00	0.01
Grt Ⅱ	ZK18-12-20-3.12	28.35	0.00	0.02	38.16	19.66	4.50	9.89	0.00	0.00	0.00
Grt Ⅱ	ZK18-12-20-3.13	33.56	0.01	0.06	38.07	19.71	3.95	4.33	0.00	0.00	0.01
Grt Ⅱ	ZK18-12-20-3.14	32.26	0.02	0.00	38.00	19.81	4.27	5.41	0.00	0.00	0.00
Grt Ⅱ	ZK18-12-20-3.15	24.51	0.05	0.00	37.57	20.52	3.36	13.93	0.02	0.00	0.01
Grt Ⅱ	ZK18-12-20-3.16	23.43	0.09	0.12	37.78	19.58	4.54	14.53	0.03	0.00	0.01
Grt Ⅱ	ZK18-12-20-3.17	24.79	0.09	0.02	37.28	20.62	3.20	14.07	0.00	0.00	0.00

续表

石榴子石	点位	CaO	MgO	TiO_2	SiO_2	Al_2O_3	FeO	MnO	Cr_2O_3	K_2O	Na_2O
Grt Ⅱ	ZK18-12-20-3.18	19.55	0.09	0.20	37.83	19.59	3.98	19.12	0.01	0.00	0.00
Grt Ⅱ	ZK24-18-6-3.1	33.57	0.03	0.13	37.75	4.31	22.89	1.29	0.01	0.00	0.00
Grt Ⅱ	ZK24-18-6-3.2	34.22	0.01	0.04	38.06	8.32	18.38	1.33	0.00	0.00	0.00
Grt Ⅱ	ZK24-18-6-3.3	33.95	0.01	0.01	38.20	7.97	18.72	1.45	0.03	0.00	0.00
Grt Ⅱ	ZK24-18-6-3.4	33.63	0.03	0.18	37.40	3.71	23.94	1.19	0.02	0.00	0.00
Grt Ⅱ	ZK24-18-6-3.5	33.65	0.00	0.30	37.15	4.63	21.86	1.79	0.08	0.00	0.01
Grt Ⅱ	ZK24-18-6-3.6	33.48	0.02	0.02	37.59	3.80	23.61	1.32	0.01	0.00	0.01
Grt Ⅱ	ZK24-18-6-3.7	33.38	0.03	0.08	37.17	3.69	24.03	1.17	0.04	0.00	0.00
Grt Ⅱ	ZK24-18-6-3.8	33.05	0.00	0.50	37.02	4.80	21.81	2.20	0.00	0.00	0.00
Grt Ⅱ	ZK24-18-6-3.9	29.54	0.00	0.31	36.92	6.98	19.48	6.50	0.00	0.00	0.00
Grt Ⅱ	ZK24-18-6-3.10	33.52	0.03	0.06	37.23	3.69	23.70	1.23	0.02	0.00	0.00
Grt Ⅱ	ZK24-18-6-3.11	33.10	0.06	0.03	36.67	0.51	27.82	1.19	0.00	0.00	0.00
Grt Ⅱ	ZK24-18-6-3.12	29.52	0.00	0.38	36.79	5.29	21.36	6.30	0.00	0.00	0.01

附表 2　漳平萤石矿床辉石电子探针分析结果(%)

辉石	CaO	MgO	TiO_2	SiO_2	Al_2O_3	FeO	MnO	Cr_2O_3	Cl	F	K_2O	P_2O_5	Na_2O	SrO	BaO	合计
ZK18-12-22-Di-1.1	26.19	18.15	0.02	55.00	0.07	0.76	0.06	0.12	0.00	0.00	0.01	0.00	0.10	0.00	0.00	100.47
ZK18-12-22-Di-1.2	25.31	12.86	0.00	52.76	0.27	7.66	1.41	0.08	0.00	0.00	0.00	0.00	0.09	0.00	0.00	100.46
ZK18-12-22-Di-1.3	24.55	9.71	0.05	51.57	0.15	11.92	2.17	0.04	0.00	0.00	0.01	0.00	0.11	0.00	0.00	100.28
ZK18-12-22-Di-1.4	23.70	4.73	0.00	49.60	0.17	15.83	6.19	0.05	0.00	0.00	0.00	0.00	0.05	0.00	0.00	100.33
ZK18-12-22-Di-1.5	24.53	6.90	0.03	51.03	0.03	14.70	3.42	0.00	0.00	0.00	0.00	0.00	0.03	0.00	0.00	100.67
ZK18-12-22-Di-1.6	24.45	5.34	0.04	50.26	0.07	17.47	3.06	0.04	0.00	0.00	0.00	0.00	0.03	0.00	0.00	100.76
ZK18-12-22-Di-1.7	24.57	6.78	0.05	50.85	0.08	15.37	3.17	0.00	0.00	0.00	0.01	0.00	0.03	0.00	0.00	100.91
ZK18-12-22-Di-1.8	25.86	14.86	0.00	53.82	0.24	5.32	0.49	0.03	0.00	0.00	0.00	0.00	0.05	0.00	0.00	100.67
ZK18-12-22-Di-1.9	26.08	16.02	0.00	53.94	0.37	3.65	0.08	0.01	0.00	0.00	0.02	0.00	0.08	0.00	0.00	100.23
ZK18-12-22-Di-1.10	24.58	7.02	0.00	50.71	0.05	14.85	2.82	0.04	0.00	0.00	0.00	0.00	0.00	0.00	0.00	100.07
ZK18-12-22-Di-1.11	23.72	2.10	0.00	48.91	0.19	22.26	3.45	0.03	0.00	0.00	0.01	0.00	0.11	0.00	0.00	100.76
ZK18-12-22-Di-1.12	24.65	7.86	0.00	50.86	0.06	14.22	2.54	0.03	0.00	0.00	0.00	0.00	0.10	0.00	0.00	100.31
ZK18-12-22-Di-1.13	24.51	7.30	0.00	50.99	0.08	15.07	2.58	0.00	0.00	0.00	0.01	0.00	0.07	0.00	0.00	100.60
ZK18-12-22-Di-1.14	24.30	7.06	0.04	51.01	0.10	14.65	2.98	0.07	0.00	0.00	0.00	0.00	0.03	0.00	0.00	100.24
ZK18-12-22-Di-1.15	24.66	6.39	0.03	50.69	0.04	15.44	3.39	0.00	0.00	0.00	0.00	0.00	0.02	0.00	0.00	100.65
ZK18-12-22-Di-1.16	23.75	2.95	0.06	48.84	0.08	20.28	4.06	0.02	0.00	0.00	0.00	0.00	0.09	0.00	0.00	100.13
ZK18-12-22-Di-1.17	23.87	3.27	0.02	49.33	0.06	20.02	4.03	0.00	0.00	0.00	0.00	0.00	0.09	0.00	0.00	100.68
ZK18-12-22-Di-1.18	23.66	5.50	0.01	49.80	0.06	12.75	7.54	0.00	0.00	0.00	0.01	0.00	0.08	0.00	0.00	99.39
ZK18-12-22-Di-1.19	24.64	7.44	0.03	50.95	0.01	14.66	2.64	0.00	0.00	0.00	0.00	0.00	0.05	0.00	0.00	100.41
ZK18-12-22-Di-1.20	24.93	8.52	0.00	51.35	0.02	13.12	2.45	0.00	0.00	0.00	0.01	0.00	0.04	0.00	0.00	100.44
ZK18-12-22-Di-1.21	24.76	7.91	0.00	51.07	0.02	14.04	2.54	0.00	0.00	0.00	0.00	0.00	0.01	0.00	0.00	100.37

续表

辉石	CaO	MgO	TiO_2	SiO_2	Al_2O_3	FeO	MnO	Cr_2O_3	Cl	F	K_2O	P_2O_5	Na_2O	SrO	BaO	合计
ZK18-12-22-Di-1. 22	25. 24	9. 80	0. 00	52. 31	0. 00	11. 67	2. 27	0. 00	0. 00	0. 00	0. 00	0. 00	0. 01	0. 00	0. 00	101. 31
ZK18-12-22-Di-1. 23	23. 73	4. 28	0. 02	49. 25	0. 05	17. 85	4. 68	0. 00	0. 00	0. 00	0. 02	0. 00	0. 15	0. 00	0. 00	100. 02
ZK18-12-22-Di-1. 24	24. 55	6. 98	0. 09	50. 79	0. 07	14. 50	3. 67	0. 00	0. 00	0. 00	0. 01	0. 00	0. 08	0. 00	0. 00	100. 72
ZK18-12-22-Di-7. 5	23. 65	2. 14	0. 00	48. 88	0. 11	21. 39	4. 65	0. 00	0. 00	0. 00	0. 00	0. 00	0. 05	0. 00	0. 00	100. 87
ZK18-12-22-Di-7. 6	23. 84	3. 63	0. 02	49. 53	0. 02	19. 05	4. 45	0. 00	0. 00	0. 00	0. 01	0. 00	0. 11	0. 00	0. 00	100. 64
CZK4-1-1-3. 2	24. 86	10. 18	0. 09	53. 22	0. 80	11. 77	0. 54	0. 11	0. 00	0. 00	0. 00	0. 00	0. 08	0. 00	0. 00	101. 65
CZK4-1-1-3. 3	25. 14	11. 32	0. 09	53. 89	0. 70	9. 55	0. 52	0. 00	0. 00	0. 00	0. 00	0. 03	0. 05	0. 00	0. 00	101. 28
CZK4-1-1-3. 2	24. 86	10. 18	0. 09	53. 22	0. 80	11. 77	0. 54	0. 11	0. 00	0. 00	0. 00	0. 00	0. 08	0. 00	0. 00	101. 65
CZK4-1-1-3. 3	25. 14	11. 32	0. 09	53. 89	0. 70	9. 55	0. 52	0. 00	0. 00	0. 00	0. 00	0. 03	0. 05	0. 00	0. 00	101. 28
CZK4-1-1-3. 5	24. 55	10. 55	0. 07	53. 57	0. 39	11. 37	0. 91	0. 00	0. 00	0. 00	0. 00	0. 03	0. 09	0. 00	0. 00	101. 52
CZK4-1-2-3. 2	24. 81	9. 93	0. 01	53. 80	0. 00	8. 71	4. 33	0. 00	0. 00	0. 00	0. 00	0. 00	0. 00	0. 00	0. 00	101. 60
CZK4-1-2-3. 3	24. 99	10. 85	0. 00	54. 13	0. 00	7. 45	4. 14	0. 00	0. 00	0. 00	0. 00	0. 01	0. 00	0. 00	0. 00	101. 57
CZK4-1-2-3. 4	24. 00	6. 05	0. 00	51. 92	0. 04	16. 71	2. 85	0. 00	0. 00	0. 00	0. 00	0. 00	0. 03	0. 00	0. 00	101. 60
CZK4-1-2-3. 5	23. 97	6. 19	0. 01	52. 22	0. 03	16. 25	2. 97	0. 00	0. 00	0. 00	0. 01	0. 02	0. 02	0. 00	0. 00	101. 69
CZK4-1-2-3. 6	23. 93	6. 05	0. 03	52. 35	0. 00	16. 82	2. 94	0. 04	0. 00	0. 00	0. 01	0. 00	0. 05	0. 00	0. 00	102. 22
CZK4-1-2-4. 8	25. 49	12. 95	0. 02	55. 29	0. 00	3. 33	4. 81	0. 00	0. 00	0. 00	0. 00	0. 00	0. 00	0. 00	0. 00	101. 89
CZK4-1-2-4. 9	25. 31	12. 28	0. 00	55. 06	0. 00	3. 77	5. 90	0. 00	0. 00	0. 00	0. 00	0. 00	0. 01	0. 00	0. 00	102. 33
CZK4-1-2-4. 10	25. 24	12. 40	0. 00	54. 85	0. 02	4. 42	4. 91	0. 04	0. 00	0. 00	0. 00	0. 00	0. 00	0. 00	0. 00	101. 87
CZK4-1-2-4. 11	25. 23	12. 90	0. 00	54. 77	0. 01	3. 89	4. 92	0. 02	0. 00	0. 00	0. 00	0. 00	0. 04	0. 00	0. 00	101. 78
CZK4-1-2-4. 12	24. 68	10. 07	0. 00	53. 39	0. 02	6. 20	6. 20	0. 00	0. 00	0. 00	0. 00	0. 00	0. 02	0. 00	0. 00	100. 58

附表 3　漳平萤石矿床符山石电子探针分析结果(%)

符山石	Na_2O	MgO	Al_2O_3	SiO_2	F	K_2O	CaO	CuO	V_2O_3	P_2O_5	Cr_2O_3	NiO	La_2O_3	BaO	FeO	MnO	Ce_2O_3	TiO_2	合计
CZK4-1-2-EP-1	0.014	0.019	14.018	36.623	0	0	34.173	0	0	0	0	0	0	0	10.589	2.316	0	0	97.752
CZK4-1-2-EP-2	0	0.015	13.814	36.224	0	0	34.251	0	0	0	0	0	0	0.07	11.036	2.155	0.103	0.007	97.675
CZK4-1-2-EP-3	0.006	0	14.269	36.605	0	0	34.179	0	0	0	0	0	0.136	0	10.354	2.201	0.018	0.039	97.807
CZK4-1-2-EP-4	0	0.025	13.971	36.289	0	0	34.427	0	0	0	0.055	0	0	0	10.411	2.04	0.048	0.006	97.272
CZK4-1-2-EP-5	0	0.032	13.978	36.073	0	0.006	34.548	0	0.077	0	0	0	0.113	0	10.733	2.001	0.078	0.076	97.715
CZK4-1-2-EP-6	0.004	0	13.938	36.495	0	0	34.252	0	0.154	0	0	0	0.068	0.157	10.869	2.173	0.011	0.052	98.173
CZK4-1-2-EP-7	0	0.017	13.826	36.334	0	0	34.64	0	0.103	0	0	0	0	0	10.896	2.026	0.015	0.073	97.93
CZK4-1-2-EP-8	0.002	0.012	14.949	36.247	0	0.009	34.394	0	0.308	0	0	0	0.159	0	9.58	2.003	0	0	97.663
CZK4-1-2-EP-9	0	0.014	14.275	36.051	0	0	34.468	0	0	0	0.012	0	0.045	0	10.432	2.061	0.03	0	97.388
CZK4-1-1-1.1	0.04	2.103	16.331	37.592	0	0	35.816	0	0	0.023	0	0.031	0.162	0	3.219	0.198	0.159	0.689	96.363
CZK4-1-1-1.2	0.027	2.635	16.429	37.685	0	0	36.296	0	0	0	0.028	0	0	0	2.597	0.161	0	0.134	95.992
CZK4-1-1-1.3	0.006	2.256	15.208	37.138	0	0	35.912	0	0	0.02	0	0.03	0.069	0	3.588	0.13	0.105	1.516	95.978
CZK4-1-1-1.4	0.02	2.44	16.149	37.703	0	0.004	35.842	0	0	0.044	0	0.035	0	0	3.123	0.464	0	0.415	96.239
CZK4-1-1-1.5	0.003	2.115	15.297	37.461	0	0.005	35.854	0	0	0.016	0	0.056	0	0	3.865	0.143	0	1.171	95.986
CZK4-1-1-1.6	0.017	2.593	16.018	37.577	0	0	36.183	0	0	0.016	0	0.042	0	0	2.946	0.193	0.035	0.733	96.353
CZK4-1-1-1.7	0.022	2.291	15.563	37.425	0	0	35.796	0	0	0.021	0.004	0	0.161	0	3.432	0.21	0.07	1.385	96.38
CZK4-1-1-1.8	0.033	2.013	14.887	36.861	0	0	35.379	0	0	0.013	0.06	0	0	0	3.94	0.151	0.193	2.024	95.554
CZK4-1-1-1.9	0.016	2.667	16.234	37.515	0	0.001	36.064	0	0	0.04	0.008	0	0.115	0	3.012	0.149	0.141	0.191	96.153
CZK4-1-1-1.10	0.013	1.747	15.11	37.323	0	0	35.507	0	0	0.009	0	0	0.046	0	4.338	0.2	0.246	1.61	96.149
CZK4-1-1-1.11	0.011	2.092	15.768	37.551	0	0	35.843	0	0	0.039	0	0.103	0	0	3.712	0.197	0	0.895	96.211
CZK4-1-1-1.12	0.038	1.827	15.326	37.286	0	0.001	35.725	0	0	0.024	0.02	0	0.138	0	4.278	0.242	0	1.465	96.37
CZK4-1-1-1.13	0	2	15.75	37.638	0	0.004	35.584	0	0	0.006	0	0.016	0.161	0	3.994	0.307	0.123	1.238	96.821
CZK4-1-1-1.14	0	2.047	15.524	37.263	0	0.001	35.499	0	0	0.03	0	0.04	0.183	0	4.298	0.185	0.316	0.946	96.332
ZK18-12-8-2-1	0.013	2.543	15.36	37.639	2.103	0	36.179	0	0	0	0	0	0	0	4.49	0.27	0	0.62	98.332
ZK18-12-8-2-2	0.003	2.726	16.977	37.702	2.033	0	36.16	0.016	0	0	0	0	0	0	2.724	0.064	0	0.379	97.928
ZK18-12-8-2-3	0.006	2.615	16.949	37.783	1.894	0	36.466	0	0	0	0	0	0	0	2.748	0.043	0	0.412	98.119
ZK18-12-8-2-5	0	2.272	15.536	37.315	2.372	0	36.138	0	0	0	0	0	0	0	4.565	0.109	0	0.314	97.622
ZK18-12-8-2-6	0	2.588	16.626	37.882	2.679	0	36.255	0.018	0	0	0	0	0	0	3.189	0.031	0	0.499	98.639
CZK4-1-1-3.1	0.061	1.444	16.873	36.49	0	0	35.098	0	0	0	0.02	0	0	0	4.39	0.045	0	0.75	95.171

附表 4　漳平萤石矿床硅灰石电子探针分析结果(%)

硅灰石	Na_2O	MgO	Al_2O_3	SiO_2	K_2O	CaO	P_2O_5	NiO	Cr_2O_3	FeO	MnO	TiO_2	合计
CZK4-1-3-4.1	0.00	0.05	0.02	50.72	0.01	48.24	0.04	0.00	0.00	0.05	0.00	0.02	99.14
CZK4-1-3-4.2	0.01	0.02	0.00	51.00	0.00	48.27	0.00	0.00	0.00	0.03	0.01	0.02	99.36
CZK4-1-3-4.3	0.00	0.01	0.00	50.71	0.00	48.23	0.02	0.00	0.01	0.02	0.04	0.00	99.04
CZK4-1-3-4.4	0.00	0.09	0.00	51.05	0.01	48.34	0.02	0.01	0.06	0.03	0.00	0.00	99.62
CZK4-1-3-4.5	0.00	0.04	0.01	51.01	0.00	48.69	0.03	0.00	0.00	0.02	0.00	0.00	99.80
CZK4-1-3-4.6	0.00	0.09	0.00	50.78	0.00	48.30	0.02	0.00	0.00	0.04	0.01	0.03	99.27
CZK4-1-3-4.7	0.00	0.05	0.00	50.69	0.01	48.69	0.04	0.01	0.07	0.06	0.00	0.00	99.61
CZK4-1-3-4.8	0.00	0.14	0.00	50.96	0.00	48.21	0.02	0.02	0.04	0.06	0.03	0.03	99.52
CZK4-1-3-3.1	0.00	0.08	0.00	51.37	0.01	48.29	0.03	0.04	0.01	0.02	0.00	0.00	99.85
CZK4-1-3-3.2	0.00	0.10	0.00	51.19	0.00	48.62	0.02	0.00	0.06	0.02	0.00	0.00	100.02
CZK4-1-3-3.3	0.02	0.02	0.00	51.38	0.00	48.55	0.00	0.01	0.03	0.03	0.00	0.04	100.07
CZK4-1-3-3.4	0.00	0.06	0.00	50.98	0.00	48.80	0.02	0.00	0.00	0.08	0.04	0.00	99.98
CZK4-1-3-3.5	0.00	0.06	0.01	51.38	0.00	48.49	0.03	0.07	0.05	0.04	0.04	0.00	100.17
CZK4-1-3-3.6	0.01	0.07	0.00	50.98	0.01	48.47	0.04	0.00	0.01	0.03	0.00	0.00	99.61

附表 5　漳平萤石矿床绿帘石电子探针分析结果(%)

斜黝帘石	Na_2O	MgO	Al_2O_3	SiO_2	K_2O	CaO	V_2O_3	Cr_2O_3	La_2O_3	BaO	FeO	MnO	Ce_2O_3	TiO_2	合计
ZK18-12-2-1.1	0.03	0.06	28.52	38.41	0.00	24.25	0.11	0.04	0.00	0.00	5.40	0.28	0.00	0.12	97.20
ZK18-12-2-1.2	0.02	0.14	26.36	38.04	0.00	24.16	0.11	0.02	0.00	0.00	7.79	0.30	0.00	0.12	97.04
ZK18-12-2-1.3	0.01	0.12	25.89	37.76	0.00	23.91	0.04	0.07	0.00	0.00	8.06	0.33	0.00	0.00	96.19
ZK18-12-2-1.4	0.01	0.09	25.12	37.46	0.00	23.52	0.16	0.18	0.00	0.00	8.15	0.54	0.00	0.00	95.21
ZK18-12-2-1.5	0.01	0.05	24.04	36.77	0.00	22.76	0.25	0.12	0.00	0.00	7.34	0.82	0.00	0.00	92.15
ZK18-12-2-1.6	0.01	0.06	24.36	37.63	0.02	23.21	0.01	0.04	0.00	0.00	10.62	0.66	0.00	0.00	96.62
ZK18-12-2-1.7	0.01	0.34	33.01	39.47	0.04	24.67	0.00	0.02	0.00	0.00	0.39	0.11	0.00	0.01	98.08
ZK18-12-2-1.8	0.03	0.07	24.11	36.95	0.00	23.07	0.21	0.00	0.00	0.00	8.08	0.77	0.00	0.02	93.31
ZK18-12-2-1.9	0.00	0.04	25.66	38.07	0.01	23.24	0.01	0.03	0.00	0.00	9.54	0.97	0.00	0.01	97.58
ZK18-12-2-1.10	0.00	0.05	27.20	38.51	0.03	23.56	0.03	0.00	0.00	0.00	7.46	1.01	0.00	0.02	97.85
ZK18-12-2-1.11	0.00	0.04	33.20	39.55	0.08	24.69	0.00	0.00	0.00	0.00	0.14	0.16	0.00	0.00	97.84
ZK18-12-2-1.19	0.02	0.09	23.97	37.65	0.01	24.08	0.00	0.04	0.00	0.00	10.29	0.40	0.00	0.13	96.68
ZK18-12-2-2.1	0.00	0.12	26.46	37.99	0.00	24.25	0.05	0.11	0.00	0.00	7.47	0.23	0.00	0.08	96.76
ZK18-12-2-2.2	0.00	0.18	25.16	37.88	0.00	24.02	0.10	0.06	0.00	0.00	8.48	0.28	0.00	0.02	96.16
ZK18-12-2-2.3	0.01	0.11	24.49	36.81	0.00	23.39	0.11	0.27	0.00	0.00	7.73	0.35	0.00	0.01	93.28
ZK18-12-2-2.4	0.01	0.10	24.83	37.57	0.00	23.75	0.12	0.05	0.00	0.00	9.13	0.32	0.00	0.01	95.88
ZK18-12-2-2.5	0.00	0.10	23.86	36.68	0.00	23.10	0.19	0.53	0.00	0.00	8.09	0.66	0.00	0.01	93.23
ZK18-12-2-2.6	0.00	0.01	26.82	37.99	0.00	23.91	0.02	0.00	0.00	0.00	7.91	0.39	0.00	0.06	97.11
ZK18-12-2-2.7	0.01	0.42	26.63	38.31	0.00	22.69	0.04	0.00	0.00	0.00	7.65	1.41	0.00	0.00	97.16
ZK18-12-2-2.8	0.03	1.41	25.06	39.84	0.01	22.88	0.00	0.00	0.00	0.00	7.42	0.68	0.00	0.02	97.36
ZK18-12-2-2.9	0.01	0.76	25.70	38.99	0.00	23.88	0.02	0.06	0.00	0.00	8.22	0.36	0.00	0.03	98.01
ZK18-12-2-2.10	0.01	0.08	25.45	37.85	0.00	24.03	0.09	0.02	0.00	0.00	7.61	0.34	0.00	0.10	95.58
ZK18-12-2-2.11	0.01	0.46	25.13	37.70	0.00	23.34	0.25	0.54	0.00	0.00	6.86	0.59	0.00	0.14	95.00
ZK18-12-2-2.12	0.00	0.07	24.35	36.98	0.00	23.26	0.16	0.06	0.00	0.00	8.02	0.78	0.00	0.04	93.74
ZK18-12-2-2.13	0.01	0.33	28.12	39.02	0.00	24.17	0.06	0.00	0.00	0.00	5.99	0.39	0.00	0.07	98.15

续表

斜黝帘石	Na_2O	MgO	Al_2O_3	SiO_2	K_2O	CaO	V_2O_3	Cr_2O_3	La_2O_3	BaO	FeO	MnO	Ce_2O_3	TiO_2	合计
ZK18-12-2-2.14	0.00	0.31	26.28	38.59	0.00	23.10	0.07	0.00	0.00	0.00	8.01	1.10	0.00	0.01	97.45
ZK18-12-2-2.15	0.00	0.02	26.80	38.37	0.00	22.61	0.01	0.00	0.00	0.00	8.02	1.64	0.00	0.00	97.47
ZK18-12-23-EP-1	0.02	0.04	23.63	37.29	0.00	23.15	0.00	0.01	0.00	0.00	10.47	0.80	0.07	0.02	95.50
ZK18-12-23-EP-2	0.00	0.02	20.46	36.85	0.00	23.28	0.30	0.02	0.00	0.02	14.81	0.30	0.00	0.03	96.08
ZK18-12-23-EP-3	0.00	0.02	21.86	37.19	0.00	22.80	0.03	0.00	0.02	0.09	13.21	0.63	0.01	0.03	95.88
ZK18-12-23-EP-4	0.00	0.03	25.98	38.12	0.00	23.59	0.00	0.00	0.05	0.00	7.84	0.77	0.00	0.00	96.37
ZK18-12-23-EP-5	0.01	0.05	24.93	37.82	0.00	23.55	0.00	0.00	0.02	0.04	9.03	0.96	0.03	0.01	96.43
ZK18-12-23-EP-6	0.00	0.00	21.54	37.08	0.00	23.42	0.03	0.00	0.07	0.00	13.48	0.32	0.08	0.07	96.08
ZK18-12-23-EP-7	0.01	0.00	21.00	37.14	0.00	23.03	0.13	0.00	0.00	0.00	14.27	0.49	0.04	0.01	96.12
ZK18-12-23-EP-8	0.00	0.00	22.17	36.95	0.00	23.53	0.00	0.00	0.14	0.00	12.96	0.30	0.02	0.03	96.11
ZK18-12-23-EP-9	0.02	0.00	22.43	36.97	0.00	23.23	0.00	0.00	0.00	0.05	12.20	0.46	0.08	0.01	95.44
ZK18-12-23-EP-10	0.01	0.02	22.39	36.88	0.00	23.62	0.46	0.00	0.00	0.07	12.44	0.19	0.00	0.02	96.10

附表 6 漳平萤石矿床绿泥石电子探针分析结果(%)

绿泥石	Na_2O	MgO	Al_2O_3	SiO_2	K_2O	CaO	V_2O_3	Cr_2O_3	BaO	FeO	MnO	TiO_2	合计
CZK4-1-11-1.1	0.00	11.14	19.43	25.91	0.00	0.32	0.00	0.00	0.00	28.67	0.89	0.10	86.45
CZK4-1-11-1.2	0.00	11.79	18.51	25.61	0.00	0.37	0.00	0.03	0.00	27.91	1.21	0.04	85.46
CZK4-1-11-1.3	0.02	12.99	18.84	26.61	0.00	0.56	0.00	0.00	0.00	26.44	1.07	0.04	86.57
CZK4-1-11-1.4	0.00	11.29	19.30	26.03	0.00	0.01	0.00	0.02	0.00	29.19	1.69	0.06	87.58
CZK4-1-11-1.5	0.01	12.15	19.53	26.33	0.00	0.19	0.00	0.00	0.00	28.05	1.45	0.05	87.76
CZK4-1-11-1.6	0.01	11.02	19.45	25.82	0.00	0.49	0.00	0.01	0.00	29.23	0.71	0.03	86.76
CZK4-1-11-1.7	0.04	12.33	19.47	26.64	0.00	0.32	0.00	0.00	0.00	27.67	1.06	0.05	87.58
CZK4-1-11-1.8	0.02	11.84	19.31	26.53	0.00	0.50	0.00	0.00	0.00	28.30	1.02	0.04	87.56
CZK15-5-14-5-9.1	0.03	11.70	19.82	25.28	0.03	0.08	0.23	0.84	0.10	25.79	0.50	0.02	84.40
CZK15-5-14-5-9.2	0.02	11.53	19.78	24.99	0.06	0.06	0.14	0.61	0.03	26.31	0.55	0.00	84.07
CZK15-5-14-5-9.3	0.02	11.52	21.67	24.54	0.12	0.02	0.08	0.30	0.00	25.54	0.78	0.00	84.58
CZK15-5-14-5-9.4	0.06	11.13	20.37	25.25	0.11	0.07	0.37	1.65	0.08	26.66	0.64	0.01	86.38
ZK18-12-23-1.5	0.00	12.00	18.20	27.98	0.00	1.07	0.00	0.00	0.03	24.55	3.85	0.01	87.69
ZK18-12-23-1.7	0.00	12.10	19.02	27.53	0.00	0.44	0.00	0.00	0.00	24.52	3.81	0.01	87.43
ZK18-12-1-1.1	0.01	17.94	18.15	31.84	0.10	0.37	0.18	0.01	0.00	14.81	0.30	0.06	83.76
ZK18-12-1-1.4	0.00	18.19	18.33	32.10	1.22	0.15	0.10	0.05	0.02	16.00	0.30	0.92	87.36
ZK18-12-1-1.5	0.00	17.77	18.39	31.80	0.09	0.38	0.00	0.02	0.00	15.31	0.37	0.01	84.14
ZK18-12-1-2.1	0.00	15.46	18.64	27.15	0.15	0.02	0.15	0.00	0.05	23.31	0.25	0.13	85.29
ZK18-12-1-2.2	0.02	16.68	17.07	32.83	3.62	0.01	0.03	0.03	0.00	17.03	0.18	0.75	88.26
ZK18-12-1-2.3	0.02	15.85	18.08	28.76	0.69	0.06	0.02	0.06	0.22	22.51	0.24	0.26	86.75
ZK18-12-1-2.4	0.01	15.27	17.45	29.46	1.61	0.02	0.32	0.02	0.08	21.63	0.22	0.28	86.38
ZK18-12-1-2.5	0.03	15.54	18.12	29.20	1.37	0.02	0.00	0.05	0.00	21.84	0.29	0.20	86.66
ZK18-12-1-2.6	0.03	16.11	18.51	27.95	0.10	0.16	0.00	0.05	0.05	22.62	0.34	0.11	86.02
ZK18-12-1-2.7	0.01	18.72	19.37	26.42	0.01	0.03	0.03	0.03	0.02	18.90	0.41	0.07	84.01
ZK18-12-1-2.8	0.01	19.26	18.79	27.72	0.01	0.00	0.17	0.03	0.18	19.39	0.37	0.08	86.02
ZK18-12-8-1.1	0.02	6.84	16.99	24.71	0.00	0.35	0.00	0.03	0.05	32.48	3.60	0.01	85.09
ZK18-12-8-1.2	0.00	6.76	17.15	24.60	0.00	0.30	0.00	0.03	0.00	33.01	3.38	0.00	85.22

附表 7　漳平萤石矿床角闪石电子探针分析结果(%)

角闪石	Na_2O	MgO	Al_2O_3	SiO_2	K_2O	CaO	NiO	P_2O_5	V_2O_3	MnO	Cr_2O_3	FeO	Ce_2O_3	BaO	La_2O_3	TiO_2	合计
ZK24-18-17-4. 3	4. 11	3. 07	0. 86	53. 61	0. 45	2. 87	0. 01	0. 00	0. 00	2. 56	0. 00	31. 71	0. 00	0. 01	0. 00	0. 01	99. 26
ZK24-18-17-4. 4	0. 93	2. 04	7. 19	44. 23	0. 77	11. 18	0. 00	0. 00	0. 00	2. 71	0. 00	29. 93	0. 00	0. 00	0. 00	0. 00	98. 99
ZK24-18-17-4. 5	0. 91	1. 97	7. 62	43. 97	0. 84	11. 08	0. 00	0. 00	0. 00	2. 54	0. 04	29. 83	0. 00	0. 04	0. 00	0. 02	98. 84
ZK24-18-17-4. 6	0. 59	3. 09	0. 69	51. 68	0. 15	8. 99	0. 01	0. 00	0. 00	4. 99	0. 04	28. 98	0. 00	0. 00	0. 00	0. 00	99. 21
ZK18-12-13-2-1. 1	0. 79	3. 02	6. 55	42. 78	1. 10	11. 55	0. 00	0. 00	0. 39	1. 94	0. 02	29. 00	0. 00	0. 02	0. 00	0. 01	97. 17
ZK18-12-13-2-1. 2	0. 70	2. 48	7. 58	41. 02	1. 44	12. 46	0. 00	0. 00	0. 00	1. 87	0. 03	28. 90	0. 00	0. 17	0. 00	0. 00	96. 64
ZK18-12-13-2-1. 5	0. 72	2. 85	7. 63	41. 12	1. 42	11. 34	0. 00	0. 00	0. 00	1. 95	0. 00	29. 33	0. 00	0. 00	0. 00	0. 05	96. 40
ZK18-12-13-2-1. 6	0. 39	4. 02	3. 12	47. 08	0. 43	11. 19	0. 00	0. 00	0. 00	2. 24	0. 00	28. 50	0. 00	0. 00	0. 00	0. 01	96. 98
ZK18-12-13-2-1. 8	0. 79	2. 39	9. 09	39. 11	1. 81	11. 29	0. 00	0. 00	0. 00	1. 70	0. 00	29. 15	0. 00	0. 08	0. 00	0. 02	95. 43
ZK18-12-13-2-1. 1	0. 73	3. 25	6. 89	42. 44	1. 11	11. 13	0. 00	0. 00	0. 05	1. 70	0. 45	28. 28	0. 00	0. 00	0. 00	0. 09	96. 12
ZK18-12-13-2-1. 2	0. 86	2. 55	8. 59	40. 17	1. 50	11. 25	0. 00	0. 00	0. 17	1. 63	0. 65	28. 54	0. 00	0. 10	0. 00	0. 18	96. 18
ZK18-12-13-2-1. 3	0. 78	2. 99	8. 41	40. 55	1. 47	11. 19	0. 00	0. 00	0. 32	1. 67	0. 28	28. 95	0. 00	0. 02	0. 00	0. 08	96. 70
ZK18-12-13-2-1. 4	0. 72	2. 81	8. 08	40. 33	1. 47	11. 23	0. 00	0. 00	0. 00	1. 69	0. 06	29. 04	0. 00	0. 02	0. 00	0. 22	95. 66
ZK18-12-13-2-1. 5	0. 52	4. 05	4. 24	45. 76	0. 56	11. 03	0. 00	0. 00	0. 17	1. 99	0. 02	28. 82	0. 00	0. 00	0. 00	0. 02	97. 18

附表 8　漳平萤石矿床其他矿物电子探针分析结果(%)

点位	Se	As	Ge	Sn	In	S	Cd	Pb	Zn	Cu	Fe	Mn	合计	定名
CZK18-1-1-1.1	0.00	0.00	0.04	0.01	0.00	13.33	0.02	84.85	0.00	0.00	0.04	0.05	98.34	方铅矿
CZK18-1-1-1.2	0.00	0.00	0.05	0.05	0.00	13.46	0.15	84.48	0.00	0.00	0.00	0.04	98.22	方铅矿
CZK18-1-1-1.3	0.00	0.00	0.00	0.05	0.00	13.33	0.17	84.16	0.00	0.00	0.04	0.01	97.76	方铅矿
CZK18-1-1-1.4	0.00	0.06	0.03	0.01	0.00	38.57	0.04	0.09	0.04	0.00	59.46	0.00	98.28	磁黄铁矿
CZK18-1-1-1.5	0.01	0.00	0.04	0.00	0.00	33.24	0.74	0.00	53.95	0.12	9.05	1.08	98.24	闪锌矿
CZK18-1-1-1.6	0.05	0.00	0.00	0.00	0.05	32.74	0.70	0.00	52.92	0.00	9.63	1.35	97.43	闪锌矿
CZK18-1-1-1.7	0.01	0.00	0.00	0.00	0.00	38.65	0.00	0.00	0.01	0.00	59.60	0.00	98.28	磁黄铁矿
CZK18-1-1-4.1	0.00	0.04	0.01	0.01	0.03	38.68	0.02	0.00	0.02	0.00	60.33	0.00	99.15	磁黄铁矿
CZK18-1-1-4.2	0.00	0.00	0.00	0.03	0.00	34.43	0.00	0.08	0.48	34.22	29.67	0.03	98.93	黄铜矿
CZK18-1-1-4.3	0.00	0.04	0.02	0.00	0.07	32.99	0.70	0.07	54.21	0.00	9.77	1.39	99.26	铁闪锌矿
CZK18-1-1-4.4	0.07	0.00	0.05	0.00	0.00	32.72	0.69	0.00	53.87	0.00	10.07	1.46	98.94	铁闪锌矿
CZK18-1-1-4.5	0.03	0.04	0.01	0.02	0.00	39.51	0.07	0.13	0.19	0.01	59.35	0.02	99.37	磁黄铁矿
CZK18-1-1-5.1	0.01	0.00	0.00	0.00	0.01	32.86	0.66	0.00	54.04	0.00	9.60	1.32	98.50	铁闪锌矿
CZK18-1-1-5.2	0.02	0.00	0.07	0.00	0.00	13.30	0.10	84.65	0.05	0.00	0.03	0.01	98.22	方铅矿
CZK18-1-1-5.3	0.01	0.04	0.00	0.02	0.00	39.27	0.00	0.02	0.00	0.00	59.09	0.01	98.45	磁黄铁矿
CZK18-1-1-5.4	0.00	0.05	0.00	0.00	0.00	32.77	0.73	0.07	54.28	0.01	9.69	1.42	99.01	铁闪锌矿
ZK18-12-1-1.1	0.00	0.00	0.04	0.01	0.00	38.57	0.00	0.01	0.01	0.00	59.43	0.00	98.08	磁黄铁矿
ZK18-12-1-1.2	0.10	0.05	0.04	0.02	0.03	38.47	0.00	0.00	0.02	0.00	60.12	0.00	98.84	磁黄铁矿
ZK18-12-1-1.3	0.02	0.03	0.00	0.00	0.02	34.62	0.03	0.07	0.22	34.24	30.36	0.01	99.61	黄铜矿
ZK18-12-1-1.4	7.09	0.00	0.00	0.00	0.01	25.47	0.11	27.92	0.05	0.00	38.09	0.00	98.74	黄铜矿
ZK18-12-1-1.5	0.09	0.00	0.01	0.01	0.00	38.37	0.01	0.02	0.03	0.00	59.63	0.00	98.17	磁黄铁矿
ZK18-12-1-1.6	0.06	0.00	0.00	0.04	0.00	52.42	0.03	0.00	0.02	0.03	45.71	0.00	98.32	黄铁矿
ZK18-12-1-1.7	0.04	0.00	0.00	0.00	0.00	38.42	0.00	0.00	0.00	0.00	59.83	0.01	98.30	磁黄铁矿
ZK18-12-1-1.8	0.09	0.00	0.05	0.00	0.01	53.19	0.00	0.07	0.00	0.02	45.54	0.00	98.98	黄铁矿
ZK18-12-1-1.9	0.05	0.00	0.00	0.01	0.00	52.60	0.03	0.00	0.04	0.02	43.66	0.01	96.41	黄铁矿
ZK18-12-1-1.10	0.04	0.00	0.00	0.00	0.01	38.29	0.00	0.00	0.00	0.01	59.73	0.00	98.08	磁黄铁矿

附表 9　漳平萤石矿床萤石电子探针分析结果(%)

萤石	F	Ca	Na	Mg	Th	Sr	U	Y	Fe	Mn	Ce	La	Ta	Si	Pr	Ba	Nd	Ni	合计
CZK15-5-12-3PL-1	44. 54	55. 11	0. 00	0. 00	0. 00	0. 00	0. 00	0. 00	0. 00	0. 00	0. 05	0. 00	0. 00	0. 00	0. 00	0. 00	0. 08	0. 00	99. 78
CZK15-5-12-3PL-2	44. 89	54. 85	0. 00	0. 00	0. 00	0. 00	0. 00	0. 00	0. 00	0. 00	0. 06	0. 08	0. 04	0. 00	0. 06	0. 06	0. 09	0. 01	100. 14
CZK15-5-12-3PL-3	44. 80	55. 06	0. 00	0. 00	0. 00	0. 00	0. 00	0. 00	0. 00	0. 00	0. 02	0. 02	0. 00	0. 00	0. 00	0. 00	0. 00	0. 03	99. 92
CZK15-5-12-3PL-4	44. 17	54. 73	0. 00	0. 00	0. 00	0. 00	0. 05	0. 00	0. 00	0. 00	0. 08	0. 00	0. 00	0. 00	0. 03	0. 00	0. 05	0. 00	99. 11
CZK15-5-12-CAL-1	44. 06	55. 61	0. 00	0. 00	0. 00	0. 00	0. 03	0. 00	0. 00	0. 00	0. 06	0. 00	0. 00	0. 00	0. 00	0. 00	0. 00	0. 00	99. 75
CZK15-5-12-CAL-2	44. 23	55. 16	0. 00	0. 00	0. 00	0. 00	0. 03	0. 00	0. 00	0. 00	0. 00	0. 00	0. 00	0. 00	0. 00	0. 00	0. 00	0. 04	99. 45
CZK15-5-12-CAL-3	43. 54	55. 29	0. 00	0. 00	0. 00	0. 00	0. 01	0. 00	0. 00	0. 00	0. 00	0. 00	0. 00	0. 00	0. 00	0. 00	0. 00	0. 00	98. 85
CZK15-5-12-CAL-4	44. 54	55. 55	0. 00	0. 00	0. 00	0. 00	0. 00	0. 00	0. 00	0. 00	0. 00	0. 00	0. 00	0. 00	0. 00	0. 00	0. 00	0. 02	100. 11
CZK15-5-12-PL-1	44. 43	54. 94	0. 00	0. 00	0. 00	0. 00	0. 00	0. 00	0. 00	0. 00	0. 09	0. 04	0. 00	0. 00	0. 00	0. 00	0. 02	0. 02	99. 53
CZK15-5-12-PL-2	43. 82	54. 48	0. 00	0. 00	0. 00	0. 00	0. 00	0. 00	0. 00	0. 00	0. 18	0. 08	0. 00	0. 00	0. 00	0. 00	0. 00	0. 01	98. 56
CZK15-5-12-PL-3	43. 80	55. 49	0. 00	0. 00	0. 00	0. 00	0. 00	0. 00	0. 00	0. 00	0. 11	0. 00	0. 00	0. 00	0. 00	0. 00	0. 01	0. 03	99. 43
CZK15-5-12-PL-4	44. 58	54. 07	0. 00	0. 00	0. 00	0. 00	0. 00	0. 00	0. 00	0. 00	0. 15	0. 00	0. 00	0. 00	0. 01	0. 00	0. 06	0. 01	98. 88
CZK15-5-14-5. 1	44. 00	54. 19	0. 00	0. 00	0. 00	0. 00	0. 00	0. 00	0. 00	0. 00	0. 12	0. 06	0. 00	0. 00	0. 00	0. 00	0. 00	0. 02	98. 39
CZK15-5-14-5. 3	43. 16	55. 37	0. 00	0. 00	0. 00	0. 00	0. 04	0. 00	0. 00	0. 00	0. 09	0. 00	0. 00	0. 00	0. 00	0. 04	0. 00	0. 02	98. 72
CZK15-5-14-6. 10	45. 62	53. 98	0. 00	0. 00	0. 00	0. 00	0. 01	0. 00	0. 00	0. 00	0. 02	0. 10	0. 00	0. 00	0. 00	0. 00	0. 00	0. 00	99. 73
CZK15-5-14-6. 11	45. 19	54. 87	0. 00	0. 00	0. 00	0. 00	0. 04	0. 00	0. 00	0. 00	0. 00	0. 00	0. 02	0. 00	0. 00	0. 00	0. 00	0. 01	100. 14
CZK15-5-14-6. 13	44. 37	53. 69	0. 00	0. 00	0. 00	0. 00	0. 00	0. 00	0. 00	0. 00	0. 00	0. 02	0. 00	0. 00	0. 00	0. 00	0. 00	0. 00	98. 08
CZK15-5-14-6. 14	43. 90	55. 46	0. 00	0. 00	0. 00	0. 00	0. 02	0. 00	0. 00	0. 00	0. 00	0. 14	0. 00	0. 00	0. 00	0. 00	0. 00	0. 00	99. 52
CZK15-5-14-6. 15	43. 57	54. 57	0. 00	0. 00	0. 00	0. 00	0. 04	0. 00	0. 00	0. 00	0. 06	0. 00	0. 00	0. 00	0. 00	0. 00	0. 00	0. 00	98. 24
CZK15-5-14-6. 16	44. 29	55. 47	0. 00	0. 00	0. 00	0. 00	0. 00	0. 00	0. 00	0. 00	0. 00	0. 04	0. 00	0. 00	0. 00	0. 05	0. 00	0. 00	99. 85
CZK15-5-14-6. 5	45. 36	53. 23	0. 00	0. 00	0. 00	0. 00	0. 04	0. 00	0. 00	0. 00	0. 00	0. 00	0. 00	0. 00	0. 00	0. 01	0. 00	0. 00	98. 64
CZK15-5-14-6. 6	44. 01	54. 43	0. 00	0. 00	0. 00	0. 00	0. 00	0. 00	0. 00	0. 00	0. 12	0. 06	0. 00	0. 00	0. 00	0. 00	0. 00	0. 00	98. 62
CZK15-5-14-6. 7	44. 04	54. 32	0. 00	0. 00	0. 00	0. 00	0. 02	0. 00	0. 00	0. 00	0. 03	0. 10	0. 00	0. 00	0. 00	0. 00	0. 00	0. 01	98. 51
CZK15-5-14-6. 8	42. 61	56. 17	0. 00	0. 00	0. 00	0. 00	0. 01	0. 00	0. 00	0. 00	0. 00	0. 00	0. 00	0. 00	0. 00	0. 00	0. 00	0. 00	98. 78
CZK15-5-14-6. 9	42. 69	55. 81	0. 00	0. 00	0. 00	0. 00	0. 00	0. 00	0. 00	0. 00	0. 05	0. 00	0. 00	0. 00	0. 00	0. 01	0. 00	0. 00	98. 55
CZK15-5-4-2. 1	50. 17	51. 73	0. 00	0. 00	0. 02	0. 00	0. 00	0. 00	0. 00	0. 01	0. 06	0. 00	0. 00	0. 00	0. 00	0. 00	0. 00	0. 00	102. 00
CZK15-5-4-2. 3	49. 65	51. 76	0. 00	0. 00	0. 04	0. 00	0. 00	0. 01	0. 01	0. 00	0. 00	0. 00	0. 00	0. 00	0. 00	0. 00	0. 00	0. 00	101. 47

续表

萤石	F	Ca	Na	Mg	Th	Sr	U	Y	Fe	Mn	Ce	La	Ta	Si	Pr	Ba	Nd	Ni	合计
CZK15-5-4-2. 5	49. 17	51. 67	0. 00	0. 00	0. 00	0. 00	0. 00	0. 00	0. 00	0. 00	0. 06	0. 00	0. 00	0. 00	0. 00	0. 00	0. 00	0. 00	100. 90
CZK15-5-4-2. 6	48. 93	52. 12	0. 00	0. 00	0. 00	0. 00	0. 08	0. 00	0. 01	0. 01	0. 03	0. 00	0. 00	0. 00	0. 00	0. 00	0. 00	0. 00	101. 18
CZK15-5-4-2. 8	48. 68	51. 92	0. 00	0. 00	0. 00	0. 00	0. 00	0. 00	0. 00	0. 00	0. 06	0. 00	0. 00	0. 00	0. 00	0. 00	0. 00	0. 00	100. 66
CZK15-5-4-2. 9	49. 10	51. 89	0. 01	0. 02	0. 00	0. 00	0. 00	0. 08	0. 01	0. 00	0. 03	0. 00	0. 00	0. 00	0. 00	0. 00	0. 00	0. 00	101. 14
CZK15-5-4-3. 1	46. 92	51. 68	0. 00	0. 00	0. 04	0. 00	0. 01	0. 03	0. 00	0. 00	0. 08	0. 00	0. 00	0. 00	0. 00	0. 00	0. 00	0. 00	98. 76
CZK15-5-4-3. 2	47. 91	51. 70	0. 00	0. 00	0. 00	0. 00	0. 05	0. 00	0. 02	0. 00	0. 00	0. 00	0. 00	0. 00	0. 00	0. 00	0. 00	0. 00	99. 68
CZK15-5-4-3. 3	46. 57	51. 91	0. 01	0. 02	0. 00	0. 00	0. 03	0. 00	0. 00	0. 00	0. 00	0. 00	0. 00	0. 00	0. 00	0. 00	0. 00	0. 00	98. 52
CZK15-5-4-3. 4	48. 26	51. 59	0. 00	0. 00	0. 00	0. 00	0. 00	0. 06	0. 01	0. 00	0. 00	0. 00	0. 00	0. 00	0. 00	0. 00	0. 00	0. 00	99. 92
CZK15-5-4-3. 5	47. 95	51. 77	0. 01	0. 00	0. 00	0. 00	0. 06	0. 00	0. 00	0. 00	0. 00	0. 00	0. 00	0. 00	0. 00	0. 00	0. 00	0. 00	99. 79
CZK15-5-4-3. 6	47. 10	51. 87	0. 00	0. 00	0. 01	0. 00	0. 09	0. 00	0. 00	0. 01	0. 06	0. 00	0. 00	0. 00	0. 00	0. 00	0. 00	0. 00	99. 13
CZK15-5-4-3. 7	47. 59	51. 88	0. 00	0. 00	0. 05	0. 00	0. 00	0. 00	0. 00	0. 00	0. 00	0. 00	0. 00	0. 00	0. 00	0. 00	0. 00	0. 00	99. 52
CZK15-5-4-3. 8	48. 97	51. 31	0. 01	0. 00	0. 00	0. 00	0. 04	0. 00	0. 01	0. 02	0. 00	0. 00	0. 00	0. 00	0. 00	0. 00	0. 00	0. 00	100. 34
CZK15-5-4-3. 9	46. 89	51. 88	0. 01	0. 00	0. 01	0. 00	0. 00	0. 00	0. 00	0. 00	0. 00	0. 00	0. 00	0. 00	0. 00	0. 00	0. 00	0. 00	98. 79
CZK15-5-5-1. 1	48. 30	52. 09	0. 00	0. 01	0. 07	0. 00	0. 07	0. 06	0. 00	0. 00	0. 04	0. 10	0. 00	0. 00	0. 00	0. 00	0. 00	0. 00	100. 73
CZK15-5-5-1. 10	47. 51	52. 53	0. 00	0. 00	0. 01	0. 00	0. 01	0. 00	0. 00	0. 00	0. 03	0. 01	0. 00	0. 00	0. 00	0. 00	0. 00	0. 00	100. 09
CZK15-5-5-1. 2	48. 63	52. 91	0. 01	0. 00	0. 02	0. 00	0. 02	0. 00	0. 00	0. 00	0. 00	0. 00	0. 00	0. 00	0. 00	0. 00	0. 00	0. 00	101. 59
CZK15-5-5-1. 4	48. 91	52. 59	0. 00	0. 00	0. 00	0. 00	0. 00	0. 00	0. 00	0. 01	0. 07	0. 02	0. 00	0. 00	0. 00	0. 00	0. 00	0. 00	101. 60
CZK15-5-5-1. 5	48. 05	52. 99	0. 01	0. 00	0. 00	0. 00	0. 02	0. 00	0. 00	0. 01	0. 00	0. 00	0. 00	0. 00	0. 00	0. 00	0. 00	0. 00	101. 08
CZK15-5-5-1. 6	47. 83	53. 42	0. 00	0. 00	0. 00	0. 00	0. 07	0. 04	0. 00	0. 00	0. 03	0. 00	0. 00	0. 00	0. 00	0. 00	0. 00	0. 00	101. 39
CZK15-5-5-1. 7	47. 45	52. 20	0. 01	0. 01	0. 00	0. 00	0. 00	0. 03	0. 00	0. 00	0. 00	0. 06	0. 00	0. 00	0. 00	0. 00	0. 00	0. 00	99. 75
CZK15-5-5-1. 8	48. 49	52. 48	0. 00	0. 00	0. 00	0. 00	0. 03	0. 00	0. 01	0. 00	0. 05	0. 00	0. 00	0. 00	0. 00	0. 00	0. 00	0. 00	101. 06
CZK15-5-5-3. 1	48. 88	52. 22	0. 00	0. 00	0. 00	0. 00	0. 02	0. 02	0. 00	0. 00	0. 04	0. 00	0. 00	0. 00	0. 00	0. 00	0. 00	0. 00	101. 17
CZK15-5-5-3. 2	47. 29	52. 14	0. 01	0. 00	0. 00	0. 00	0. 01	0. 00	0. 00	0. 00	0. 00	0. 04	0. 00	0. 00	0. 00	0. 00	0. 00	0. 00	99. 49
CZK15-5-5-3. 3	46. 84	52. 90	0. 00	0. 00	0. 00	0. 00	0. 00	0. 03	0. 02	0. 00	0. 03	0. 00	0. 00	0. 00	0. 00	0. 00	0. 00	0. 00	99. 81
CZK15-5-5-3. 5	49. 21	51. 80	0. 00	0. 01	0. 00	0. 00	0. 00	0. 00	0. 00	0. 00	0. 02	0. 00	0. 00	0. 00	0. 00	0. 00	0. 00	0. 00	101. 04
CZK15-5-5-3. 7	48. 48	52. 85	0. 00	0. 00	0. 00	0. 00	0. 02	0. 00	0. 01	0. 00	0. 00	0. 00	0. 00	0. 00	0. 00	0. 00	0. 00	0. 00	101. 36
CZK15-5-5-3. 8	48. 36	51. 98	0. 01	0. 00	0. 00	0. 00	0. 00	0. 01	0. 03	0. 00	0. 08	0. 00	0. 00	0. 00	0. 00	0. 00	0. 00	0. 00	100. 46

续表

萤石	F	Ca	Na	Mg	Th	Sr	U	Y	Fe	Mn	Ce	La	Ta	Si	Pr	Ba	Nd	Ni	合计
CZK18-1-1-1.2	48.41	52.77	0.00	0.01	0.00	0.00	0.00	0.01	0.00	0.02	0.07	0.00	0.00	0.00	0.00	0.00	0.00	0.00	101.29
CZK18-1-1-1.3	47.44	53.34	0.00	0.00	0.00	0.00	0.00	0.00	0.02	0.01	0.07	0.04	0.00	0.00	0.00	0.00	0.00	0.00	100.92
CZK18-1-1-1.4	48.55	52.48	0.00	0.01	0.00	0.00	0.06	0.00	0.00	0.01	0.16	0.01	0.00	0.00	0.00	0.00	0.00	0.00	101.28
CZK18-1-1-1.5	46.90	53.32	0.01	0.00	0.00	0.00	0.00	0.00	0.31	0.00	0.00	0.00	0.00	0.00	0.00	0.00	0.00	0.00	100.53
CZK18-1-1-1.6	48.22	52.99	0.00	0.00	0.00	0.00	0.06	0.01	0.05	0.00	0.03	0.03	0.00	0.00	0.00	0.00	0.00	0.00	101.38
CZK18-1-1-1.8	47.83	53.24	0.00	0.01	0.01	0.00	0.01	0.05	0.00	0.02	0.09	0.00	0.00	0.00	0.00	0.00	0.00	0.00	101.27
CZK18-1-1-1.9	47.66	52.85	0.01	0.02	0.00	0.00	0.00	0.03	0.20	0.00	0.03	0.09	0.00	0.00	0.00	0.00	0.00	0.00	100.90
CZK4-1-9-1.1	46.03	54.86	0.00	0.00	0.00	0.00	0.00	0.00	0.00	0.00	0.00	0.00	0.00	0.00	0.14	0.03	0.00	0.01	101.08
CZK4-1-9-1.2	44.30	54.90	0.00	0.00	0.00	0.00	0.04	0.00	0.00	0.00	0.00	0.22	0.00	0.00	0.08	0.01	0.00	0.02	99.57
CZK4-1-9-1.3	44.24	55.16	0.00	0.00	0.00	0.00	0.00	0.00	0.00	0.00	0.15	0.08	0.00	0.00	0.01	0.03	0.07	0.00	99.74
CZK4-1-9-1.4	44.75	55.35	0.00	0.00	0.00	0.00	0.00	0.00	0.00	0.00	0.00	0.06	0.00	0.00	0.00	0.00	0.00	0.01	100.17
CZK4-1-9-3.1	45.40	53.73	0.00	0.00	0.00	0.00	0.05	0.00	0.00	0.00	0.00	0.00	0.01	0.00	0.03	0.03	0.07	0.00	99.31
CZK4-1-9-3.3	44.48	54.76	0.00	0.00	0.00	0.00	0.04	0.00	0.00	0.00	0.06	0.00	0.00	0.00	0.03	0.01	0.00	0.00	99.39
CZK4-1-9-3.4	44.11	55.15	0.00	0.00	0.00	0.00	0.01	0.00	0.00	0.00	0.17	0.00	0.00	0.00	0.10	0.00	0.00	0.00	99.53
ZK15-5-4-1.1	47.03	52.80	0.00	0.00	0.00	0.00	0.00	0.00	0.02	0.01	0.00	0.00	0.00	0.00	0.00	0.00	0.00	0.00	99.85
ZK15-5-4-1.10	49.11	52.22	0.03	0.00	0.04	0.00	0.00	0.00	0.00	0.00	0.00	0.00	0.00	0.00	0.00	0.00	0.00	0.00	101.39
ZK15-5-4-1.11	49.40	52.15	0.00	0.00	0.00	0.00	0.00	0.04	0.00	0.00	0.00	0.00	0.00	0.00	0.00	0.00	0.00	0.00	101.59
ZK15-5-4-1.12	47.14	52.22	0.00	0.00	0.00	0.00	0.00	0.00	0.00	0.00	0.00	0.00	0.00	0.00	0.00	0.00	0.00	0.00	99.36
ZK15-5-4-1.13	48.48	52.50	0.00	0.00	0.01	0.00	0.00	0.04	0.02	0.00	0.00	0.00	0.00	0.00	0.00	0.00	0.00	0.00	101.05
ZK15-5-4-1.14	48.54	52.29	0.01	0.00	0.00	0.00	0.00	0.00	0.02	0.00	0.00	0.00	0.00	0.00	0.00	0.00	0.00	0.00	100.84
ZK15-5-4-1.3	49.57	51.53	0.00	0.01	0.01	0.00	0.00	0.00	0.00	0.01	0.00	0.00	0.00	0.00	0.00	0.00	0.00	0.00	101.12
ZK15-5-4-1.4	49.27	51.86	0.00	0.01	0.00	0.00	0.04	0.00	0.00	0.00	0.00	0.00	0.00	0.00	0.00	0.00	0.00	0.00	101.19
ZK15-5-4-1.5	48.75	52.21	0.01	0.00	0.01	0.00	0.00	0.00	0.00	0.00	0.00	0.00	0.00	0.00	0.00	0.00	0.00	0.00	100.98
ZK18-1-1.1	48.47	52.03	0.00	0.00	0.00	0.00	0.03	0.00	0.03	0.00	0.07	0.03	0.00	0.00	0.00	0.00	0.00	0.00	100.67
ZK18-1-1.2	48.85	52.37	0.00	0.00	0.03	0.00	0.06	0.00	0.02	0.01	0.00	0.03	0.00	0.00	0.00	0.00	0.00	0.00	101.36
ZK18-1-1.3	48.88	52.33	0.00	0.00	0.00	0.00	0.00	0.00	0.00	0.03	0.04	0.00	0.00	0.00	0.00	0.00	0.00	0.00	101.29
ZK18-1-1.4	48.78	52.08	0.00	0.00	0.01	0.00	0.04	0.01	0.00	0.00	0.01	0.00	0.00	0.00	0.00	0.00	0.00	0.00	100.93

续表

萤石	F	Ca	Na	Mg	Th	Sr	U	Y	Fe	Mn	Ce	La	Ta	Si	Pr	Ba	Nd	Ni	合计
ZK18-12-1-1. 1	47. 61	51. 96	0. 01	0. 02	0. 00	0. 00	0. 03	0. 04	0. 51	0. 03	0. 07	0. 00	0. 00	0. 00	0. 00	0. 00	0. 00	0. 00	100. 26
ZK18-12-1-1. 2	47. 26	52. 05	0. 00	0. 00	0. 00	0. 00	0. 01	0. 04	0. 48	0. 00	0. 02	0. 00	0. 00	0. 00	0. 00	0. 00	0. 00	0. 00	99. 84
ZK18-12-1-1. 3	48. 07	52. 40	0. 00	0. 00	0. 00	0. 00	0. 00	0. 02	0. 47	0. 00	0. 02	0. 00	0. 00	0. 00	0. 00	0. 00	0. 00	0. 00	100. 99
ZK18-12-1-1. 4	48. 18	52. 38	0. 02	0. 00	0. 00	0. 00	0. 00	0. 00	0. 36	0. 01	0. 04	0. 00	0. 00	0. 00	0. 00	0. 00	0. 00	0. 00	101. 00
ZK18-12-1-1. 5	48. 74	52. 62	0. 00	0. 01	0. 02	0. 00	0. 00	0. 00	0. 43	0. 00	0. 00	0. 00	0. 00	0. 00	0. 00	0. 00	0. 00	0. 00	101. 82
ZK18-12-11-1. 1	48. 73	52. 07	0. 01	0. 00	0. 00	0. 00	0. 00	0. 00	0. 00	0. 02	0. 02	0. 00	0. 00	0. 00	0. 00	0. 00	0. 00	0. 00	100. 84
ZK18-12-11-1. 3	48. 50	52. 40	0. 00	0. 02	0. 01	0. 00	0. 08	0. 00	0. 00	0. 00	0. 06	0. 00	0. 00	0. 00	0. 00	0. 00	0. 00	0. 00	101. 07
ZK18-12-11-2. 1	46. 61	52. 79	0. 00	0. 00	0. 00	0. 00	0. 01	0. 00	0. 00	0. 00	0. 03	0. 00	0. 00	0. 00	0. 00	0. 00	0. 00	0. 00	99. 44
ZK18-12-11-2. 2	47. 37	52. 54	0. 00	0. 00	0. 01	0. 00	0. 08	0. 05	0. 00	0. 00	0. 00	0. 00	0. 00	0. 00	0. 00	0. 00	0. 00	0. 00	100. 05
ZK18-12-2-5. 1	44. 45	53. 72	0. 00	0. 00	0. 00	0. 00	0. 00	0. 00	0. 00	0. 00	0. 27	0. 00	0. 00	0. 00	0. 00	0. 00	0. 00	0. 01	98. 45
ZK18-12-2-5. 2	44. 26	54. 13	0. 00	0. 00	0. 00	0. 00	0. 01	0. 00	0. 00	0. 00	0. 02	0. 00	0. 00	0. 00	0. 00	0. 03	0. 00	0. 00	98. 44
ZK18-12-2-5. 8	43. 11	55. 16	0. 00	0. 00	0. 00	0. 00	0. 00	0. 00	0. 00	0. 00	0. 12	0. 00	0. 00	0. 00	0. 00	0. 02	0. 00	0. 00	98. 42
ZK24-14-15-1. 1	47. 02	53. 57	0. 00	0. 00	0. 05	0. 00	0. 00	0. 00	0. 04	0. 00	0. 00	0. 08	0. 00	0. 00	0. 00	0. 00	0. 00	0. 00	100. 75
ZK24-14-15-1. 2	45. 87	53. 35	0. 00	0. 00	0. 03	0. 00	0. 02	0. 00	0. 17	0. 00	0. 00	0. 00	0. 00	0. 00	0. 00	0. 00	0. 00	0. 00	99. 43
ZK24-14-15-2. 1	48. 30	52. 84	0. 02	0. 01	0. 01	0. 00	0. 01	0. 01	0. 02	0. 01	0. 00	0. 01	0. 00	0. 00	0. 00	0. 00	0. 00	0. 00	101. 22
ZK24-14-15-2. 10	48. 69	50. 26	0. 00	0. 00	0. 01	0. 00	0. 00	0. 00	0. 04	0. 00	0. 00	0. 00	0. 00	0. 00	0. 00	0. 00	0. 00	0. 00	98. 99
ZK24-14-15-2. 2	48. 32	53. 12	0. 01	0. 00	0. 00	0. 00	0. 00	0. 00	0. 01	0. 00	0. 07	0. 06	0. 00	0. 00	0. 00	0. 00	0. 00	0. 00	101. 58
ZK24-14-15-2. 3	48. 85	53. 00	0. 00	0. 00	0. 01	0. 00	0. 00	0. 08	0. 00	0. 00	0. 00	0. 00	0. 00	0. 00	0. 00	0. 00	0. 00	0. 00	101. 94
ZK24-14-15-2. 4	48. 04	52. 94	0. 01	0. 00	0. 01	0. 00	0. 00	0. 01	0. 00	0. 04	0. 01	0. 08	0. 00	0. 00	0. 00	0. 00	0. 00	0. 00	101. 14
ZK24-14-15-2. 5	47. 73	52. 88	0. 00	0. 01	0. 00	0. 00	0. 00	0. 04	0. 00	0. 00	0. 06	0. 00	0. 00	0. 00	0. 00	0. 00	0. 00	0. 00	100. 71
ZK24-14-15-2. 6	48. 13	53. 48	0. 00	0. 00	0. 03	0. 00	0. 05	0. 00	0. 00	0. 00	0. 08	0. 07	0. 00	0. 00	0. 00	0. 00	0. 00	0. 00	101. 83
ZK24-14-15-2. 8	47. 06	53. 25	0. 02	0. 01	0. 00	0. 00	0. 00	0. 02	0. 03	0. 00	0. 00	0. 00	0. 00	0. 00	0. 00	0. 00	0. 00	0. 00	100. 38
ZK24-14-15-2. 9	49. 04	51. 00	0. 00	0. 02	0. 01	0. 00	0. 00	0. 03	0. 01	0. 00	0. 03	0. 02	0. 00	0. 00	0. 00	0. 00	0. 00	0. 00	100. 15
ZK24-14-15-3. 1	46. 74	53. 45	0. 01	0. 01	0. 02	0. 00	0. 04	0. 01	0. 00	0. 05	0. 00	0. 05	0. 00	0. 00	0. 00	0. 00	0. 00	0. 00	100. 38
ZK24-14-15-3. 2	47. 23	53. 17	0. 00	0. 00	0. 03	0. 00	0. 00	0. 00	0. 00	0. 00	0. 00	0. 08	0. 00	0. 00	0. 00	0. 00	0. 00	0. 00	100. 50
ZK24-14-15-3. 3	48. 32	53. 28	0. 00	0. 00	0. 00	0. 00	0. 00	0. 01	0. 00	0. 00	0. 01	0. 01	0. 00	0. 00	0. 00	0. 00	0. 00	0. 00	101. 63
ZK24-14-15-3. 4	47. 84	52. 87	0. 00	0. 00	0. 00	0. 00	0. 00	0. 01	0. 02	0. 00	0. 00	0. 00	0. 00	0. 00	0. 00	0. 00	0. 00	0. 00	100. 73
ZK4-1-5-2. 1	48. 24	52. 46	0. 00	0. 00	0. 00	0. 00	0. 00	0. 01	0. 00	0. 02	0. 00	0. 00	0. 00	0. 00	0. 00	0. 00	0. 00	0. 00	100. 73
ZK4-1-5-2. 2	49. 35	52. 32	0. 00	0. 00	0. 00	0. 00	0. 00	0. 00	0. 00	0. 01	0. 00	0. 00	0. 00	0. 00	0. 00	0. 00	0. 00	0. 00	101. 68
ZK4-1-5-2. 3	46. 38	52. 73	0. 00	0. 00	0. 00	0. 00	0. 08	0. 00	0. 00	0. 01	0. 04	0. 00	0. 00	0. 00	0. 00	0. 00	0. 00	0. 00	99. 24
ZK4-1-5-2. 4	47. 95	52. 45	0. 02	0. 01	0. 00	0. 00	0. 09	0. 00	0. 02	0. 00	0. 00	0. 00	0. 00	0. 00	0. 00	0. 00	0. 00	0. 00	100. 53

附表 10　凤山及赤坂场流体包裹体分析结果

样品号	主矿物	包裹体类型	气相百分比/%	产状	形态	大小/μm	冰点温度/℃	均一温度/℃	盐度/%
CBC-1	萤石	气液两相包裹体	10	群组分布	不规则	10×14	-1.4	162.1	2.492
CBC-1	萤石	气液两相包裹体	10	群组分布	不规则	8×10	-1.2	155.5	2.136
CBC-1	萤石	气液两相包裹体	5	群组分布	不规则	8×14	-1.2	120.5	2.136
CBC-1	萤石	气液两相包裹体	5	群组分布	不规则	4×6	-1.1	121.7	1.958
CBC-1	萤石	气液两相包裹体	15	群组分布	不规则	10×10	-1.4	249.2	2.492
CBC-1	萤石	气液两相包裹体	10	群组分布	不规则	10×10	-1.4	156.2	2.492
CBC-1	萤石	气液两相包裹体	10	定向分布	不规则	4×6	-1	186.1	1.78
CBC-1	萤石	气液两相包裹体	10	定向分布	不规则	8×4	-0.9	169.1	1.602
CBC-1	萤石	气液两相包裹体	20	定向分布	不规则	8×8	-0.8	299.9	1.424
CBC-2	萤石	气液两相包裹体	10	群组分布	不规则	12×12	-1.8	178	3.204
CBC-2	萤石	气液两相包裹体	10	群组分布	不规则	10×10	-3.2	149.2	5.696
CBC-2	萤石	气液两相包裹体	10	群组分布	不规则	20×10	-2.9	168.3	5.162
CBC-2	萤石	气液两相包裹体	10	群组分布	不规则	10×30	-1.4	108.7	2.492
CBC-2	萤石	气液两相包裹体	10	群组分布	不规则	8×4	-1.7	182.5	3.026
CBC-2	萤石	气液两相包裹体	15	定向分布	不规则	10×20	-1.1	165.2	1.958
CBC-2	萤石	气液两相包裹体	10	定向分布	不规则	10×20	-1	175.9	1.78
CBC-2	萤石	气液两相包裹体	10	定向分布	不规则	4×30	-1.7	155.4	3.026
CBC-2	萤石	气液两相包裹体	10	定向分布	不规则	10×20	-1.6	133.6	2.848
CBC-2	萤石	气液两相包裹体	10	群组分布	不规则	10×20	-2.6	152.1	4.628
CBC-2	萤石	气液两相包裹体	10	群组分布	不规则	20×10	-1.6	210.1	2.848
CBC-19	萤石	气液两相包裹体	10	群组分布	不规则	20×20	-1.6	161.9	2.848
CBC-19	萤石	气液两相包裹体	10	群组分布	不规则	20×10	-1.8	160.9	3.204
CBC-19	萤石	气液两相包裹体	10	群组分布	不规则	10×6	-1.7	165.4	3.026
CBC-19	萤石	气液两相包裹体	10	群组分布	不规则	20×20	-2	172.1	3.56
CBC-19	萤石	气液两相包裹体	10	群组分布	不规则	20×5	-1.8	203.8	3.204
CBC-19	萤石	气液两相包裹体	10	群组分布	不规则	20×20	-1.1	156.7	1.958
CBC-19	萤石	气液两相包裹体	10	定向分布	不规则	4×10	-1.3	148.5	2.314

续表

样品号	主矿物	包裹体类型	气相百分比/%	产状	形态	大小/μm	冰点温度/℃	均一温度/℃	盐度/%
CBC-20	萤石	气液两相包裹体	10	群组分布	不规则	4×30	-0.4	140.5	0.712
CBC-20	萤石	气液两相包裹体	10	群组分布	不规则	4×20	-0.3	138.4	0.534
CBC-20	萤石	气液两相包裹体	10	群组分布	不规则	10×6	-0.4	119.2	0.712
CBC-20	萤石	气液两相包裹体	10	群组分布	不规则	4×10	-0.5	159.1	0.89
CBC-20	萤石	气液两相包裹体	5	群组分布	不规则	6×8	-0.4	106.1	0.712
CBC-20	萤石	气液两相包裹体	10	群组分布	不规则	6×10	-0.6	151.6	1.068
FS-1	萤石	气液两相包裹体	15	群组分布	不规则	10×10	-1.8	131.6	3.204
FS-1	萤石	气液两相包裹体	10	群组分布	不规则	4×10	-2.1	135.6	3.738
FS-1	萤石	气液两相包裹体	20	群组分布	不规则	4×4	-1.1	135.5	1.958
FS-2	萤石	气液两相包裹体	5	群组分布	不规则	2×10	-2.6	146.8	4.628
FS-2	萤石	气液两相包裹体	5	群组分布	不规则	10×20	-1.3	148.1	2.314
FS-2	萤石	气液两相包裹体	10	群组分布	不规则	4×10	-2.7	140.1	4.806
FS-2	萤石	气液两相包裹体	10	定向分布	不规则	2×10	-3.9	146.9	6.942
FS-2	萤石	气液两相包裹体	20	定向分布	不规则	4×15	-2.2	131.8	3.916
FS-4	方解石	气液两相包裹体	10	独立分布	不规则	2×10	-2.5	138.3	4.45
FS-4	方解石	气液两相包裹体	20	群组分布	不规则	6×8	-2.2	235.8	3.916
FS-4	方解石	气液两相包裹体	20	群组分布	不规则	10×10	-1.5	207.8	2.67
FS-4	方解石	气液两相包裹体	20	群组分布	不规则	8×8	-1.3	216.2	2.314
FS-4	方解石	气液两相包裹体	10	群组分布	不规则	4×10	-4.7	168.2	8.366
FS-5	萤石	气液两相包裹体	10	群组分布	不规则	2×6	-0.2	140.6	0.356
FS-5	萤石	气液两相包裹体	10	群组分布	不规则	6×6	-0.4	137.1	0.712
FS-5	萤石	气液两相包裹体	10	群组分布	不规则	10×20	-1.8	127.8	3.204
FS-5	萤石	气液两相包裹体	10	群组分布	不规则	4×10	-0.2	102.4	0.356
FS-5	萤石	气液两相包裹体	5	群组分布	不规则	8×4	-1.3	124.5	2.314
FS-8	方解石	气液两相包裹体	10	群组分布	不规则	2×2	-1.3	174.4	2.314
FS-8	方解石	气液两相包裹体	10	群组分布	不规则	2×4	-3.7	150.6	6.586
FS-8	方解石	气液两相包裹体	10	群组分布	不规则	2×2	-2.7	112.2	4.806

附表 11 凤山岩体样品 LA-ICP-MS 锆石 U-Pb 分析结果

点号	Pb	Th	U	Th/U	同位素比值						年龄/Ma						谐和度
	10^{-6}				$^{207}Pb/^{206}Pb$	1σ	$^{207}Pb/^{206}Pb$	1σ	$^{207}Pb/^{206}Pb$	1σ	$^{207}Pb/^{206}Pb$	1σ	$^{207}Pb/^{206}Pb$	1σ	$^{207}Pb/^{206}Pb$	1σ	
TW1 二长花岗岩																	
1	13	212	428	0. 50	0. 0461	0. 0019	0. 1514	0. 0060	0. 0240	0. 0005	400	-301. 8	143	5. 3	153	3. 2	93%
2	8	191	245	0. 78	0. 0514	0. 0028	0. 1765	0. 0091	0. 0250	0. 0005	257	124. 1	165	7. 8	159	3. 1	96%
3	4	107	112	0. 96	0. 0542	0. 0035	0. 1819	0. 0091	0. 0241	0. 0005	376	141. 7	170	7. 8	154	3. 4	90%
4	4	108	136	0. 80	0. 0483	0. 0032	0. 1535	0. 0098	0. 0236	0. 0005	122	138. 9	145	8. 6	151	3. 3	96%
6	14	249	469	0. 53	0. 0520	0. 0017	0. 1769	0. 0053	0. 0248	0. 0004	287	76. 8	165	4. 6	158	2. 2	95%
8	8	217	253	0. 86	0. 0516	0. 0027	0. 1685	0. 0083	0. 0239	0. 0005	333	118. 5	158	7. 2	152	3. 1	96%
9	9	227	264	0. 86	0. 0488	0. 0022	0. 1618	0. 0068	0. 0244	0. 0005	139	107. 4	152	6. 0	155	3. 0	98%
10	7	157	215	0. 73	0. 0500	0. 0029	0. 1750	0. 0089	0. 0260	0. 0006	195	135. 2	164	7. 7	165	3. 8	98%
11	13	314	373	0. 84	0. 0489	0. 0019	0. 1728	0. 0069	0. 0256	0. 0005	143	90. 7	162	6. 0	163	2. 9	99%
12	8	219	261	0. 84	0. 0476	0. 0022	0. 1554	0. 0072	0. 0239	0. 0004	80	103. 7	147	6. 3	152	2. 8	96%
13	19	372	647	0. 58	0. 0487	0. 0015	0. 1610	0. 0049	0. 0242	0. 0004	132	75. 0	152	4. 3	154	2. 4	98%
14	7	131	217	0. 60	0. 0487	0. 0022	0. 1824	0. 0085	0. 0276	0. 0006	132	107. 4	170	7. 3	176	3. 5	96%
15	7	131	220	0. 60	0. 0465	0. 0032	0. 1595	0. 0094	0. 0259	0. 0005	33	155. 5	150	8. 2	165	3. 4	90%
16	11	248	364	0. 68	0. 0494	0. 0020	0. 1661	0. 0064	0. 0247	0. 0004	169	92. 6	156	5. 5	157	2. 6	99%
17	14	216	421	0. 51	0. 0509	0. 0018	0. 1859	0. 0061	0. 0270	0. 0005	235	83. 3	173	5. 2	172	2. 9	99%
18	4	86	105	0. 81	0. 0475	0. 0030	0. 1786	0. 0106	0. 0287	0. 0008	72	144. 4	167	9. 1	183	5. 0	90%
19	11	231	363	0. 63	0. 0511	0. 0021	0. 1715	0. 0068	0. 0246	0. 0004	243	99. 1	161	5. 9	157	2. 4	97%
20	3	73	99	0. 73	0. 0520	0. 0033	0. 1884	0. 0111	0. 0269	0. 0006	283	144. 4	175	9. 5	171	3. 9	97%
21	17	247	526	0. 47	0. 0528	0. 0017	0. 2076	0. 0067	0. 0288	0. 0005	320	74. 1	192	5. 7	183	3. 0	95%
22	6	147	151	0. 97	0. 0520	0. 0032	0. 1812	0. 0095	0. 0274	0. 0007	287	116. 7	169	8. 2	174	4. 1	97%
23	11	205	335	0. 61	0. 0498	0. 0022	0. 1801	0. 0075	0. 0258	0. 0004	187	103. 7	168	6. 5	164	2. 8	97%

续表

点号	Pb	Th	U	Th/U	同位素比值						年龄/Ma						谐和度
	10^{-6}				$^{207}Pb/^{206}Pb$	1σ	$^{207}Pb/^{206}Pb$	1σ	$^{207}Pb/^{206}Pb$	1σ	$^{207}Pb/^{206}Pb$	1σ	$^{207}Pb/^{206}Pb$	1σ	$^{207}Pb/^{206}Pb$	1σ	
24	36	122	455	0. 27	0. 0541	0. 0013	0. 5326	0. 0130	0. 0713	0. 0011	376	51. 8	434	8. 6	444	6. 6	97%
25	6	188	177	1. 06	0. 0528	0. 0028	0. 1795	0. 0095	0. 0248	0. 0005	320	124. 1	168	8. 2	158	3. 0	93%
TW2 花岗斑岩																	
2	159	63	447	0. 14	0. 1149	0. 0047	4. 9330	0. 1588	0. 3088	0. 0060	1880	72. 4	1808	27. 2	1735	29. 4	95%
3	28	366	1023	0. 36	0. 0478	0. 0025	0. 1576	0. 0076	0. 0240	0. 0006	87	118. 5	149	6. 7	153	3. 7	97%
6	17	321	515	0. 62	0. 0543	0. 0033	0. 1926	0. 0103	0. 0256	0. 0007	383	139. 8	179	8. 8	163	4. 2	90%
7	7	217	192	1. 13	0. 0554	0. 0060	0. 1929	0. 0177	0. 0257	0. 0008	428	244. 4	179	15. 1	164	4. 7	90%
8	8	147	254	0. 58	0. 0542	0. 0036	0. 1756	0. 0114	0. 0240	0. 0008	389	151. 8	164	9. 9	153	4. 9	92%
9	47	950	1475	0. 64	0. 0483	0. 0029	0. 1741	0. 0071	0. 0258	0. 0005	122	127. 8	163	6. 2	164	3. 1	99%
12	21	410	646	0. 63	0. 0516	0. 0033	0. 1843	0. 0125	0. 0259	0. 0006	265	148. 1	172	10. 8	165	4. 0	96%
13	35	475	1162	0. 41	0. 0510	0. 0025	0. 1813	0. 0068	0. 0240	0. 0004	243	112. 9	169	5. 8	153	2. 8	90%
14	47	577	1554	0. 37	0. 0527	0. 0024	0. 1842	0. 0084	0. 0254	0. 0006	322	101. 8	172	7. 2	162	3. 5	94%
17	96	63	185	0. 34	0. 1377	0. 0052	7. 8064	0. 2471	0. 3987	0. 0072	2198	65. 4	2209	28. 5	2163	33. 1	97%
18	30	284	971	0. 29	0. 0495	0. 0025	0. 1751	0. 0083	0. 0258	0. 0005	169	116. 7	164	7. 2	164	3. 2	99%
19	15	127	512	0. 25	0. 0523	0. 0037	0. 1814	0. 0113	0. 0254	0. 0007	298	161. 1	169	9. 7	162	4. 2	95%
20	105	865	3609	0. 24	0. 0510	0. 0018	0. 1707	0. 0063	0. 0243	0. 0005	239	75. 0	160	5. 5	155	3. 4	96%
22	37	1163	992	1. 17	0. 0502	0. 0022	0. 1723	0. 0067	0. 0248	0. 0005	206	100. 0	161	5. 8	158	3. 1	97%
23	10	215	307	0. 70	0. 0484	0. 0045	0. 1695	0. 0156	0. 0256	0. 0008	120	203. 7	159	13. 5	163	4. 9	97%
25	24	506	741	0. 68	0. 0490	0. 0026	0. 1670	0. 0096	0. 0244	0. 0006	146	160. 2	157	8. 3	156	3. 6	99%
TW3 闪长岩																	
1	25	288	737	0. 39	0. 0529	0. 0020	0. 1996	0. 0058	0. 0274	0. 0003	328	85. 2	185	4. 9	174	1. 9	93%
2	9	229	247	0. 93	0. 0505	0. 0027	0. 1711	0. 0071	0. 0245	0. 0004	220	119. 4	160	6. 1	156	2. 6	97%

续表

点号	Pb	Th	U	Th/U	同位素比值						年龄/Ma						谐和度
	10^{-6}				$^{207}Pb/^{206}Pb$	1σ	$^{207}Pb/^{206}Pb$	1σ	$^{207}Pb/^{206}Pb$	1σ	$^{207}Pb/^{206}Pb$	1σ	$^{207}Pb/^{206}Pb$	1σ	$^{207}Pb/^{206}Pb$	1σ	
3	65	856	2132	0.40	0.0500	0.0011	0.1788	0.0039	0.0259	0.0003	195	50.0	167	3.4	165	1.8	98%
4	10	280	299	0.94	0.0528	0.0023	0.1776	0.0078	0.0247	0.0004	317	98.1	166	6.7	157	2.5	94%
5	10	246	306	0.80	0.0488	0.0025	0.1680	0.0078	0.0255	0.0004	200	120.4	158	6.8	162	2.3	97%
6	49	559	1542	0.36	0.0506	0.0012	0.1927	0.0043	0.0278	0.0003	233	53.7	179	3.6	177	2.1	98%
7	16	221	500	0.44	0.0524	0.0019	0.2068	0.0070	0.0286	0.0005	302	86.1	191	5.9	182	3.4	95%
8	9	218	273	0.80	0.0520	0.0022	0.1709	0.0069	0.0242	0.0004	287	100.9	160	6.0	154	2.6	96%
9	9	172	271	0.63	0.0502	0.0023	0.1742	0.0078	0.0256	0.0004	211	102.8	163	6.8	163	2.8	99%
10	10	200	301	0.67	0.0488	0.0023	0.1695	0.0080	0.0256	0.0005	139	108.3	159	7.0	163	3.0	97%
11	9	253	268	0.94	0.0514	0.0026	0.1729	0.0084	0.0248	0.0004	261	114.8	162	7.2	158	2.5	97%
12	16	299	485	0.62	0.0495	0.0018	0.1886	0.0066	0.0280	0.0004	169	83.3	175	5.6	178	2.5	98%
13	10	364	268	1.36	0.0483	0.0023	0.1625	0.0076	0.0249	0.0004	122	111.1	153	6.6	158	2.4	96%
15	39	506	1371	0.37	0.0484	0.0013	0.1618	0.0041	0.0244	0.0003	120	63.0	152	3.6	155	1.6	98%
16	6	129	197	0.65	0.0530	0.0031	0.1769	0.0091	0.0250	0.0005	328	131.5	165	7.8	159	2.9	96%
17	7	175	203	0.86	0.0501	0.0029	0.1766	0.0099	0.0258	0.0006	211	133.3	165	8.6	164	3.5	99%
18	8	157	254	0.62	0.0476	0.0023	0.1606	0.0072	0.0243	0.0004	80	111.1	151	6.3	155	2.7	97%
19	8	143	243	0.59	0.0476	0.0021	0.1588	0.0068	0.0244	0.0004	76	100.0	150	5.9	156	2.4	96%
20	12	179	363	0.49	0.0486	0.0020	0.1890	0.0077	0.0282	0.0004	132	100.9	176	6.6	179	2.6	98%
21	9	184	275	0.67	0.0479	0.0020	0.1636	0.0063	0.0249	0.0004	100	90.7	154	5.5	159	2.5	96%
22	17	374	556	0.67	0.0493	0.0016	0.1635	0.0049	0.0241	0.0003	161	74.1	154	4.3	154	2.1	99%
23	4	117	126	0.93	0.0479	0.0040	0.1626	0.0115	0.0258	0.0008	100	179.6	153	10.1	164	4.8	92%
24	6	149	157	0.95	0.0520	0.0030	0.1911	0.0094	0.0256	0.0005	287	133.3	178	8.0	163	3.1	91%

附表 12　赤坂场岩体样品 LA-ICP-MS 锆石 U-Pb 分析结果

点号	Pb	Th	U	Th/U	同位素比值						年龄/Ma						谐和度
	10^{-6}				$^{207}Pb/^{206}Pb$	1σ	$^{207}Pb/^{235}U$	1σ	$^{206}Pb/^{238}U$	1σ	$^{207}Pb/^{206}Pb$	1σ	$^{207}Pb/^{235}U$	1σ	$^{206}Pb/^{238}U$	1σ	
CTW1 二长花岗岩																	
2	16	252	489	0. 51	0. 0481	0. 0018	0. 1703	0. 0061	0. 0258	0. 0004	102	91	160	5	164	3	97%
4	6	121	195	0. 62	0. 0485	0. 0024	0. 1668	0. 0079	0. 0250	0. 0004	124	-82	157	7	159	3	98%
5	9	200	258	0. 77	0. 0491	0. 0025	0. 1719	0. 0067	0. 0255	0. 0004	150	119	161	6	162	3	99%
6	6	121	187	0. 64	0. 0506	0. 0023	0. 1731	0. 0080	0. 0249	0. 0005	233	103	162	7	158	3	97%
7	10	144	316	0. 46	0. 0457	0. 0017	0. 1637	0. 0063	0. 0257	0. 0004	error		154	6	164	2	93%
8	30	395	1011	0. 39	0. 0464	0. 0013	0. 1623	0. 0047	0. 0251	0. 0004	20	67	153	4	160	2	95%
9	5	156	160	0. 97	0. 0492	0. 0028	0. 1668	0. 0092	0. 0248	0. 0005	167	131	157	8	158	3	99%
10	10	229	297	0. 77	0. 0515	0. 0026	0. 1819	0. 0088	0. 0257	0. 0005	261	115	170	8	164	3	96%
12	11	287	308	0. 93	0. 0526	0. 0019	0. 1883	0. 0065	0. 0259	0. 0005	309	81	175	6	165	3	93%
13	6	118	196	0. 60	0. 0451	0. 0023	0. 1603	0. 0081	0. 0260	0. 0006	error		151	7	166	4	90%
15	3	35	98	0. 36	0. 0454	0. 0033	0. 1519	0. 0097	0. 0246	0. 0005	error		144	9	157	3	91%
16	8	233	252	0. 92	0. 0532	0. 0023	0. 1779	0. 0076	0. 0246	0. 0004	345	98	166	7	157	2	93%
17	8	172	241	0. 71	0. 0551	0. 0037	0. 1982	0. 0132	0. 0261	0. 0005	417	150	184	11	166	3	90%
18	7	152	205	0. 74	0. 0544	0. 0025	0. 1923	0. 0090	0. 0260	0. 0005	387	104	179	8	166	3	92%
19	4	68	121	0. 56	0. 0529	0. 0039	0. 1813	0. 0116	0. 0259	0. 0006	328	170	169	10	165	4	97%
20	10	209	302	0. 69	0. 0535	0. 0025	0. 1812	0. 0079	0. 0247	0. 0004	350	106	169	7	157	3	92%
21	7	166	223	0. 75	0. 0537	0. 0032	0. 1788	0. 0098	0. 0247	0. 0004	367	142	167	8	157	2	93%
23	15	444	445	1. 00	0. 0511	0. 0019	0. 1689	0. 0062	0. 0240	0. 0003	243	87	159	5	153	2	96%
24	12	226	377	0. 60	0. 0504	0. 0018	0. 1739	0. 0057	0. 0247	0. 0004	213	88	163	5	157	2	96%
CTW2 二长花岗岩																	
1	8	136	208	0. 62	0. 0523	0. 0029	0. 1809	0. 0105	0. 0252	0. 0006	298	126	169	9	161	4	95%

续表

点号	Pb	Th	U	Th/U	同位素比值						年龄/Ma						谐和度
	10^{-6}				$^{207}Pb/^{206}Pb$	1σ	$^{207}Pb/^{235}U$	1σ	$^{206}Pb/^{238}U$	1σ	$^{207}Pb/^{206}Pb$	1σ	$^{207}Pb/^{235}U$	1σ	$^{206}Pb/^{238}U$	1σ	
2	16	252	489	0. 91	0. 0496	0. 0027	0. 1754	0. 0089	0. 0259	0. 0005	176	126	164	8	165	3	99%
3	17	199	520	0. 83	0. 0496	0. 0030	0. 1774	0. 0106	0. 0260	0. 0005	176	144	166	9	165	3	99%
4	6	121	195	0. 75	0. 0479	0. 0022	0. 1702	0. 0078	0. 0258	0. 0004	100	98	160	7	164	3	97%
5	9	200	258	0. 48	0. 0544	0. 0024	0. 1961	0. 0086	0. 0263	0. 0005	387	100	182	7	167	3	91%
7	10	144	316	0. 60	0. 0503	0. 0019	0. 1819	0. 0071	0. 0263	0. 0005	209	87	170	6	167	3	98%
8	30	395	1011	0. 55	0. 0484	0. 0029	0. 1625	0. 0068	0. 0242	0. 0004	120	137	153	6	154	2	99%
9	5	156	160	0. 80	0. 0474	0. 0026	0. 1643	0. 0084	0. 0254	0. 0005	78	120	154	7	162	3	95%
10	10	229	297	0. 90	0. 0474	0. 0023	0. 1631	0. 0074	0. 0254	0. 0005	78	106	153	7	161	3	94%
11	6	140	166	0. 43	0. 0509	0. 0013	0. 1771	0. 0043	0. 0252	0. 0003	239	61	166	4	160	2	96%
12	11	287	308	0. 75	0. 0455	0. 0027	0. 1519	0. 0080	0. 0249	0. 0004	error		144	7	159	3	90%
13	6	118	196	1. 01	0. 0500	0. 0021	0. 1696	0. 0068	0. 0254	0. 0005	195	96	159	6	161	3	98%
14	20	157	406	0. 77	0. 0547	0. 0027	0. 1919	0. 0089	0. 0257	0. 0004	467	111	178	8	164	3	91%
15	3	35	98	0. 82	0. 0524	0. 0027	0. 1777	0. 0086	0. 0253	0. 0004	306	114	166	7	161	3	96%
17	8	172	241	0. 94	0. 0515	0. 0020	0. 1764	0. 0068	0. 0247	0. 0004	265	89	165	6	158	2	95%
18	7	152	205	0. 66	0. 0502	0. 0020	0. 1719	0. 0067	0. 0249	0. 0003	211	93	161	6	159	2	98%
19	4	68	121	0. 48	0. 0511	0. 0012	0. 1812	0. 0045	0. 0255	0. 0004	256	57	169	4	163	2	96%
20	10	209	302	0. 43	0. 0510	0. 0012	0. 1770	0. 0039	0. 0250	0. 0003	243	56	166	3	159	2	96%
21	7	166	223	0. 73	0. 0492	0. 0019	0. 1694	0. 0066	0. 0249	0. 0004	154	91	159	6	158	2	99%
22	9	204	306	1. 06	0. 0505	0. 0028	0. 1699	0. 0082	0. 0246	0. 0004	217	130	159	7	157	2	98%
24	12	226	377	0. 46	0. 0521	0. 0009	0. 1766	0. 0030	0. 0244	0. 0002	300	41	165	3	155	1	93%
25	56	926	2141	0. 74	0. 0464	0. 0018	0. 1574	0. 0066	0. 0244	0. 0005	20	102	148	6	155	3	95%

续表

点号	Pb	Th	U	Th/U	同位素比值						年龄/Ma						谐和度
	10^{-6}				$^{207}Pb/^{206}Pb$	1σ	$^{207}Pb/^{235}U$	1σ	$^{206}Pb/^{238}U$	1σ	$^{207}Pb/^{206}Pb$	1σ	$^{207}Pb/^{235}U$	1σ	$^{206}Pb/^{238}U$	1σ	
CTW3 闪长岩																	
1	24	804	804	1.00	0.0483	0.0015	0.1399	0.0041	0.0211	0.0003	122	70	133	4	134	2	98%
2	18	389	610	0.64	0.0465	0.0015	0.1417	0.0047	0.0218	0.0003	33	69	135	4	139	2	96%
3	23	671	811	0.83	0.0462	0.0024	0.1299	0.0050	0.0205	0.0003	6	122	124	5	131	2	94%
4	5	192	171	1.12	0.0482	0.0028	0.1342	0.0079	0.0207	0.0004	109	133	128	7	132	2	96%
5	33	1239	1092	1.13	0.0523	0.0016	0.1477	0.0045	0.0207	0.0003	298	69	140	4	132	2	94%
6	17	330	618	0.53	0.0485	0.0017	0.1423	0.0048	0.0216	0.0003	124	84	135	4	138	2	97%
7	22	494	775	0.64	0.0498	0.0017	0.1478	0.0049	0.0219	0.0003	183	83	140	4	140	2	99%
10	6	26	252	0.10	0.0511	0.0027	0.1486	0.0074	0.0218	0.0005	256	122	141	7	139	3	99%
11	19	519	633	0.82	0.0525	0.0021	0.1551	0.0058	0.0219	0.0004	309	89	146	5	140	3	95%
12	7	281	223	1.26	0.0494	0.0030	0.1453	0.0087	0.0218	0.0004	169	143	138	8	139	3	99%
13	22	656	719	0.91	0.0471	0.0018	0.1399	0.0050	0.0218	0.0003	54	89	133	4	139	2	95%
14	29	918	1013	0.91	0.0534	0.0017	0.1536	0.0050	0.0209	0.0003	346	72	145	4	134	2	91%
15	17	528	617	0.86	0.0517	0.0018	0.1472	0.0049	0.0207	0.0002	272	80	139	4	132	1	94%
16	24	733	857	0.86	0.0505	0.0019	0.1465	0.0058	0.0210	0.0003	217	87	139	5	134	2	96%
17	25	807	838	0.96	0.0489	0.0014	0.1457	0.0041	0.0216	0.0003	143	65	138	4	138	2	99%
18	16	479	557	0.86	0.0498	0.0029	0.1432	0.0059	0.0212	0.0003	183	133	136	5	135	2	99%
19	20	519	802	0.65	0.0536	0.0026	0.1542	0.0077	0.0207	0.0004	354	109	146	7	132	2	90%
20	30	1043	1012	1.03	0.0472	0.0016	0.1378	0.0042	0.0211	0.0003	58	143	131	4	135	2	97%
21	9	300	312	0.96	0.0495	0.0027	0.1424	0.0067	0.0208	0.0003	172	129	135	6	132	2	98%
23	18	505	646	0.78	0.0507	0.0020	0.1452	0.0055	0.0209	0.0003	228	58	138	5	133	2	96%
25	9	257	322	0.80	0.0524	0.0029	0.1488	0.0062	0.0207	0.0004	306	129	141	5	132	3	93%

附表 13 凤山岩体和赤坂场岩体锆石的原位 Lu-Hf 同位素分析结果

点号	年龄/Ma	同位素比值年龄/Ma										$\varepsilon_{Hf}(t)$	1σ	模式年龄	
		$^{176}Yb/^{177}Hf$	1σ	$^{176}Lu/^{177}Hf$	1σ	$^{176}Hf/^{177}Hf$	1σ	$^{178}Hf/^{177}Hf$	1σ	$^{180}Hf/^{177}Hf$	1σ			T_{DM}/Ma	T_{2DM}/Ma
FZK9															
1	152. 9	0. 026539	0. 000155	0. 000744	0. 000005	0. 282403	0. 000009	1. 46715	0. 00004	1. 88683	0. 00004	-9. 5	0. 4	1160	1770
2	159. 3	0. 034294	0. 000445	0. 001003	0. 000012	0. 282386	0. 000010	1. 46717	0. 00004	1. 88683	0. 00005	-8. 5	0. 7	1132	1713
3	153. 7	0. 026768	0. 000135	0. 000768	0. 000005	0. 282368	0. 000010	1. 46725	0. 00004	1. 88678	0. 00005	-9. 1	0. 5	1152	1746
6	157. 7	0. 027031	0. 000168	0. 000768	0. 000005	0. 282363	0. 000010	1. 46716	0. 00005	1. 88691	0. 00004	-10. 1	0. 3	1191	1811
8	152. 3	0. 027556	0. 000060	0. 000782	0. 000002	0. 282375	0. 000009	1. 46725	0. 00004	1. 88688	0. 00004	-10. 8	0. 4	1223	1854
9	155. 3	0. 030163	0. 000160	0. 000858	0. 000003	0. 282365	0. 000011	1. 46735	0. 00005	1. 88696	0. 00005	-11. 4	0. 3	1241	1890
10	165. 5	0. 033738	0. 000201	0. 001080	0. 000005	0. 282387	0. 000012	1. 46729	0. 00005	1. 88687	0. 00004	-11. 3	0. 3	1248	1896
11	162. 7	0. 025301	0. 000068	0. 000730	0. 000002	0. 282369	0. 000009	1. 46717	0. 00004	1. 88688	0. 00004	-11. 0	0. 3	1232	1871
12	152. 0	0. 038020	0. 000098	0. 001114	0. 000005	0. 282395	0. 000009	1. 46725	0. 00004	1. 88691	0. 00004	-11. 6	0. 4	1248	1899
13	153. 9	0. 024541	0. 000117	0. 000704	0. 000002	0. 282419	0. 000008	1. 46714	0. 00004	1. 88676	0. 00004	-10. 8	0. 4	1225	1852
15	164. 7	0. 028251	0. 000113	0. 000822	0. 000006	0. 282387	0. 000010	1. 46718	0. 00004	1. 88689	0. 00005	-11. 2	0. 3	1239	1883
16	157. 4	0. 045140	0. 000399	0. 001298	0. 000011	0. 282354	0. 000012	1. 46720	0. 00004	1. 88691	0. 00005	-10. 4	0. 3	1214	1832
19	156. 8	0. 026539	0. 000155	0. 000744	0. 000005	0. 282403	0. 000009	1. 46715	0. 00004	1. 88683	0. 00004	-9. 5	0. 3	1168	1776
23	164. 1	0. 034294	0. 000445	0. 001003	0. 000012	0. 282386	0. 000010	1. 46717	0. 00004	1. 88683	0. 00005	-10. 5	0. 4	1216	1843
25	157. 8	0. 026768	0. 000135	0. 000768	0. 000005	0. 282368	0. 000010	1. 46725	0. 00004	1. 88678	0. 00005	-11. 9	0. 4	1278	1924
FZK22. 3															
3	152. 7	0. 027007	0. 000245	0. 001147	0. 000013	0. 282483	0. 000020	1. 46761	0. 00025	1. 88745	0. 00010	-7. 4	0. 7	1092	1640
12	165. 1	0. 031950	0. 000146	0. 001247	0. 000005	0. 282481	0. 000042	1. 46755	0. 00016	1. 88741	0. 00015	-7. 2	1. 5	1098	1638
13	153. 2	0. 043124	0. 000450	0. 001498	0. 000017	0. 282378	0. 000025	1. 46787	0. 00012	1. 88734	0. 00012	-11. 2	0. 9	1252	1875
18	164. 5	0. 052170	0. 000434	0. 001751	0. 000015	0. 282438	0. 000018	1. 46778	0. 00010	1. 88724	0. 00006	-8. 8	0. 6	1174	1738
20	154. 8	0. 062352	0. 000985	0. 002191	0. 000035	0. 282401	0. 000011	1. 46729	0. 00007	1. 88692	0. 00005	-10. 4	0. 4	1242	1828

续表

点号	年龄/Ma	同位素比值年龄/Ma										$\varepsilon_{Hf}(t)$	1σ	模式年龄	
		$^{176}Yb/^{177}Hf$	1σ	$^{176}Lu/^{177}Hf$	1σ	$^{176}Hf/^{177}Hf$	1σ	$^{178}Hf/^{177}Hf$	1σ	$^{180}Hf/^{177}Hf$	1σ			T_{DM}/Ma	T_{2DM}/Ma
22	158.2	0.045035	0.000815	0.001503	0.000019	0.282470	0.000018	1.46746	0.00006	1.88685	0.00007	-7.8	0.6	1121	1669
23	163.0	0.028354	0.000199	0.001000	0.000007	0.282480	0.000023	1.46759	0.00007	1.88688	0.00008	-7.3	0.8	1092	1640
25	155.5	0.049654	0.000942	0.001641	0.000033	0.282434	0.000020	1.46755	0.00009	1.88718	0.00009	-9.1	0.7	1176	1750
FZK26.9															
2	156.3	0.041624	0.000213	0.001342	0.000003	0.282384	0.000011	1.46713	0.00005	1.88684	0.00005	-10.8	0.4	1237	1858
3	164.6	0.048398	0.000528	0.001522	0.000011	0.282359	0.000009	1.46722	0.00005	1.88693	0.00005	-11.6	0.3	1278	1909
4	157.3	0.037827	0.000347	0.001148	0.000011	0.282390	0.000014	1.46739	0.00006	1.88740	0.00010	-10.6	0.5	1222	1843
5	162.4	0.036285	0.000386	0.001155	0.000010	0.282378	0.000010	1.46721	0.00004	1.88679	0.00006	-10.9	0.3	1240	1867
8	154.2	0.029148	0.000254	0.000917	0.000009	0.282378	0.000013	1.46728	0.00004	1.88694	0.00006	-11.1	0.4	1232	1870
9	163.1	0.032397	0.000201	0.000977	0.000009	0.282418	0.000011	1.46719	0.00004	1.88683	0.00005	-9.5	0.4	1178	1778
10	163.3	0.025493	0.000198	0.000806	0.000007	0.282375	0.000012	1.46717	0.00004	1.88684	0.00005	-10.9	0.4	1232	1870
11	157.9	0.037806	0.000285	0.001270	0.000012	0.282347	0.000015	1.46725	0.00004	1.88689	0.00006	-12.1	0.5	1287	1939
13	158.3	0.044280	0.000560	0.001440	0.000023	0.282384	0.000016	1.46729	0.00004	1.88696	0.00007	-10.8	0.6	1240	1857
15	155.3	0.035268	0.000286	0.001048	0.000007	0.282357	0.000009	1.46711	0.00005	1.88690	0.00004	-11.8	0.3	1266	1918
16	159.1	0.030600	0.000181	0.000954	0.000006	0.282387	0.000010	1.46714	0.00004	1.88689	0.00005	-10.7	0.4	1221	1848
17	164.5	0.037141	0.000256	0.001205	0.000010	0.282430	0.000012	1.46722	0.00005	1.88694	0.00005	-9.0	0.4	1168	1750
18	155.0	0.022795	0.000163	0.000712	0.000006	0.282372	0.000009	1.46716	0.00004	1.88683	0.00005	-11.2	0.3	1234	1882
19	155.6	0.020486	0.000062	0.000648	0.000001	0.282380	0.000012	1.46728	0.00004	1.88682	0.00005	-10.9	0.4	1221	1864
21	158.8	0.031798	0.000108	0.000982	0.000002	0.282408	0.000011	1.46715	0.00004	1.88680	0.00006	-9.9	0.4	1193	1803
22	153.7	0.027088	0.000083	0.000847	0.000005	0.282372	0.000012	1.46732	0.00005	1.88696	0.00005	-11.3	0.4	1238	1884
23	164.5	0.025721	0.000248	0.000849	0.000011	0.282406	0.000013	1.46724	0.00005	1.88692	0.00006	-9.8	0.5	1191	1802
24	162.7	0.036411	0.000398	0.001163	0.000010	0.282420	0.000013	1.46723	0.00004	1.88683	0.00006	-9.4	0.5	1180	1773

续表

点号	年龄/Ma	同位素比值年龄/Ma										$\varepsilon_{Hf}(t)$	1σ	模式年龄	
		$^{176}Yb/^{177}Hf$	1σ	$^{176}Lu/^{177}Hf$	1σ	$^{176}Hf/^{177}Hf$	1σ	$^{178}Hf/^{177}Hf$	1σ	$^{180}Hf/^{177}Hf$	1σ			T_{DM}/Ma	T_{2DM}/Ma
25	160. 9	0. 034447	0. 000197	0. 001117	0. 000009	0. 282395	0. 000013	1. 46724	0. 00005	1. 88697	0. 00006	-10. 4	0. 4	1215	1831
CZK10-3															
2	164. 4	0. 027370	0. 000065	0. 000758	0. 000001	0. 282380	0. 000009	1. 46713	0. 00004	1. 88685	0. 00004	-10. 8	0. 3	1224	1859
4	159. 0	0. 023326	0. 000124	0. 000678	0. 000002	0. 282423	0. 000011	1. 46725	0. 00005	1. 88702	0. 00005	-9. 4	0. 4	1162	1767
5	162. 4	0. 030056	0. 000168	0. 000864	0. 000003	0. 282364	0. 000009	1. 46721	0. 00003	1. 88705	0. 00004	-11. 4	0. 3	1250	1897
6	158. 3	0. 019655	0. 000134	0. 000578	0. 000004	0. 282416	0. 000011	1. 46730	0. 00004	1. 88688	0. 00004	-9. 6	0. 4	1168	1781
7	163. 5	0. 024618	0. 000135	0. 000712	0. 000003	0. 282395	0. 000008	1. 46724	0. 00004	1. 88688	0. 00005	-10. 2	0. 3	1201	1825
8	160. 1	0. 032583	0. 000410	0. 000901	0. 000011	0. 282350	0. 000009	1. 46720	0. 00004	1. 88698	0. 00004	-11. 9	0. 3	1270	1929
9	158. 1	0. 040544	0. 000299	0. 001179	0. 000008	0. 282389	0. 000010	1. 46719	0. 00004	1. 88686	0. 00005	-10. 6	0. 4	1225	1845
10	163. 7	0. 029227	0. 000170	0. 000845	0. 000004	0. 282382	0. 000009	1. 46727	0. 00004	1. 88691	0. 00004	-10. 7	0. 3	1225	1856
12	164. 7	0. 028960	0. 000267	0. 000814	0. 000006	0. 282366	0. 000008	1. 46725	0. 00003	1. 88688	0. 00004	-11. 2	0. 3	1245	1890
13	165. 5	0. 023280	0. 000174	0. 000680	0. 000007	0. 282408	0. 000013	1. 46740	0. 00006	1. 88705	0. 00006	-9. 7	0. 5	1182	1795
15	157. 0	0. 010571	0. 000120	0. 000313	0. 000004	0. 282425	0. 000014	1. 46749	0. 00004	1. 88693	0. 00006	-9. 3	0. 5	1148	1761
16	156. 6	0. 027023	0. 000167	0. 000762	0. 000004	0. 282373	0. 000009	1. 46719	0. 00004	1. 88683	0. 00005	-11. 2	0. 3	1234	1879
17	166. 4	0. 037330	0. 000205	0. 001059	0. 000007	0. 282378	0. 000009	1. 46724	0. 00004	1. 88680	0. 00004	-10. 8	0. 3	1237	1864
18	165. 7	0. 035752	0. 000188	0. 001042	0. 000004	0. 282381	0. 000009	1. 46731	0. 00004	1. 88697	0. 00004	-10. 7	0. 3	1232	1858
19	164. 6	0. 026278	0. 000297	0. 000726	0. 000007	0. 282386	0. 000011	1. 46723	0. 00004	1. 88696	0. 00005	-10. 5	0. 4	1214	1844
20	157. 1	0. 030765	0. 000226	0. 000866	0. 000007	0. 282370	0. 000011	1. 46735	0. 00003	1. 88690	0. 00004	-11. 3	0. 4	1241	1885
21	157. 2	0. 025517	0. 000327	0. 000727	0. 000008	0. 282405	0. 000010	1. 46724	0. 00004	1. 88691	0. 00004	-10. 0	0. 4	1188	1807
23	152. 7	0. 045355	0. 000210	0. 001286	0. 000008	0. 282387	0. 000010	1. 46732	0. 00003	1. 88694	0. 00004	-10. 8	0. 3	1231	1852
24	157. 0	0. 029248	0. 000428	0. 000808	0. 000011	0. 282390	0. 000009	1. 46729	0. 00004	1. 88698	0. 00004	-10. 6	0. 3	1212	1841
CZK15-5															

续表

点号	年龄/Ma	同位素比值年龄/Ma										$\varepsilon_{Hf}(t)$	1σ	模式年龄	
		$^{176}Yb/^{177}Hf$	1σ	$^{176}Lu/^{177}Hf$	1σ	$^{176}Hf/^{177}Hf$	1σ	$^{178}Hf/^{177}Hf$	1σ	$^{180}Hf/^{177}Hf$	1σ			T_{DM}/Ma	T_{2DM}/Ma
1	160.6	0.025845	0.000319	0.000812	0.000009	0.282348	0.000011	1.46736	0.00004	1.88685	0.00005	-12.0	0.4	1270	1931
2	165.1	0.062565	0.000903	0.001822	0.000027	0.282336	0.000012	1.46738	0.00004	1.88695	0.00005	-12.4	0.4	1322	1963
3	165.3	0.039787	0.000357	0.001108	0.000010	0.282369	0.000009	1.46727	0.00004	1.88694	0.00004	-11.2	0.3	1251	1885
4	164.0	0.024879	0.000309	0.000710	0.000010	0.282380	0.000009	1.46724	0.00003	1.88694	0.00004	-10.8	0.3	1222	1858
5	167.1	0.031761	0.000274	0.000896	0.000008	0.282357	0.000009	1.46734	0.00004	1.88698	0.00004	-11.5	0.3	1261	1909
7	167.1	0.033048	0.000321	0.000915	0.000009	0.282374	0.000008	1.46714	0.00004	1.88701	0.00004	-10.9	0.3	1237	1871
8	154.4	0.036280	0.000246	0.001093	0.000007	0.282356	0.000010	1.46724	0.00004	1.88698	0.00004	-11.9	0.4	1269	1920
9	161.5	0.040738	0.000391	0.001179	0.000018	0.282377	0.000012	1.46728	0.00005	1.88692	0.00005	-11.0	0.4	1242	1870
10	161.5	0.055263	0.000501	0.001609	0.000015	0.282352	0.000011	1.46726	0.00004	1.88701	0.00005	-11.9	0.4	1292	1928
11	160.4	0.040279	0.000182	0.001127	0.000005	0.282364	0.000009	1.46726	0.00005	1.88696	0.00004	-11.4	0.3	1258	1898
12	158.5	0.034927	0.000418	0.001036	0.000015	0.282416	0.000011	1.46727	0.00005	1.88699	0.00005	-9.6	0.4	1182	1784
13	161.4	0.035846	0.000317	0.001008	0.000007	0.282366	0.000010	1.46713	0.00004	1.88695	0.00005	-11.4	0.3	1252	1894
14	163.7	0.035117	0.000318	0.000984	0.000006	0.282386	0.000011	1.46739	0.00005	1.88699	0.00005	-10.6	0.4	1222	1846
15	160.8	0.040171	0.000306	0.001165	0.000007	0.282424	0.000010	1.46726	0.00004	1.88701	0.00005	-9.3	0.4	1175	1765
17	157.6	0.040992	0.000394	0.001179	0.000013	0.282345	0.000009	1.46726	0.00003	1.88701	0.00004	-12.2	0.3	1287	1943
18	158.8	0.048639	0.000881	0.001260	0.000023	0.282361	0.000010	1.46727	0.00005	1.88703	0.00004	-11.6	0.3	1267	1908
19	162.6	0.040431	0.000349	0.001149	0.000008	0.282366	0.000010	1.46714	0.00004	1.88692	0.00005	-11.3	0.3	1256	1893
20	159.2	0.064459	0.002470	0.001647	0.000055	0.282329	0.000012	1.46735	0.00004	1.88694	0.00005	-12.8	0.4	1326	1981
21	158.3	0.043059	0.000580	0.001202	0.000020	0.282355	0.000008	1.46715	0.00004	1.88692	0.00003	-11.8	0.3	1274	1921
22	157.0	0.057396	0.000882	0.001553	0.000023	0.282352	0.000011	1.46727	0.00004	1.88707	0.00005	-12.0	0.4	1290	1931
24	155.4	0.273083	0.004640	0.007537	0.000118	0.282086	0.000019	1.46739	0.00006	1.88703	0.00005	-22.0	0.7	1983	2552
25	155.3	0.057447	0.000608	0.001532	0.000012	0.282370	0.000012	1.46733	0.00004	1.88695	0.00006	-11.4	0.4	1263	1891

续表

点号	年龄/Ma	同位素比值年龄/Ma										$\varepsilon_{Hf}(t)$	1σ	模式年龄	
		$^{176}Yb/^{177}Hf$	1σ	$^{176}Lu/^{177}Hf$	1σ	$^{176}Hf/^{177}Hf$	1σ	$^{178}Hf/^{177}Hf$	1σ	$^{180}Hf/^{177}Hf$	1σ			T_{DM}/Ma	T_{2DM}/Ma
CZK16-3															
1	134.4	0.079564	0.000388	0.002163	0.000014	0.282395	0.000010	1.46716	0.00004	1.88704	0.00004	-11.0	0.3	1250	1852
2	139.2	0.068181	0.000158	0.001911	0.000008	0.282445	0.000011	1.46723	0.00004	1.88701	0.00005	-9.1	0.4	1169	1737
3	130.5	0.098243	0.000629	0.002659	0.000013	0.282410	0.000010	1.46717	0.00003	1.88695	0.00004	-10.6	0.3	1245	1823
4	132.1	0.055026	0.000479	0.001523	0.000009	0.282396	0.000009	1.46710	0.00004	1.88703	0.00005	-11.0	0.3	1227	1848
5	132.0	0.130496	0.003440	0.003883	0.000102	0.282335	0.000017	1.46731	0.00004	1.88705	0.00006	-13.3	0.6	1401	1994
6	138.0	0.044237	0.000141	0.001236	0.000002	0.282443	0.000009	1.46718	0.00004	1.88698	0.00004	-9.2	0.3	1151	1738
7	139.5	0.068823	0.000606	0.001947	0.000025	0.282453	0.000013	1.46726	0.00004	1.88692	0.00005	-8.8	0.4	1158	1718
10	139.3	0.020362	0.000305	0.000593	0.000007	0.282428	0.000015	1.46737	0.00005	1.88698	0.00007	-9.6	0.5	1152	1767
11	139.6	0.044585	0.000517	0.001382	0.000013	0.282420	0.000016	1.46740	0.00006	1.88705	0.00006	-9.9	0.6	1188	1789
12	138.9	0.065955	0.001440	0.001982	0.000047	0.282390	0.000016	1.46734	0.00005	1.88706	0.00006	-11.1	0.6	1251	1859
13	139.0	0.093600	0.001010	0.002745	0.000041	0.282395	0.000013	1.46727	0.00004	1.88697	0.00005	-11.0	0.5	1269	1852
14	133.5	0.094975	0.000558	0.002802	0.000021	0.282446	0.000010	1.46732	0.00003	1.88721	0.00004	-9.3	0.4	1197	1743
15	132.2	0.071775	0.001580	0.002517	0.000051	0.282410	0.000011	1.46728	0.00005	1.88700	0.00005	-10.5	0.4	1239	1820
16	134.0	0.078015	0.000520	0.002436	0.000017	0.282423	0.000012	1.46731	0.00005	1.88706	0.00005	-10.0	0.4	1218	1790
17	137.8	0.073014	0.000678	0.002118	0.000006	0.282416	0.000014	1.46747	0.00006	1.88687	0.00006	-10.2	0.5	1218	1803
18	135.2	0.079970	0.001420	0.002393	0.000044	0.282421	0.000012	1.46728	0.00005	1.88699	0.00005	-10.1	0.4	1219	1794
19	132.4	0.067504	0.000450	0.002104	0.000015	0.282381	0.000013	1.46742	0.00006	1.88708	0.00006	-11.5	0.5	1267	1883
20	134.9	0.094311	0.000718	0.002853	0.000022	0.282403	0.000015	1.46722	0.00009	1.88705	0.00006	-10.8	0.5	1261	1836
21	132.5	0.098514	0.000433	0.003014	0.000016	0.282377	0.000012	1.46725	0.00006	1.88714	0.00006	-11.7	0.4	1305	1896
23	133.2	0.074081	0.000722	0.002360	0.000022	0.282440	0.000018	1.46745	0.00012	1.88707	0.00007	-9.5	0.6	1190	1753
25	131.9	0.073572	0.002010	0.002237	0.000056	0.282422	0.000016	1.46740	0.00008	1.88698	0.00007	-10.1	0.5	1212	1792

附表 14　凤山及赤坂场岩体主量元素(%)和微量元素(10^{-6})分析结果

样品号	FS-1	FS-2	FS-3	FS-4	FS-5	FS-6	FS-7	FS-8	FS-9	FS-10	CBC-1	CBC-2	CBC-3	CBC-4	CBC-5	CBC-6	CBC-7	CBC-8	CBC-9	CBC-10
SiO_2	71.11	72.47	70.55	69.12	70.23	73.50	73.74	75.73	70.31	70.31	75.02	74.78	73.26	77.33	71.59	73.26	76.69	75.81	75.42	76.45
Al_2O_3	13.68	13.48	13.70	13.99	13.92	13.12	12.64	11.87	14.10	13.92	11.49	13.08	12.95	11.52	13.61	13.73	11.92	11.88	12.78	11.96
Fe_2O_3	0.42	0.23	0.47	0.65	0.61	0.46	0.25	0.24	0.54	0.42	0.29	0.27	0.31	0.17	0.56	0.43	0.21	0.15	0.20	0.18
FeO	1.97	1.12	2.20	2.43	2.35	1.47	1.16	0.70	1.85	2.20	0.66	1.16	1.04	1.31	1.24	1.35	0.19	0.38	0.68	0.63
CaO	2.31	1.56	2.29	2.63	2.40	1.55	1.98	0.79	2.44	2.16	0.99	1.33	1.81	1.49	1.84	1.85	1.84	0.74	1.56	0.74
MgO	0.72	0.35	0.80	0.94	0.87	0.44	0.32	0.10	0.83	0.71	0.07	0.30	0.49	0.38	0.46	0.49	0.13	0.06	0.38	0.07
K_2O	4.05	4.89	4.14	4.09	3.97	4.21	3.61	4.38	4.10	3.99	4.31	4.35	4.33	3.88	5.02	4.17	3.14	4.92	3.86	4.65
Na_2O	2.44	2.48	2.64	2.39	2.48	2.53	2.39	2.61	2.74	2.70	2.74	2.32	2.20	2.05	2.19	2.26	2.39	2.18	2.60	2.40
TiO_2	0.36	0.19	0.35	0.42	0.40	0.22	0.15	0.09	0.36	0.33	0.06	0.18	0.24	0.22	0.23	0.23	0.09	0.06	0.19	0.06
P_2O_5	0.11	0.05	0.09	0.11	0.12	0.06	0.06	0.02	0.10	0.09	0.02	0.05	0.07	0.07	0.07	0.06	0.04	0.03	0.06	0.02
MnO	0.06	0.05	0.06	0.06	0.08	0.06	0.07	0.03	0.09	0.08	0.08	0.05	0.03	0.03	0.07	0.07	0.02	0.03	0.02	0.03
LOI	1.10	1.17	1.68	1.62	1.38	1.46	2.81	1.89	1.63	1.85	2.45	1.00	1.33	1.07	2.03	1.94	2.32	1.81	1.10	1.31
合计	98.33	98.04	98.97	98.45	98.80	99.08	99.16	98.47	99.11	98.75	98.17	98.87	98.07	99.51	98.93	99.84	98.98	98.06	98.84	98.50
Na_2O+K_2O	6.49	7.38	6.78	6.48	6.45	6.75	6.00	7.00	6.84	6.69	7.05	6.67	6.53	5.93	7.22	6.43	5.53	7.10	6.46	7.05
Na_2O/K_2O	0.60	0.51	0.64	0.58	0.62	0.60	0.66	0.60	0.67	0.68	0.64	0.53	0.51	0.53	0.44	0.54	0.76	0.44	0.67	0.52
A/CNK	1.09	1.11	1.07	1.08	1.11	1.15	1.11	1.14	1.07	1.11	1.05	1.20	1.13	1.13	1.11	1.19	1.12	1.16	1.14	1.16
A/NK	1.63	1.44	1.55	1.67	1.66	1.50	1.61	1.31	1.58	1.59	1.25	1.53	1.56	1.52	1.50	1.67	1.63	1.33	1.51	1.33
Ba	1501.07	631.60	646.88	811.63	758.01	468.96	333.92	118.98	792.41	559.17	63.57	291.33	608.81	300.48	332.55	424.33	249.89	65.36	299.16	44.94
Co	13.77	15.13	12.56	14.07	13.34	15.50	16.13	20.52	25.26	12.33	14.2	22.6	32.4	30.3	20.9	13.5	14.5	19.5	21.9	16.3
Cr	5.13	3.06	7.88	3.08	3.58	1.92	1.90	2.29	5.56	4.95	4.27	4.71	3.58	3.47	3.57	3.30	1.08	3.35	2.63	2.60
Cs	15.15	7.07	10.25	13.36	10.37	9.24	10.29	7.01	14.29	8.77	4.09	9.63	5.19	7.00	5.52	7.98	6.42	5.53	5.55	7.55

续表

样品号	FS-1	FS-2	FS-3	FS-4	FS-5	FS-6	FS-7	FS-8	FS-9	FS-10	CBC-1	CBC-2	CBC-3	CBC-4	CBC-5	CBC-6	CBC-7	CBC-8	CBC-9	CBC-10
Ga	47.59	23.48	24.36	26.54	27.31	18.86	16.34	11.96	27.27	23.69	9.34	15.3	20.1	14.6	15.1	18.0	13.5	10.1	15.1	9.96
Hf	3.41	4.07	5.52	5.28	4.60	5.89	5.78	6.89	4.64	8.33	6.96	6.07	4.90	6.80	5.76	4.46	3.46	8.28	5.69	12.3
Nb	20.05	15.99	17.87	16.22	14.66	18.96	14.81	24.70	16.57	27.35	31.7	18.9	18.6	20.2	17.1	17.7	13.5	25.7	19.2	30.7
Ni	5.12	4.69	5.25	5.65	4.48	4.58	4.94	1.96	4.10	4.51	4.24	3.67	5.58	5.71	5.39	5.40	5.78	4.95	6.01	5.11
Rb	205.56	247.44	197.69	257.27	201.48	236.62	282.00	246.04	295.32	214.08	392	242	215	222	298	243	202	377	199	339
Sc	4.93	4.29	6.49	6.80	7.06	5.73	5.29	5.73	6.20	7.03	5.89	5.55	5.63	6.19	6.70	4.91	3.19	6.00	5.43	8.13
Sr	254.75	181.36	217.63	263.10	249.72	188.81	179.44	69.21	258.25	191.97	48.9	131	176	136	129	172	231	55.5	173	30.83
Ta	2.08	2.10	2.33	2.12	1.77	2.83	1.91	3.52	1.95	4.39	4.86	2.99	2.34	2.91	2.10	2.20	1.68	4.31	2.91	5.63
Th	24.75	34.99	28.12	26.17	22.81	34.88	33.26	39.72	26.66	46.54	34.2	41.6	31.6	37.6	37.6	34.6	16.8	45.9	36.8	49.7
U	5.07	8.02	6.50	5.29	4.61	9.15	8.85	12.13	5.73	13.07	10.4	11.9	7.59	10.4	7.67	7.77	6.06	18.3	9.30	19.4
V	35.93	17.88	39.33	52.16	48.00	20.26	15.10	2.02	41.25	30.61	2.43	13.3	20.6	20.4	22.5	19.2	5.86	1.10	11.6	0.80
Zr	84.68	95.24	143.14	142.07	124.94	132.48	139.08	164.75	117.54	181.18	140	143	110	158	141	100	71.8	164	123	248
Y	43.22	73.38	91.28	94.29	136.44	223.94	221.86	268.57	57.62	39.08	75.1	140	191	240	141	172	179	314	220	222
La	178.09	215.84	176.93	180.06	167.93	169.05	162.32	150.11	113.79	108.72	164	163	123	104	191	194	200	255	122	120
Ce	20.50	7.71	5.46	5.45	2.49	3.17	3.10	5.93	29.69	30.59	6.86	2.90	2.30	1.96	15.7	5.11	4.84	4.62	3.70	3.77
Pr	36.18	41.87	32.99	32.67	30.25	31.15	29.26	27.89	24.79	23.62	30.6	27.9	21.3	19.1	37.2	35.6	36.1	46.3	21.7	21.4
Nd	126.45	149.50	118.36	117.78	108.01	111.11	102.89	97.23	83.64	79.00	107	99.4	75.9	67.5	129	127	128	162	77.3	74.1
Sm	24.58	32.32	26.62	26.48	24.73	23.40	21.92	18.40	18.69	17.44	25.5	23.6	15.0	9.17	29.9	28.8	29.0	35.5	14.0	13.2
Eu	2.42	3.38	3.03	3.05	3.18	3.64	3.46	3.29	1.96	1.72	2.84	3.21	2.62	2.20	3.68	3.93	3.99	5.65	2.79	2.73
Gd	13.11	21.01	22.04	22.36	27.27	36.65	35.28	37.41	14.12	11.02	20.6	29.6	29.4	28.3	30.0	34.9	35.2	55.4	31.1	30.2

续表

样品号	FS-1	FS-2	FS-3	FS-4	FS-5	FS-6	FS-7	FS-8	FS-9	FS-10	CBC-1	CBC-2	CBC-3	CBC-4	CBC-5	CBC-6	CBC-7	CBC-8	CBC-9	CBC-10
Tb	1.74	2.96	3.24	3.34	4.37	6.47	6.30	7.18	2.14	1.52	2.96	4.57	5.20	5.73	4.86	5.64	5.74	9.62	5.77	5.85
Dy	8.57	14.34	16.45	16.98	23.23	36.52	35.88	41.98	12.41	8.18	14.7	24.2	29.4	34.4	26.3	30.1	30.6	52.9	34.1	33.6
Ho	1.72	2.83	3.24	3.34	4.59	7.27	7.11	8.41	2.26	1.55	2.89	4.79	5.99	7.18	5.15	5.98	6.10	10.59	6.74	6.81
Er	4.40	7.41	8.67	8.86	12.36	19.70	19.33	22.94	6.46	4.70	7.85	13.0	16.1	19.2	14.1	15.9	16.4	28.1	18.3	18.0
Tm	0.71	1.16	1.28	1.33	1.79	2.85	2.82	3.34	0.98	0.66	1.15	1.87	2.28	2.75	2.13	2.31	2.34	4.11	2.57	2.58
Yb	4.42	7.10	7.94	8.32	10.90	16.99	16.75	19.77	6.89	4.36	7.26	11.2	13.5	16.0	13.7	14.1	14.1	24.5	15.8	15.5
Lu	0.62	1.00	1.11	1.14	1.53	2.40	2.40	2.83	0.91	0.59	1.04	1.59	1.92	2.31	1.93	2.03	2.03	3.51	2.19	2.19
ΣREE	423.51	508.44	427.38	431.14	422.63	470.37	448.84	446.70	318.74	293.67	395.41	411.24	344.38	319.85	504.36	505.99	514.69	698.31	358.43	350.35
$TE_{3,4}$	0.97	0.98	0.98	1.00	1.00	1.02	1.02	1.04	1.03	0.97	0.97	0.98	1.01	1.03	1.01	0.99	0.99	1.01	1.03	1.04
分异指数(*DI*)	80.90	87.31	80.85	77.95	79.29	86.15	85.18	92.65	80.57	81.17	92.51	87.80	85.70	87.63	85.26	84.16	88.29	93.46	88.09	92.97
颜色指数(*CI*)	6.03	3.32	6.70	7.67	7.28	4.33	3.35	1.83	6.22	6.49	1.79	3.25	3.56	3.62	4.09	4.24	0.95	1.05	2.45	1.55
t_{zr}/℃	738.00	750.00	777.00	776.00	769.00	782.00	785.00	804.00	760.00	802.00	783.00	794.00	765.00	800.00	782.00	761.00	734.00	807.00	777.00	845.00

注：t_{zr}(℃)＝129000/[2.95+0.85M+ln(496000/Zr_{melt})]，式中Zr_{melt}代表全岩的Zr含量；M＝[(Na+K+2Ca)/[(Al×Si)]，Na、K、Ca、Al和Si分别代表这些元素的摩尔百分含量(Watson et al.，1983)。